JN291324

Economic Interdependence and Agriculture in North East Asia :
Competition and Cooperation under the Formation of Regional Economic Zone
Hironori YAGI, Editor
University of Tokyo Press, 2008
ISBN 978-4-13-076027-0

経済の相互依存と北東アジア農業

地域経済圏形成下の競争と協調

八木宏典 編

東京大学出版会

はしがき

　本書は北東アジア諸国の経済成長と経済の相互依存が急速に進む中で，競争と協調にもとづく北東アジア域内の安定した食料供給システムの構築と各国農業の共存の方向を探るために，日本，韓国，中国，台湾の研究者が，日本，韓国，中国の3ヵ国の共同調査をベースに，3年間にわたって共同研究を行った研究成果をまとめたものである．チームメンバーはそれぞれ自国の産地形成，流通，食品産業，農業政策等の専門家であり，しかもこのメンバーが3ヵ国の実態調査をふまえて，同じ問題意識で相互に議論し，北東アジア4ヵ国の実情を視野に入れた上で，各自の専門の立場から執筆したものである．

　北東アジア諸国の2004年におけるGDP総額をみると，世界第2位の日本は中国の4倍，韓国の10倍の規模を有している．しかし，2020年予測によれば，中国ではこの間に年率8％，韓国では6％の経済成長が見込まれ，日本，韓国，中国の経済格差は大幅に縮小することが予測されている（第1章1を参照）．日本の対北東アジア貿易の全輸出額に占めるシェアは輸出入ともに3分の1に達しているが，とくに中国への輸出割合がこの10年間で6倍の伸びを示している．一方，中国の対北東アジア貿易をみると，輸出で36％，輸入で42％となっており，経済依存は日本よりも強い．また，韓国から中国への輸出割合は20％，輸入割合は13％で，その伸びは近年大きくなっている．このように北東アジア域内の貿易量は輸出入ともに増加しており，経済の相互依存が進んでいる．

　一方，北東アジア域内の農水産物の貿易をみると，韓国，中国，台湾ともに日本への輸出超過が続いており，いずれも日本が輸入超過になっている．しかし，韓国ではすでに穀類や畜産物，果実などの食料の海外依存が大きく進み，中国でも経済成長を背景にした所得水準の向上と食生活の高度化によって，大豆油や飼料等の需要が高まり，すでに世界最大の大豆輸入国になっている．日本では国民の飲食料費の81％は外食と加工食品に支出されているが，このうち原材料の50％は海外からの輸入である．輸入先国はアメリカなど欧米が過半を占めているものの，近年は中国や韓国などアジア地域からの輸入量が増え

ている．

　しかし近年は，北東アジア諸国の経済成長にともない日本の農水産物の輸出額も徐々に増加しており，これからも伸びることが予想される．日本の農水産物や加工食品の輸出をさらに促進するためには，生産から消費まで情報の共有化と連携を図ることが重要であり，産地においてもコスト競争から安全性・信頼性確保競争への転換が必要である．そして安全性の視点から生産，流通，加工，外食を含めたフードシステムを見直すこと，コンプライアンス経営への意識改革を進めること，食品産業のニーズに合わせた農業技術開発と政策支援を強めることなどがこれからの課題となる．

　また，日本や韓国の食品産業は原料の調達や海外への直接投資などを通じて北東アジア域内における関連産業との関係を強めており，原料生産から販売までの国境を越えたフードシステムを形成しつつある．このような北東アジアにおけるフードシテスムあるいは食料産業クラスターの形成のもとで，北東アジア各国の食の提携が一段と進んでいるのであり，このような動きをもふまえた，各国農業の共存と食の安定した供給システムの構築が求められる．

　北東アジア域内の安定した食料供給システムと各国農業の共存の関係を築いていくためには，日・韓・中・台農業の政策協調による農業の持続的発展の方向を探る必要がある．その1つの方策として北東アジア共通農業政策がある．北東アジア諸国に共通する農業政策上の課題は，競争力の高い農業経営を育成して農業の持続的発展をはかるとともに，適正な域内分担による相互の利益向上の道を探ることである．日本では2007年より農業の担い手を対象に，諸外国とのコスト格差を補填し，気象変動や市場変動の影響を緩和する経営所得安定対策の導入が決定された．韓国でも水田農業直接支払いや米所得補填直接支払いなどの施策が導入されている．しかし，中国では農民・農村と都市勤労者との所得格差の拡大など「三農問題（農民・農業・農村問題）」に直面しており，これらの問題にどう取り組むかが喫緊の課題になっている．さらに日本と韓国とのEPAはすでに協議段階に入っており，中国とのEPAも日本国内に慎重論があるものの，中国の経済成長にともなって避けては通れない情勢になりつつある．

　このような状況のもとで，競争と協調を基本理念とする北東アジア共通農業

政策に含まれるべき主要なフレームは，WTO体制への協調した対応とEPA／FTA推進下での域内農産物貿易のルール，食料の安定供給と安全保障，食の安全対策と監視体制，農業の競争力強化と持続的発展，環境と地域資源の保全，政策協調の協議体制などであり，これらの課題を共通する中・長期的な枠組みの中で協議していく努力が必要とされる．

　以上のような問題意識のもとにまとめられた本書が，そのねらいどおりの成果品になっているかどうかは，読者の方々の判断におまかせするしかない．忌憚のないご批評をたまわれば幸いである．

　本書は日本学術振興会の科学研究費補助金（基盤研究(A)）「地域貿易協定推進下における東アジア農業の競争と協調条件の解明」（研究代表者：八木宏典，平成15-17年度）の交付を受けて行われた国際共同研究の成果であり，また，本書の刊行にあたっては平成19年度科学研究費補助金（研究成果公開促進費：学術図書）の助成を受けた．

　実は筆者がかつて所属していた東京大学の農業資源経済学専攻・農業経営学研究室では，故和田照男先生が教授を務めていた当時，「日本・韓国・台湾の農業構造の比較研究」（科学研究費補助金，海外学術研究，平成2-4年度）というテーマで北東アジアの農業研究を行った経緯がある．その当時の日本，韓国，台湾の中堅的な農業経済研究者が一堂に会し，3ヵ年をかけて台湾，韓国，日本の現地調査を実施し，あわせて相互の共通理解のための議論を活発に行った．北東アジア3国の同質性と異質性についての相互理解が深まり，研究報告書も作成することができた．しかし，残念ながら諸般の事情によって研究成果を刊行するまでには至らなかった．そうした宿題を抱えながら，その後も研究室の院生たちと韓国や台湾の調査研究を個別に継続していたのであるが，今回の中国を加えた4ヵ国の研究者の共同研究によって，ようやく積年の宿題を果たすことができたと思っている．長い年月がかかったが，この成果を亡くなられてから10年になる和田先生の墓前に報告したい．

　今回の共同研究の遂行ならびに本書の刊行にあたっては，東京大学大学院の木南章教授の手を大いにわずらわせた．同氏には3ヵ年にわたる共同研究の事務局を一手に引き受けていただくとともに，海外研究者の日本語論文の校閲と修正など，実質的な編集にも携わっていただいた．ここに記して感謝申し上げ

る(とはいえ,本書の内容や刊行に問題があるとすれば,それは全て編者の責任である).

最後になったが,困難な出版状況のもとで,4ヵ国の研究者が執筆した大部の報告書を手際よく整理し立派な著書に仕上げて下さった,東京大学出版会の白崎孝造氏に心から感謝を申し上げる.

2007 年 12 月 10 日

八木宏典

目　次

はしがき　i

第1章　経済の相互依存と北東アジア農業の展開方向──────1
1　経済の成長と北東アジア農業の変貌　1
　1.1　北東アジアの経済成長と1人当たりGDP　1
　1.2　貿易の動向と経済連携の進展　3
　1.3　農業の経済的位置の変化と農業政策の基本フレーム　7
2　日本における農業構造問題と農政改革　10
　2.1　日本農業が直面している構造問題　10
　2.2　先進国農業の特徴と2015年に向けた農業構造の展望　13
　2.3　新しい基本計画の政策フレーム　17
3　韓国における農業・農村政策の新しい展開　20
　3.1　はじめに　20
　3.2　韓国の農業・農村の現状と政策変化の背景　21
　3.3　韓国における最近の主な農業・農村政策　23
　3.4　最近の農業・農村政策の評価　31
4　中国における新たな農業・農村政策と農産物貿易　33
　4.1　新農業・農村政策登場の背景　33
　4.2　「2004年一号文件」にみる最近の中国農業・農村政策　34
　4.3　目標実現のための主な政策手段　35
　4.4　新政策実施上の力点　37
　4.5　成果と問題点　38
　4.6　「2005年一号文件」の公表　41
　4.7　最近の中国における農産物貿易動向　42

第2章　食品産業の国際化と北東アジア・フードシステムの形成──45
　　　──食の連携の現状──
1　北東アジア経済の発展と新たな農産物貿易の競争条件　45
　1.1　はじめに　45
　1.2　北東アジアの経済発展と日本産農産物輸出の新展開　45

1.3　日本における野菜の需給構造の変化と東アジアへの依存　49
　1.4　日本市場における韓中産野菜の品目別競争力比較　52
　1.5　野菜の輸入需要関数からみた集中豪雨的貿易回避の重要性　55
　1.6　むすび　55
2　北東アジア経済社会の発展と食料消費構造の変化　56
　2.1　はじめに　56
　2.2　中国の食糧需給予測　57
　2.3　食肉消費からみた飼料用穀物の需要予測　58
　2.4　需要変動の要因　62
　2.5　むすび　63
3　食品産業の海外進出と北東アジア・フードシステム　64
　3.1　はじめに　64
　3.2　日本を中心とした食品産業の国際化　64
　3.3　国際フードシステム分析への展望　67
　3.4　結語　72
4　中国における食品産業の発展　73
　4.1　中国の食品産業の構造分析　73
　4.2　中国における食品産業の発展方向　83
5　北東アジアにおける食料産業クラスターの形成条件　89
　5.1　はじめに　89
　5.2　食料産業クラスターの戦略と特質　90
　5.3　食料産業クラスターの成果　92
　5.4　北東アジアにおける食料クラスターの形成条件　94
　5.5　北東アジアにおける落花生クラスターの形成条件　98
　5.6　むすび　99

第3章　農産物貿易の拡大と国内流通の再編課題────── 103
　　　　──食の連携に対応した国内流通対策──
1　青果物貿易の拡大と国内流通構造の再編方向　103
　1.1　本節の課題　103
　1.2　貿易の拡大としての青果物輸入量の増大　103
　1.3　多様な輸入先相手国の中での特定国への集中　108
　1.4　国内青果物流通構造の再編方向　111

- 2 日本における農産物輸入急増と国内流通再編の課題　115
  - 2.1 農産物輸入の急増と日本の食料自給率の低下　115
  - 2.2 農産物輸入急増を促進する3つの要因　116
  - 2.3 青果物の新たな生産と流通の再編　119
  - 2.4 米の新たな生産と流通の再編　124
  - 2.5 花きの新たな生産と流通の再編　125
  - 2.6 農産物の新たな生産と流通再編の展望　126
- 3 韓国の国内市場対策に見る農産物ブランド化への取り組みと問題　126
  - 3.1 序　126
  - 3.2 差別化への取組みと国内農産物市場の変化　127
  - 3.3 ブランド農産物の生産と流通　130
  - 3.4 RPCにおけるブランド米づくりと販売の実態　135
  - 3.5 国内市場対策の成果と課題　139
- 4 韓国における農産物の安全性確保システムの現状と流通対策　141
  - 4.1 はじめに　141
  - 4.2 韓国における農産物の安全性確保システム　141
  - 4.3 農管院における農産物の安全性確保状況　144
  - 4.4 ソウル市可楽洞農水産物卸売市場における青果物の安全性確保状況　149
  - 4.5 むすび　152
- 5 中国における食糧・農産物流通の改革　153
  - 5.1 中国における食糧流通制度の改革　153
  - 5.2 中国における農産物卸売市場の新展開　160
- 6 WTO体制下の農産物貿易拡大と台湾農業の再編課題　169
  - 6.1 はじめに　169
  - 6.2 WTO加盟による措置　169
  - 6.3 WTO加盟直後の交渉と協定　171
  - 6.4 WTO加盟後の農産物栽培面積と国際貿易の変化　173

第4章　産地・担い手の再編と新たな競争戦略　　183
——食の連携に対応した新たな産地戦略——

- 1 北東アジアにおける経済連携進展下の新たな産地戦略　183
  - 1.1 はじめに　183
  - 1.2 競争力確保のための垂直的調整　184

1.3　日本の豚肉市場をめぐる経済的リンケージ　185
　　1.4　むすび　193
　2　米の消費・購買行動にかかわる日・中・韓比較　194
　　2.1　はじめに　194
　　2.2　共通アンケート調査の結果　196
　　2.3　米の消費・購買行動の3国比較　202
　　2.4　まとめ　204
　3　韓国における地域農業クラスター政策の展開　205
　　3.1　はじめに　205
　　3.2　韓国における地域農業クラスターの展開　206
　　3.3　地域農業クラスターの効果についての一考察　215
　　3.4　地域農業クラスター政策推進上の問題　220
　　3.5　おわりに　222
　4　韓国における親環境農産物流通の現状と課題　223
　　4.1　はじめに　223
　　4.2　親環境農業の動向と流通過程　224
　　4.3　事例分析　226
　　4.4　おわりに　231
　5　中国における都市近郊野菜産地の成長と産地戦略　232
　　5.1　はじめに　232
　　5.2　都市農業の主要部門として成長する上海市の野菜産地　238
　　5.3　野菜産業の持続的発展　247
　　5.4　野菜産業の新たな課題　248

第5章　北東アジアにおける統一食料供給圏の展望と課題————255
　　——食の安定した連携のための課題——
　1　北東アジアにおけるFTAの推進と農業　255
　　1.1　課題　255
　　1.2　東アジア共通農業政策の検討　256
　　1.3　一方向貿易から双方向貿易へ　261
　　1.4　まとめ　269
　2　北東アジアの環境保全と農業政策　271
　　2.1　はじめに　271

2.2　環境面からみたモンスーン型農業の技術的発展　272
　2.3　日本の環境・品質マネジメントと農業政策　274
　2.4　中国の環境・品質マネジメントと農業政策　280
　2.5　韓国の有機農業の現状　281
　2.6　むすび　282
3　北東アジア型条件不利地域政策の展望と課題　282
　3.1　はじめに　282
　3.2　韓国農業・農村と条件不利性　283
　3.3　「条件不利地域」概念の再検討の必要性　285
　3.4　日本の中山間地域等直接支払制度からみえてくるもの　289
　3.5　日・韓条件不利地域政策の展望と課題　290
　3.6　おわりに　293
4　経済の相互依存と北東アジア農業の課題　293

執筆者一覧　306

第1章　経済の相互依存と北東アジア農業の展開方向

1　経済の成長と北東アジア農業の変貌

1.1　北東アジアの経済成長と1人当たりGDP

　2000年における北東アジア3国のGDP総額をみると，表1.1に示されるように，日本4兆6,770億ドル，中国1兆770億ドル，韓国4,570億ドルである．アメリカに次いで世界第2位の経済大国である日本のGDPは，中国の4倍，韓国の10倍の規模を有している．また，国民1人当たりGDPの水準は日本3万4,000ドルに対して，韓国9,000ドル，中国840ドルである．日本と韓国では3.8倍，日本と中国では40.7倍の格差がある．

　しかし，2020年のGDP予測によれば，GDP総額は日本6兆4,860億ドルに対して，中国4兆8,380億ドル，韓国1兆3,850億ドルとなり，日本と中国との格差は1.3倍に縮まり，日本と韓国との格差も4.7倍に縮まると予測されている．そして1人当たりGDPも日本と韓国の格差は1.9倍に縮まり，日本と中国の格差も15.6倍に縮まると予測されている．2020年には韓国の1人当たりGDPは2万7,000ドルとなり，先進諸国の水準にまで到達することが予測されているのである．これは，中国ではこの間に年率7.8％，韓国では5.7％の経済成長が見込まれているからである．これに対して日本では2000-2010年は1.0％，2010-2020年は2.3％と低い経済成長率が見込まれている．このように，日本，韓国，中国の経済格差は，むこう15年の間に大幅に縮まることが予測されている．しかも，この格差は年を経るにしたがい，縮小割合が加速されることが予想される．

　北東アジア3国の産業別就業者の割合をみると，現在の経済条件を反映して日本ではサービス業が75％を占め，次いで製造業20％，農漁業5％であるのに対して，韓国ではサービス業69％，製造業20％，農漁業11％であり，サービス業の割合が高いものの，農漁業の割合も1割を占めている．一方，中国で

表 1.1　北東アジアの GDP 予測値（2000-2020 年）

(10 億ドル，ドル，%)

	2000 年		2020 年		経済成長率	
	GDP	1人当たり	GDP	1人当たり	(2000-2020 年)	
中国	1,077	840	4,838	3,360	7.8	
韓国	457	8,910	1,385	26,970	5.7	
日本	4,677	34,210	6,486	52,260	1.0*	2.3**

注：1．2000 年の数値は，The World Bank Group : http//world bank. org./data/による．
　　2．経済成長率の予測値は，以下による．
　　(1) 日本：日本経済研究センター『長期経済予測（-2025 年）』2002 年 3月．
　　(2) 中国および韓国は，江崎光男「アジア経済の将来——計量分析による成長展望」渡辺利夫編『アジアの経済的達成』東洋経済新報社，2001 年 4月．
　　(3) ＊は 2000-2010 年，＊＊は 2010-2020 年の予想成長率．
出所：北東アジア・グランドデザイン研究会編，『北東アジアのグランドデザイン』，日本経済評論社，2003 年，p.74 より引用．

は農漁業が 48％ を占め，サービス業が 41％，製造業が 11％ という構成になっている．まだ就業者の中で農業や漁業に従事する者の割合が半数近くもいるのである．このことは，国民経済の多くの部分がまだ農漁業によって担われていることを示している．

　しかし，これからの著しい経済成長のもとで，中国ではこのような就業構造が急速に変化することが予想される．図 1.1 は北東アジア 3 国の製造業者数と賃金水準の予測図である．200 X 年の近い将来には，中国では 8,000 万人の製造業就業者が 1 億 6,000 万人へと 2 倍に増加し，賃金水準も著しく改善されることが予測されている．韓国でも就業者数の増加と賃金水準の上昇が予測されており，この間はほぼ横バイであると予測されている日本と比べると，製造業就業者の著しい増加だけでなく，賃金水準の格差もかなり縮小されることが予想されるのである．

　このことは，中国ではこれからかなり早いスピードで農村や農漁業から都市や工業への労働力の移動が行われることを示しており，かつての日本の高度経済成長時代のような農業・農村問題が顕在化することを示唆している．また，賃金水準の上昇は国民の食生活の高度化による新たな食料問題をも顕在化させるものと思われる．経済成長のバランスを考慮した新たな食料・農業・農村問題に対する基本政策の策定が，中国ではこれから重要になる．また，韓国でも

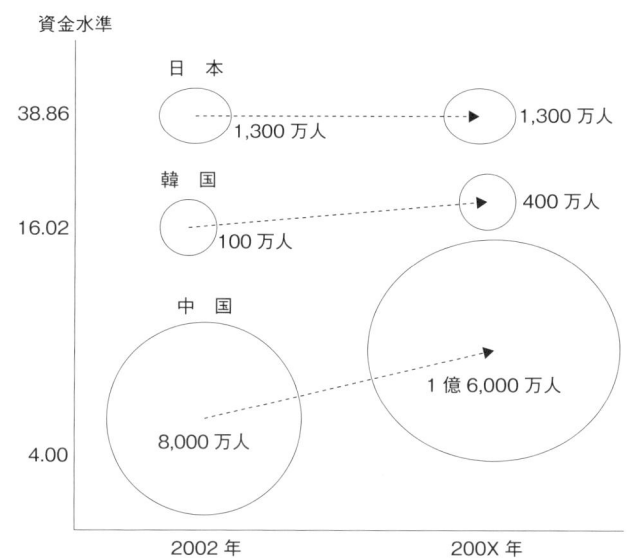

```
資金水準
    日 本
38.86    ○ 1,300万人    ▶ ○ 1,300万人

    韓 国
16.02    ○ 100万人    ▶ ○ 400万人

    中 国
                    ▶
 4.00    ○ 8,000万人    ○ 1億6,000万人

        2002年            200X年
```

注：日本労働研究機構「データブック国際労働比較2003」(2002年)，生産性情報センター「活用労働統計2003」より，X年は小林良暢氏の予測．
出所：生活経済政策研究所・増田祐司編，『21世紀北東アジア世界の展望』，日本経済評論社，2004年，p.189.

図1.1 北東アジア3国の製造業の就業者数と賃金の予測

農漁業就業者の割合が1割を切る中で，国民生活の成熟化を背景にした「先進国型」の食料・農業・農村政策の実効ある推進による，足腰の強い自立した農業経営の育成が課題になってきている．

1.2 貿易の動向と経済連携の進展

北東アジア3国内の貿易や直接投資は近年とみに増加する傾向にあり，3国間の経済連携が進展しつつある．日本と韓国，中国それに台湾を含む北東アジア諸国の貿易額の近年における動きをみたものが表1.2である．日本から韓国への輸出および輸入は2002年においてそれぞれ3兆6,000億円，1兆9,000億円となり，日本の黒字が続いているものの，両者ともに1.12倍の伸びとなっている．また，日本から中国の輸出および輸入はそれぞれ5兆円，7兆7,000億円となり，日本の赤字ではあるが，前者では2.09倍，後者では1.76倍の伸びを示している．これに香港を加えると両者ともに8兆円となり，わずかに日本が黒字となるが，日本と中国の貿易による経済関係は一段と深まって

表1.2　日本と北東アジア諸国との貿易の推移（総額）

(単位：億円)

国	年次	1996	1997	1998	1999	2000	2001	2002	2002/1996
韓国	輸出	31,923	31,533	20,045	26,062	33,087	30,719	35,724	1.119
	輸入	17,353	17,628	15,773	18,243	22,047	20,884	19,368	1.116
中国	輸出	23,824	26,307	26,209	26,574	32,744	37,637	49,798	2.090
	輸入	43,997	50,617	48,441	48,754	59,414	70,267	77,278	1.756
中国(香港含む)	輸出	51,423	59,285	55,701	51,646	62,041	65,898	81,562	1.586
	輸入	46,798	53,338	50,704	50,786	61,211	72,036	79,058	1.689
台湾	輸出	28,251	33,351	33,404	32,763	38,740	29,422	32,812	1.161
	輸入	16,277	15,109	13,363	14,559	19,302	17,226	16,989	1.044

出所：オムニ情報開発株式会社「世界各国間貿易統計年報（2003年版）」2003年4月.

表1.3　日本と北東アジア諸国との農産物貿易（2002年）

(単位：億円)

国	品目	食料品 生きた 動物 0	肉類 011・012 016・017	魚類 034 -037 -045	穀類 041	穀類調製品 046 -048	野菜 054	同調製品 056	果実 057	同調製品 058	茶・マテ 074	飲料 タバコ 1	その他 222・223 291・292 592 411-422	合計
韓国	輸出	274	2	166		3	1	2		2	1	57	87	419
	輸入	1472	10	964		13	91	100	65	20		139	163	1,774
中国	輸出	201	2	99		3	1	2		1		2	71	274
	輸入	7,198	933	2,971	111	77	925	765	103	426	136	66	640	7,904
香港	輸出	438	8	223	0.4	86	1	5	7	1		35	75	549
	輸入	35		17								5		40
台湾	輸出	240	1	58	1	26	20	3	30	2	2	187	57	484
	輸入	1,230	35	1,009		11	65	8	28	6	9	4	136	1,371

出所：表1.2に同じ.

いることがわかる．台湾についても，韓国と同じような傾向がみられ，日本への輸入がやや停滞しているものの，両国の経済関係は続いている．

　ところで，農産物（食料，タバコ，その他の農産品を含む）の貿易をみると，表1.3に示されるように，韓国，中国，台湾ともに日本の輸入超過が続いている．農産物の輸入額の割合は総輸入額に対して韓国9％，中国10％，台湾8％でおよそ1割を占めている．しかも中国からの農産物輸入が年を経るにしたがい増加する傾向にある．一方，日本からの輸出は飲料やタバコを入れても年間それぞれ300-500億円程度であり，これからの農産物輸出拡大の努力が求められている．

表1.4 日韓の対中投資構造比較

業種	韓国 企業数	シェア	日本 企業数	シェア
鉱業	46	0.5	17	0.4
農水産業	146	1.7	52	1.3
製造業	7,337	87.3	3,283	82.0
通信	4	0	281	7.0
運輸・倉庫	60	0.7	68	1.7
流通	264	3.1	173	4.3
宿泊等	220	2.6	—	—
不動産・サービス	291	3.5	80	2.0
建設	30	0.4	43	1.1
金融・保険	2	0	7	0.2

注：1. 日本の数字は支店をのぞく．
2. 韓国は財政経済部「中国進出企業総覧」（2002年3月末現在）から作成．
日本は三菱総合研究所「中国進出企業総覧」，東洋経済「海外企業総覧」，JETRO「日系企業実態調査」各年版より作成．
出所：阿部一知・浦田秀次郎編，『日中韓直接投資の進展』，日本経済評論社，2003年，p.113.

次に北東アジア3国間の直接投資の概況をみると，2000年において日本の対外直接投資総額は498億ドル，受入投資総額は82億ドルで出超，韓国はそれぞれ59億ドル，102億ドルで入超，中国はそれぞれ5億ドル，408億ドルで大幅な入超となっている．北東アジア3国の関係では，日本から韓国ならびに中国へ，韓国から中国へという大きな流れがみられるが，中国から日本および韓国への直接投資はきわめて少ない．そこで，日本と韓国の対中投資企業を業種別にみたものが表1.4である．日本からは製造業が圧倒的に多く82％を占め，次いで情報通信，流通が続いている．また，農水産業も52企業が投資をしている．一方，韓国でも製造業が87％を占めているが，そのほかに不動産・サービス，流通，宿泊等の業種も中国への直接投資に参加している．なお，ここでは製造業の中味までは示されていないが，この中には日本も韓国も食品加工業がかなりの数含まれているものと思われる．

以上のような直接投資の受け入れによって，中国の工業化は著しく進展しており，例えば日本メーカーの家電製品の中国国内製割合は，2000年においてDVD 50％，VTR 30％，カラーTV 25％に達しており，日本国内製の割合をはるかに陵駕している．また，中国国内の移動電話加入者数は2002年において

2億人を超えている．

さて，日本，韓国，中国の現在から将来に向けた工業生産のシフトの方向を予測したものがコーエイ総合研究所が作成した図1.2である．日本の工業生産は現在の素材投入集約度が高く資本・技術集約度の高い分野から，資本・技術集約度が高く知識情報集約度の高い分野へと大きくシフトすることが予想され，韓国も現在の労働集約度が高く素材投入集約度の高い分野から，日本と同じ資本・技術集約度が高く知識情報集約度の高い分野へシフトすることが予想されている．一方，中国でも現在の労働集約度および素材投入集約度の高い分野から，労働集約度（規格大量生産）の高い分野を包含したままではあるが，知識情報集約度の高い分野へのシフトが予想されている．北東アジア3国のいずれの国もが，一定のタイムラグを伴いながらも，資本・技術集約度が高く知識情

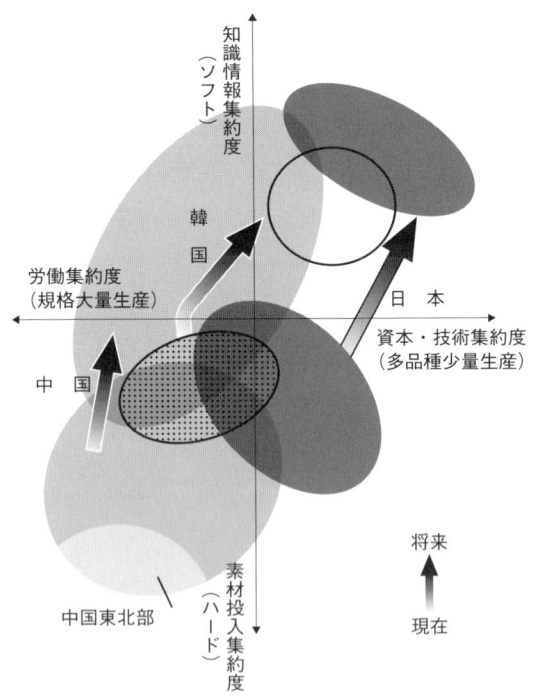

出所：表1.1に同じ，p.115（原資料はコーエイ総合研究所が作成した）．

図1.2　北東アジア3国の工業生産のシフト

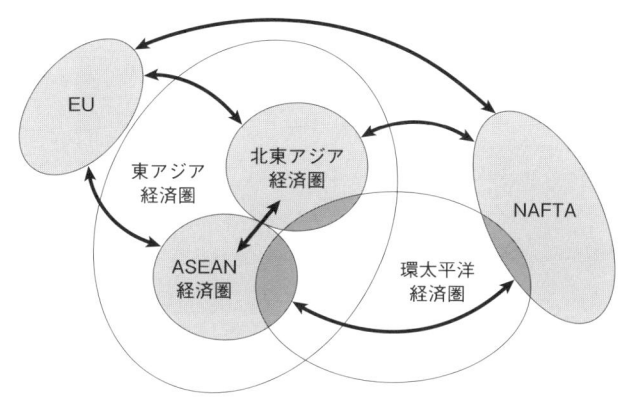

1 経済の成長と北東アジア農業の変貌

出所：表1.1に同じ，p.37（原資料はコーエイ総合研究所が作成した）．
図1.3　世界の経済圏の発展

報集約度の高い工業生産の方向へシフトすることが予想されているのである．

さて，北東アジア諸国の経済連携の進展は，近い将来における北東アジア経済圏の成立を予想させるが，このような世界の経済圏の発展を見通して示したものが図1.3である．すでに成立しているEUやNAFTAなどの経済圏に加えて，ASEAN経済圏および北東アジア経済圏の成立が見通され，後二者による東アジア経済圏の将来における成立が予想されている．アジア諸国が連携する経済圏の成立には，まだ1人当たりGDPの国別格差や政治体制，文化，宗教，言語などの多様性による多くの紆余曲折があるものと思われるが，これからの経済連携と相互依存の関係を考えれば，この図に示された経済圏成立へのベクトルの方向は否定できないものと思われる．

1.3　農業の経済的位置の変化と農業政策の基本フレーム

アジアを含む世界の国々の農業活動人口の割合を，過去10年間の農業活動人口の増減率と合わせて示したものが図1.4である．この図によれば，世界の国々の農業には3つのタイプがあることがわかる．第Ⅰのタイプは，農業活動人口の割合が高く，しかも農業者の絶対数も増加している国々のタイプである．農村人口の増加により，都市や他産業への労働力流出にもかかわらず，なお農村で農業に従事する者の絶対数が増加している国々である．これらの国々では，大多数の国民の就業と生活の場がいまだ農業・農村にあり，しかも農業が国の

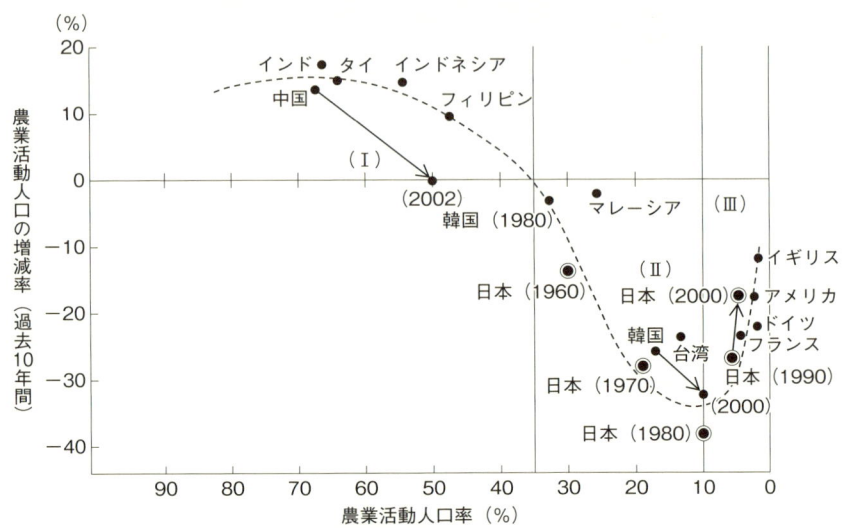

図1.4 主要国における農業活動人口率とその増減

注：1. 年号のない点は1990年における農業活動人口率と過去10年間の増減率，年号のあるものはその年における農業活動人口率とその年の過去10年間の増減率である．
    2. 点線はフリーハンドで描いたもの．
出所：日本銀行国際局「1992年版外国経済統計年報」1993年12月，農林水産省統計情報部「国際農林水産統計1992」1993年3月，同「国際農林水産統計2001」2002年3月より作成．

経済の大きな柱になっている．第Ⅱのタイプは，工業化の著しい進展の中で，農業労働力の農外への流出によって農業活動人口の割合が激減している国々のタイプである．この中にはマレーシア，1960-1980年代の日本，1980-1990年代の韓国や台湾などが含まれている．工業やサービス産業の発展に伴って農工間の所得格差が拡大し，その不利の是正が中心課題になっている国々のタイプである．第Ⅲのタイプは，農業活動人口の割合が1桁台に入り，かつ減少率が徐々に鈍化する傾向にあるいわゆる先進国の国々のタイプである．GDPからみた農業の国民経済的役割は低下しているものの，国内農産物市場の成熟を背景に，それなりの規模を有する少数の農業経営によって農業の大部分が担われている国々のタイプである．

図の点線はフリーハンドで描いたものであるが，日本の農業は年代を経るに従って，この点線上を逆S字型にシフトしてきたことがわかる．そして，1960-1980年代半ばは第Ⅱのタイプのグループ，1980年代半ば以降は第Ⅲのタイプのグループの中にある．言いかえれば，工業化の進展によってもたらされ

た格差の「是正」が農業政策の主要な課題となる第Ⅱのタイプから，1980年代半ばごろを境にして，食や農産物市場の一定の成熟を背景に，食の安全と環境と調和した農業の持続性や多面的機能の発揮が期待される第Ⅲのタイプへと転換してきたのである．そしてその中で，農業は代々「農家」の「家業」であり「宿命」であるとされてきた伝統的システムが変貌して，「職業選択」によって就農した経営者能力の高い農業者によって農業が担われる時代に入ってきたのである．

　韓国の農業も日本の農業の後を追うように同じ点線上を左上から右下へシフトしてきており，2000年には第Ⅱグループと第Ⅲグループの境界線上にある．21世紀に入り韓国農業も第Ⅲグループへと入ってきているのである．このことは農業政策もEU共通農業政策に代表される先進国型へと転換する必要のあることを示しているが，実際にも，韓国は1999年に「農業の堅実な成長と発展，農村生活環境と福祉水準の向上」を理念とし，「高い競争力を有し，環境と調和した産業」としての農業の発展，「伝統・文化を保存する産業・生活空間」としての農村の活性化を目標に掲げた「農業・農村基本法」を新たに制定している．この中には，農業者に対する所得支援（「緑の政策」）親環境農業，グリーツーリズム，農産物輸出促進などの課題が盛り込まれている．また，2004年には市場指向的構造改変および新しい成長力拡充という効率主義と，親環境農業という環境主義の2つを盛り込んだ農業政策，経営安定強化と各種直接支払い拡充を盛り込んだ所得政策，農村地域開発と社会安全網を盛り込んだ農村政策の3つのスキームからなる「農業・農村発展計画」を策定している．

　中国の農業は1990年代までは第Ⅰグループの中にあり，長いこと中国経済と農村人口の生活を支える基幹産業としての役割を果たしてきた．しかし，沿岸地域の経済特区などを中心とする工業化の進展を背景に，急速に第Ⅱグループへと接近しており，2002年にはついに全就業人口に占める農業就業人口の割合が50％を割り，それまで絶対数としても増加していた農業就業人口の伸び率がゼロになっている．沿岸部の工業化地帯ではすでに第Ⅱグループに入っているものと思われるが，国全体でみても第Ⅱグループへのシフトは時間の問題となっている．このような農業の経済的位置の変化を反映して，中国では「農業法」が1993年に新たに制定され，2003年にはさらにそれが改正施行さ

れている．その中心課題は，周知のように，「三農問題」への対応である．農業問題では，農業構造の高度化による生産の量的拡大から質的生産への転換が，農民問題では，大量の農村余剰労働力の不完全就業を解消して農民所得の向上が，そして農村問題では，社会空間，生活空間としての都市と農村の総体的な格差の縮小が，それぞれの中心的課題であるとされている．中国政府は2004年より連続して農業改革を国の最重要課題に位置づけているが，2006年の中央一号文件では，農業税の全面的廃止と農業・農村に対する助成の強化，投資の重点を農業・農村に移す，農民の所得増加を促し，農村の内需を拡大する，工業と農業，都市と農村の協調的な発展を図る，などをスローガンとする「社会主義新農村の建設」を打ち出している．

2 日本における農業構造問題と農政改革

2.1 日本農業が直面している構造問題

日本の農業が直面している構造問題は，基幹的作目である稲作経営がきわめて零細で，しかも農業者の減少と高齢化に直面していること，そして農地面積が減少しつつある中で，耕作放棄地が増加しつつあることである．わが国における農家類型別の農業産出額シェアをみた図2.1によれば，畜産，花き，野菜などでは主業農家が農業産出額の8割以上を担う構造になっているものの，水稲では依然として農家数の82％（143万戸）を占める準主業農家と副業的農家によって産出額の63％が担われている．

また，農業従事者の高齢化が進むとともに，図2.2にみられるように，10年後には，昭和一桁世代を中心とする農業者のリタイアによって，基幹的農業従事者数の半減が見込まれている．さらに，表2.1のように，全国の水田集落では，すでに主業農家が一戸もいない集落が全体の半分に達しており，都市的地域や中山間地域ではそれが6割に達している．中心となる担い手の欠落している水田集落がすでに半数あり，そのような集落がこれからも増加することが予想されているのである．そして農地についてみれば，農業の担い手への農地集積が遅れており，耕作放棄地も増加している．また，国際関係では，2005年8月にジュネーブで枠組み合意されたWTO農業交渉は，周知のようにわが国を含むG10の主張が一定程度認められたものとなっているものの，上限関

2　日本における農業構造問題と農政改革

表 2.1　主業農家がいる水田集落の割合

	水田集落数	うち　主業農家が一戸でもある集落	割合(%)
全　国	80,086	39,744	50
都市的地域	17,772	7,766	44
平地農業地域	24,083	15,959	66
中間農業地域	24,503	11,344	46
山間農業地域	13,728	4,675	34

資料：2000年世界農林業センサス．
出所：食料・農業・農村政策審議会企画部会資料．

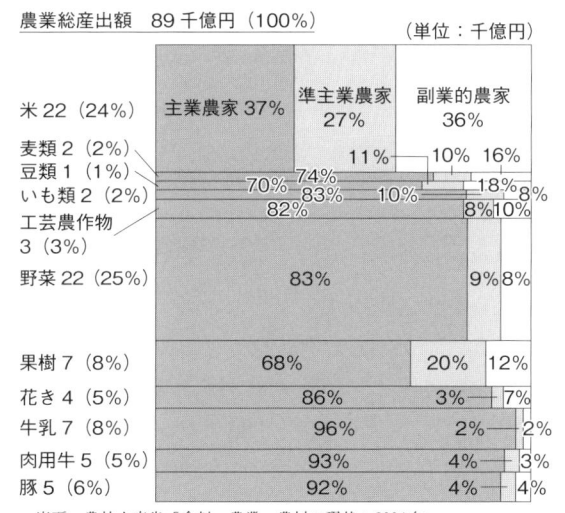

農業総産出額　89千億円（100%）　　　　　　　　　　（単位：千億円）

	主業農家 37%	準主業農家 27%	副業的農家 36%
米 22（24%）		11%	10%　16%
麦類 2（2%）	70%		10%　18%
豆類 1（1%）	74%		8%
いも類 2（2%）	83%	10%	8%　10%
工芸農作物 3（3%）	82%		
野菜 22（25%）	83%	9%	8%
果樹 7（8%）	68%	20%	12%
花き 4（5%）	86%	3%	7%
牛乳 7（8%）	96%	2%	2%
肉用牛 5（5%）	93%	4%	3%
豚 5（6%）	92%	4%	4%

出所：農林水産省「食料・農業・農村の現状」2004年．
資料：農林水産省「平成14年農業生産額（概算）」，「2000年世界農林業センサス」，「農業経営動向統計」．
注：1．主副業別シェアは，「2000年世界農林業センサス」，「農業経営動向統計」より推計．
　　2．産出額は概算額である．
　　3．主業農家：農業所得が主（農家所得の50%以上が農業所得）で，65歳未満の農業従事60日以上の世帯員がいる農家をいう．
　　　　準主業農家：農外所得が主で，65歳未満の農業従事60日以上の世帯員がいる農家をいう．
　　　　副業的農家：65未満の農業従事60日以上の世帯員がいない農家をいう．

図 2.1　農家類型別にみた農業産出額のシェア

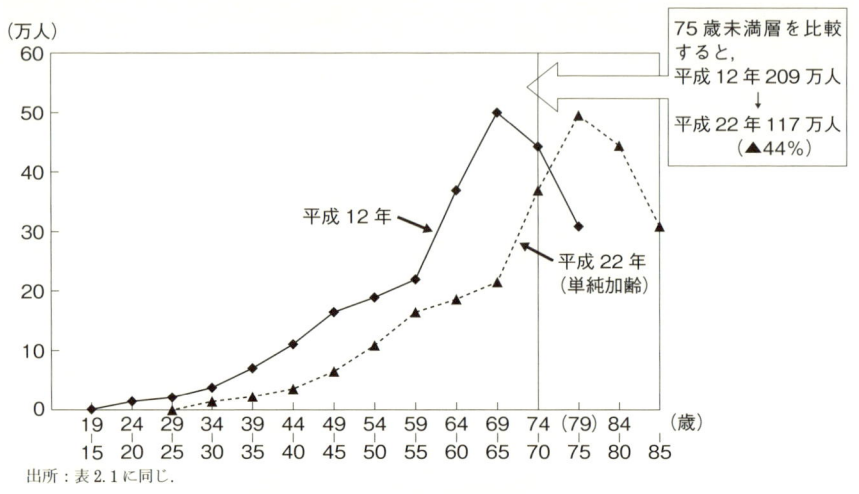

図2.2 年齢別基幹的農業従事者数

（75歳未満層を比較すると，平成12年209万人→平成22年117万人（▲44%））

出所：表2.1に同じ．

税の議論も含め，具体的にどのような品目がどのような関税率となるかはまだ合意に至っていない．また，シンガポールやメキシコ，タイとのFTA（自由貿易協定）/EPA（経済連携協定）の締結をはじめ，フィリピン，韓国などとの協議も進められているが，これらはいずれもわが国の農産物の関税率削減を求めてくることになろう．わが国の農業が東アジアの一員として，将来に向けて競争と協調の関係を築いていくためにも，このような国際ルールに対応できる足腰の強い競争力ある農業の育成が強く求められている．

なお，農家類型別にみた農家経済の動向を，「農業経営動向統計」によって整理したものが表2.2である．5ヵ年平均の農家総所得は準主業農家が最も高く，主業農家が最も低い．一方，農家の家計費をみると，その大きさは準主業農家，副業的農家，主業農家の順になっている．副業的農家の農家総所得が減少してきているが，それは近年の経済低迷による農外所得の減少によるものである．それに応じて家計費の方も減少している．しかし，それでも主業農家に比べると高い水準にある．

このように，農家総所得も家計費も主業農家以外の農家の方が高い水準にあり，経済的にみれば余裕のある生活をしていることがわかる．しかも，見落とされてならない点は，準主業農家も副業的農家も農外所得と年金被贈等収入を

表 2.2 農家類型別にみた農家経済の動向

		実　額（千円）				
		平成 11 年	12	13	14	15
主業農家	農家総所得	7,878	7,817	7,493	7,566	7,652
	農業所得	5,063	5,020	4,764	4,696	4,741
	農外所得	978	959	899	838	849
	年金・被贈等の収入	1,837	1,837	1,830	2,031	2,062
	家計費	5,086	4,983	4,925	4,778	4,613
準主業農家	農家総所得	8,941	8,813	8,627	8,121	8,467
	農業所得	1,001	994	928	760	856
	農外所得	5,914	5,857	5,564	5,183	5,569
	年金・被贈等の収入	2,025	1,962	2,136	2,178	2,043
	家計費	5,990	5,926	5,702	5,399	5,612
副業的農家	農家総所得	8,430	8,207	7,955	7,816	7,516
	農業所得	251	226	213	254	336
	農外所得	5,852	5,588	5,381	5,169	4,774
	年金・被贈等の収入	2,328	2,394	2,362	2,392	2,407
	家計費	5,498	5,314	5,221	5,156	4,964

出所：平成 16 年度「食料・農業・農村白書」．

合わせると，それだけで前者では家計費の 1.3 倍，後者では 1.5 倍に達し，すでに農業以外の収入で生活できる所得を確保しているという事実である[1]．これに対して，主業農家の場合には，家計費の大部分が農業所得によって賄われており，農業所得の目減りがそのままストレートに生活水準の低下に繋がっている．この表を見る限り，主業農家の方が農家所得も家計費も貧しいということである．

2.2　先進国農業の特徴と 2015 年に向けた農業構造の展望

　先進国における農業の総産出額と 1 農業事業体（農家または農場）当たり農業産出額をみたものが表 2.3 である．OECD によれば，1997 年における日本の農業総産出額（final agricultural output）は 8 兆 3,755 億円である．OECD 加盟国の中では，国別にみた農業総産出額は，実は日本はアメリカに次いで高い．西ヨーロッパの農業大国といわれるフランスでも 5 兆 7,000 億円，ドイツでも 3 兆 8,000 億円である．一方，日本の農業事業体の数は，3,072 千

表2.3 主要先進国における1事業体当たり農業産出額

国　名	農業総産出額 （億円）	農業事業体数 （千事業体）	1事業体当たり 農業産出額 （万円）
日　　　　本	83,755	3,072	273
韓　　　　国	56,082	1,767	317
デ ン マ ー ク	7,388	63	1,173
フ ラ ン ス	57,135	680	840
ド イ ツ	38,648	534	724
オ ラ ン ダ	20,922	108	1,944
イ ギ リ ス	24,820	233	1,065
ア メ リ カ	276,925	2,172	1,275
カ ナ ダ	29,000	280	1,036
オーストラリア	28,010	129	2,171

注：1．農業産出額は1997年の各国の農業総生産額を1ドル＝120円で日本円に換算した．
　　2．農業事業体数は2000年．
出所：OECD. *Economic Accounts for Agriculture*, 1999
　　　および農林水産省「国際農林水産統計2002」．

事業体で，イタリアやアメリカの事業体よりも100万ほど多く，OECD加盟国の中ではトップである．その一方で，フランス，ドイツなどはいずれも50-60万の事業体数で，イギリスは20万台，オランダは10万台の事業体数となっている．この2つのデータにより1事業体当たり農業産出額を計算すると，西ヨーロッパ，新大陸の先進諸国の産出額がおよそ1,000万円前後のところにあるのに対して，日本や韓国は200-300万円である．日本や韓国の1事業体当たり農業の産出額が，欧米などに比べてきわめて低いことがわかる．

次に，EUの主要国における経済規模（Economic Size）別農場数の割合とそれらの農場の総SGM（Standard Gross Margin）[2]に占める割合を整理して示したものが表2.4である．表の階層区分のカッコ内には日本円に換算した金額が示されているが，SGMで60万円未満の農場や1,500万円以上の農場などが区分されている．なお，いま仮りに農場のグロスの収益率を3割程度に見積もるとすれば，農業販売額に換算して200万円未満，200-800万円，800-2,000万円，2,000-5,000万円，5,000万円以上という区分になる．

そのような経済規模の大きさで農場を区分し，階層別の割合をEUの主要4ヵ国について示したものが表の最上欄の数字である．40 ESU（グロスの農業収益600万円≒販売額2,000万円）以上の階層に農場の6割が集中しているオ

表 2.4 EU 主要国における経済規模別農場数割合

(単位：%)

項目・国別 \ 経済規模	4 ESU 未満 (60万円未満)	4-16 ESU (60-240万円)	16-40 ESU (240-600万円)	40-100 ESU (600-1,500万円)	100 ESU 以上 (1,500万円以上)	計
農場数の割合						
フランス	26	129	25	23	7	100
ドイツ	31	25	21	18	5	100
オランダ	1	21	18	30	30	100
イギリス	30	23	16	18	13	100
1987-1997年の増減						
フランス	−27	−57	−43	31	125	−31
ドイツ	−23	−43	−39	48	395	−24
オランダ	−78	−30	−49	−32	225	−18
イギリス	−10	−1	−21	−9	25	−7
SGM のシェア						
フランス	2	5	19	45	29	100
ドイツ	2	9	2	43	26	100
オランダ	0	3	6	29	62	100
イギリス	2	6	12	32	48	100

注：1. ESU (European Size Units) は経済規模の単位で，1 ESU=1,200 ECU (European Currency Units) の SGM で計算されている．
2. SGM (Standard Gross Margin) は標準化された農業収入から農業支出を引いたものである．
3. 1 ECU=125円で計算すると，1 ESU=15万円の SGM となる．これをもとに掲載したものが（　）内の数値である．
4. SGM のシェアは各階層区分の中間値をもとに計算したものである．
出所：Europian Commission, *Agriculture-Statistical Yearbook 2000-*.

ランダを除き，他の3ヵ国は各階層に農場が分布し，4 ESU 未満の下位階層も3割程度を占めている．その一方で，40-100 ESU（グロスの農業収益600-1,500万円≒販売額2,000-5,000万円）や100 ESU（グロスの農業収益1,500万円≒販売額5,000万円）以上の上位階層の農場も3割前後を占めている．表の最下欄は，総 SGM に占める各階層別 SGM の割合を計算して示したものである．40-100 ESU および 100 ESU 以上の農場の占める SGM の割合はフランス，ドイツでは7割，イギリスでは8割，オランダでは9割を超えている．言いかえれば EU の主要国では SGM 40 ESU（農業収益600万円≒販売額2,000万円）以上の規模の農場が，総 SGM の7-9割を占めているということであり，これらの階層がそれぞれ国の農業の中心的な担い手になっていることがわかる．

ところで，2005年3月に閣議決定された新たな「食料・農業・農村基本計

画」の中で策定された「農業構造の展望（2015 年）」を示したものが図 2.3 である．2004 年の総農家数 293 万戸，うち主業農家 43 万戸，その他の販売農家 173 万戸に対して，2015 年には総農家数は 210-250 万戸に減少すると予測し，その中で家族農業経営 33-37 万戸，農業法人 1 万，集落営農のうち経営体としての実体を有するもの 2-4 万の育成を目標に掲げている．2004 年の主業農家の割合は 14.7％，認定農業者 19 万人としてその割合は 6.5％ であるが，2015 年には合わせて 35-41 万，平均して 16-19％ の「効率的かつ安定的な農業経営」を育成しようとする目標である．きわめて高い目標値であり非現実的であるという批判もあるが，先述した EU 諸国では農業所得 600 万円以上の経営が 3 割を占め，その国の農業産出額の 7 割以上を担っている現実や，わが国の 8 兆円前後の農業産出額の 6 割程度をこれらの経営が占めるものと見込み，経営の平均農業収入を 1,000-1,500 万円程度とみなせば，32-48 万の経営が必要に

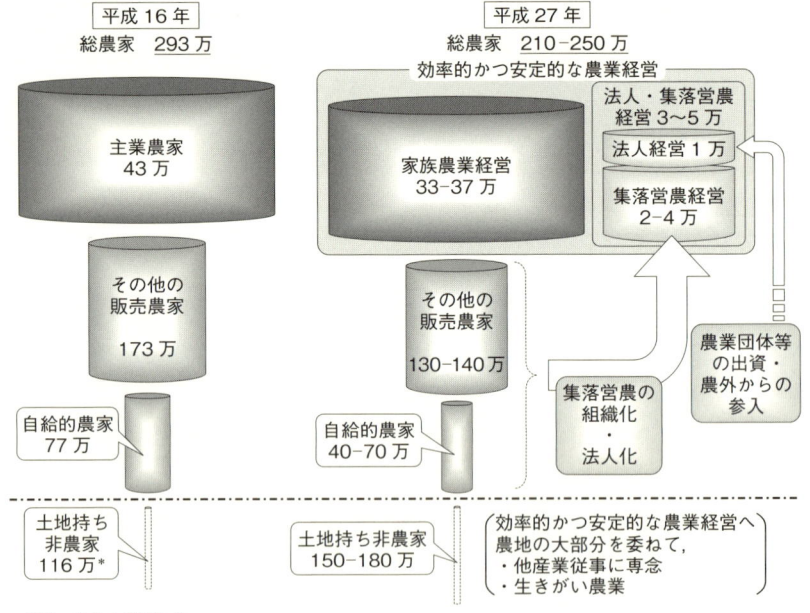

資料：農林水産省作成．
注：1．16 年の土地持ち非農家については，7 年から 12 年にかけての趨勢を基にした推計値である．
　　2．法人経営は，一戸一法人や集落営農の法人化によるものを除く．
　　3．集落営農経営は，経営主体としての実体を有するものであり，法人化したものを含む．
出所：「食料・農業・農村基本計画」関係資料．

図 2.3　農業構造の展望（2015 年）

なる点などを勘案すれば，かかる目標を掲げた，担い手育成のための今後の取り組みが重要である．

2.3 新しい基本計画の政策フレーム

新たな「食料・農業・農村基本計画」の全体フレームは，①食料自給率の目標，②食料の安定供給の確保に関する施策，③農業の持続的な発展に関する施策，④農村の振興に関する施策，⑤施策を総合的かつ計画的に推進するための必要な事項となっている．今回の基本計画の特徴の1つは，施策を体系的・効果的に推進するために，それぞれの施策の手順や方法，達成目標などを示した工程表による行程管理を行うことにしていることである．

以上のような施策の中で，農業・農村にかかわる施策の柱と，その相互の関係を筆者の案として示したものが図2.4である．農業という産業の中心的な担い手に対する施策，農地制度に関わる施策，環境農法に取り組む農業者群に対する施策，そして地域の農家や住民などに対する地域資源保全のための施策などであり，これらの施策と地域社会との関係も図では示している．図にみられるように，産業政策としての担い手対策と，地域政策としての地域資源保全対策が分けられている点や，これらの施策が1つのパッケージになっている点が

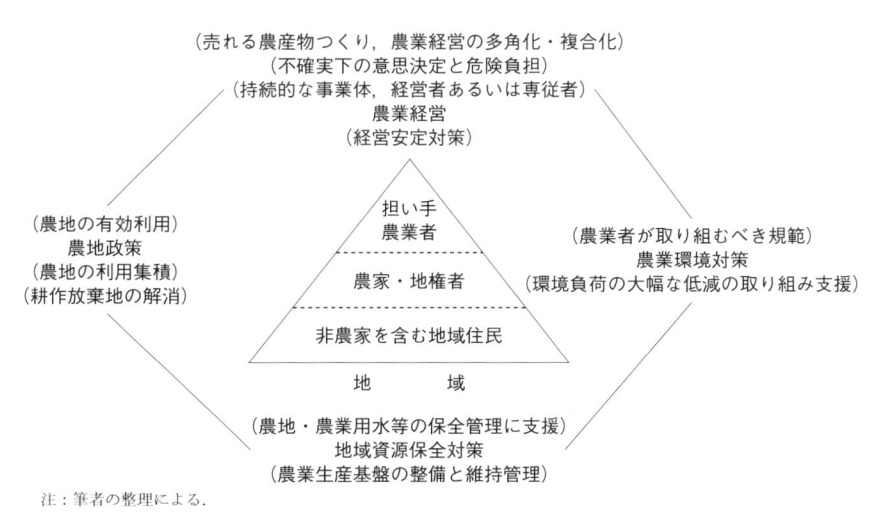

注：筆者の整理による．

図2.4 新基本計画の農業・農村にかかわる施策

重要であるが，今回の基本計画では，農地制度にかかわる施策については十分な検討が進められなかった．早急に検討を進め，施策のさらなる体系化を図ることが重要である．

　これらの施策のうち，第1の柱である担い手対策は，これからの農業の担い手を明確にし，その担い手の育成・支援や経営安定などに施策を重点化していくという課題である．このうちの重点施策である経営安定対策については，2005年10月に「経営所得安定対策等大綱」としてその具体化がなされた．その仕組みは，諸外国との生産条件格差の是正のための対策と収入の変動による影響の緩和のための対策であるが，前者は大幅な関税率の削減が必要になった場合などに，傾斜地が多く農地面積が狭隘であるわが国の農業を土台から支えるための施策であり，後者は気象変動や価格の大幅変動による収入・所得の減少を緩和するための施策である．両対策ともに対象者は認定農業者（本人の申請に基づき地域で認定された農業者）ならびに一元的に経理を行い法人化する計画を有するなど1つの経営としての実態を有する集落営農であって，かつ一定規模以上の水田作または畑作経営を行っているものとしている．また対象品目は，前者にあっては麦，大豆，甜菜，澱粉用ばれいしょ，後者にあってはこれらに米を加えたものとしている．

　前者の対策の内容は，市場で顕在化する諸外国との生産条件格差を是正するために，担い手の生産コストと販売収入との差額を，それぞれの経営の過去の生産実績と当該年の生産量・品質にもとづいて農業者に支払うというものである．これは「緑の政策」への転換を考えた施策ではあるが，しかし，過去の生産実績に基づく方式では，現状の農業構造を固定するおそれがあり，また，自給率向上には麦や大豆，飼料作物の増産が必要であることから，需要に応じた生産の確保という視点から「日本型直接支払い」の工夫をしたものである．

　また後者の対策の内容は，価格の大幅な変動によって対象品目の基準期間における平均収入と当該年の収入との間に差額が生じた場合，対象品目の差額を経営単位で計算して，その減収額の9割を補填するというものである．

　以上のような品目横断的な経営安定対策については，当面は水田農業と畑作農業を対象に実施し，果樹や野菜，畜産等については従来の個別施策を充実していくとしている．

第2の柱は農地制度にかかわる施策である．この中には，優良農地の確保と耕作放棄地対策，担い手への農地集積の課題が含まれている．かつては600万haあったわが国の農地は，転用等により現在は470万haへと減少している．その上，耕作放棄地面積も増加しつつあり，多くの消費者の中にも農地の減少に対する懸念を抱いている者が多い．農地の担い手への面的集積の取り組みは，資源を有効に利用し，競争力の強い農業へと転換していくための中心的な課題でもある．農業機械化の進展と生産性向上の中で，かつての農地改革時における少数大地主と多数小作人という関係から，農地をめぐる関係も現在は多数小規模農地所有者と少数大規模借地人という関係に大きく変わってきている．そうした全体変化の中で，農地の合理的・効率的利用（reasonable and beneficial use）の仕組みをどのように地域の中で構築していくかが課題であり，そのための早急な制度改革が必要とされている．

　第3の柱は農業の環境保全という機能に着目した環境対策である．わが国の水田農業は比較的環境に優しい農業であるという点では，多くの国民の理解を得ている．しかし，環境への負荷という点でいえば，農薬や化学肥料等の多用によって，これまで環境に負荷を与えてきたことも事実である．そこで農業においても汚染者負担原則を施策の基本に据えた上で，一定の規範を作り，その規範を遵守するとともに，その規範を超えて環境に良好な農法を行っている一定の面的広がりを持つ農業者群に対して助成しようとするものである．現在，具体的な規範づくりが行われているところであるが，この環境規範を遵守する者を助成の対象にするクロス・コンプライアンスも考えられている．

　第4の柱は地域資源保全対策である．周知のように，農地や農業用水の維持管理は，明治以来これまで農業者の手によって行われてきた．しかし，農業従事者の減少や高齢化，混住化の進展の中で，これらの地域資源の維持管理について問題を抱える地域が多くなってきている．しかしその一方で，子供たちが遊び，メダカなど野生生物の住める農業用水への整備の要望や，防火用水など生活用水として利用するなど，生活の質の向上のために地域用水として利用する様々な動きもある．そこで，そうした積極的な取り組みに対して，地域資源保全の一環としてこれを助成しようとするのが地域資源保全対策の目的である．これはまた，地域協定等にもとづいて一般住民やNPO，あるいは都市住民が

参画することも想定した施策である．

3　韓国における農業・農村政策の新しい展開

3.1　はじめに

　韓国政府は1980年代末農産物市場開放が本格的に始まって以降さまざまな農業・農村政策を樹立して実施してきた．農漁村構造改善対策にもとづいた42兆ウォン投融資計画（1992-1998年），農漁村特別税による15兆ウォンの投融資計画（1995-2004年），45兆ウォンの第2段階の農業・農村投融資計画（1999-2004年）など，1992-2002年の間に62兆ウォンの財政を投入する一方，「農業・農村基本法」の制定（1999年2月），大統領諮問機関として「農漁業・農漁村特別対策委員会」を設置するなど農政をバックアップする制度を整備した．こうした農政は建前としては「産業政策としての農業政策」，「地域政策としての農村政策」，「福祉政策としての農民政策」の3本柱になっていたが，実際には農業競争力向上のための農業構造改善に政策の中心があった．

　しかしながらこうした農業競争力中心の農業政策は農業構造の改善には一定の成果をあげたが，農民の生活はむしろ悪化した．2003年に成立した新政権（いわゆる参与政府）はWTO・DDAにおける多国間交渉，FTAによる二国間交渉などによって貿易自由化政策に積極的に取り組んだ．とりわけ2004年4月韓チリ間の初めてのFTAの発効以降，韓国政府はいわゆる同時多発的FTA推進戦略にもとづいて20余ヵ国とFTA交渉を展開し，農産物市場を急速に開放している．こうした農産物市場開放政策は当然ながら農民の強烈な反発と抵抗を招いた．韓国政府はFTA特別基金を設ける一方，2004年2月には119兆ウォン投融資計画（2004-2013年）による「農業・農村総合対策」，農漁村特別税を主な財源とした「農林漁業者の暮らしの質の向上および農山漁村地域開発5ヵ年計画」（2005-2009年）を樹立した．

　参与政府は農政を農業政策，所得政策，農村政策の3本柱に再編成した．これは過去の農政を基本的に継承しているが，所得政策を別に提示している点，過去のものより農村開発を強調している点，中央主導より地域自律性（地方分権）を強調している点に特徴がある．つまり参与政府は農業構造改善だけではなく農家所得と農民の暮らしの質の向上を重要な農政課題として提起している．

以下では韓国の農業・農村の現状と最近の農政の変化の背景を分析した後，農政の主な内容を農業政策と農村政策に分けて検討したい．

3.2 韓国の農業・農村の現状と政策変化の背景
3.2.1 韓国の農業・農村の現状

韓国の農業・農村の現状を農家経済の危機，農村と都市との格差の拡大，農業生産基盤の低下，農村地域の空洞化などの側面でとらえることができる．

まず，WTO体制の下で農産物市場の開放拡大によって農業の衰退と農村地域の活力の低下が急速にすすんでいる．国内総生産（GDP）に占める農林業の比重が1992年の6.7％から2002年には3.7％へ低下したのみならず，この数年間農業総生産額そのものが減少している．農業の衰退は農村人口の急速な減少と高齢化を招いて農村地域の活力を失っている．農村人口（邑面部）は1990年の1,110万人（総人口の25.6％）から2000年には934万人（同20.3％）へ減少し，農村人口のなかで65歳以上の高齢人口の比率は2000年に14.7％になり，都市の5.5％に比べて格段に高い．

1995-2003年に実質農家所得は2,781万ウォンから2,021万ウォンへと27.4％減少したのに農家の実質負債は1,169万ウォンから2,321万ウォンへと138％も膨らんだ．しかも農家所得の都市勤労者所得に対する比率も1990年の97.4％，2000年の80.6％，2002年は73％へと徐々に格差が拡大している．一方農家間の所得格差も大きくなっている．最上位農家20％の平均所得と最下位農家20％の平均所得との格差は1998年7.2倍，2000年7.6倍，2003年12倍へと増加した．とりわけ高齢農家の所得問題が深刻であり，老人世帯の半分以上が最低生活費に満たない所得で生活する貧困層である．こうした農業と農村の現状を反映して農民たちの農村生活に対する展望もますます悪くなっている．韓国農村経済研究院の調査によると，2004年時点で5年前に比べて生活水準が良くなったと答えた者は20.3％しかなく，悪くなったと答えた者は48.7％であり，変化がなかったと答えた者は31.0％であった．5年後の生活水準についての展望に関しては，良くなると答えた農民が7.8％であるのに対して67.8％の農民は悪くなると答えた．しかも5年後都市と比べた農村の生活水準については0.9％だけが良くなると答えたことに対して81.1％は都

市より悪くなると答えた．農民たちの自分の未来に対する展望が非常に暗いのである．「活力を失いつつある農村，希望を失いつつある農民」，これが韓国の農業と農村の現実である．

3.2.2 これまでの農政に対する反省

戦後韓国は長年食糧不足に苦しみ，1970年代に入って韓国政府は多収穫品種の普及と米価格の支持によって米の増産に取り組んだ．その結果，1980年代からは米の自給自足が基本的にできるようになったが，一方食生活の変化によって米の消費は急速に減少するなかで畜産物と野菜，果物などの消費と生産が増加した．1990年代に入って韓国政府は農産物市場の開放に備えて農業構造の改善に力を入れた．このように韓国におけるこれまでの農政は食料の増産と生産性増大を中心に行われてきた．つまり農業の主な役割は国民にとって安い食料の安定的な供給として位置づけられてきたのである．WTO，FTAなどの進展により農産物市場が急速に開放されるなかで，農業構造調整は依然として農政の重要な課題の1つである．しかしながら韓国は食糧自給率が25％に過ぎないにもかかわらず，すでに食料不足社会から飽食社会に移行し，生活水準の向上にしたがって農業の役割についての国民の意識も変わっている．いわゆる農業の多面的機能が新たに重視されつつある．

こうした農業に対する国民意識の変化に伴って農村の役割も変わっている．つまり農村地域の混住化の進行，農村のアメニティに対する関心の高まりなどによって，農村は単なる農民たちの農業生産空間だけではなく生活空間，農業以外の経済活動空間，環境と景観空間などとして重視されている．一方農村地域の乱開発と集約的農業のため農村環境が破壊されたことに対する反省とともに，親環境的農業に対する関心も高まっている．そして農村地域とりわけ条件不利地域に空洞化が進行するなど，農村地域社会の崩壊が進んでいることに対する対策も必要になっている．しかもこれまでに数多くの農村対策があったにもかかわらず農村の状況は悪化して農村住民の不満が高まり，農政の理念，推進体系などに対する批判が提起されてきた．とりわけ農業構造調整の一方的な推進，トップダウン式のハードウェア投資中心の農村開発政策，中央官庁別の縦割り型の農村開発政策に対して批判が集中した．

3.3 韓国における最近の主な農業・農村政策
3.3.1 農業・農村総合対策
(1) ビジョンと政策の基本的枠組み

韓国政府は2004年2月,10年間(2004-2013年)に119兆ウォンを投融資する農業・農村総合対策を発表した.農業・農村総合対策は「農村と都市が共生する均衡発展社会」を目指して,①農業は持続可能な生命産業として育成,②農業者には都市勤労者に相応する所得実現,③農村は農村らしさを保つ快適な暮らしの空間,というビジョンを提示した.そのため,表3.1のように農政のパラダイムを転換するとした.まず,これまで農業部門に偏った政策対象を農業・食品・農村へ拡大する.支援方式はこれまでの全体農家に対する平均的な支援から農家類型別に政策を差別化して支援する.投融資はこれまでの生産基盤などSOC(Social Overhead Capital:社会間接資本)中心の投融資から所得,福祉,地域開発を重点的に支援する方向に転換する.農家所得の安定のためにはこれまでの価格支持は縮小するかわりに直接支払いによる所得補填政策を拡大する.農業政策の中心はこれまでの生産中心から消費者安全・品質中心に転換する.最後に農村を農業生産空間から生産・定住・休養空間へと開発する.そして農業・農村総合対策は図3.1のように3本柱の政策になっている.

(2) 投融資計画

農業・農村総合対策は,2004-2013年の10年間に119兆ウォンを中央政府が投融資するとしている.投融資計画は前半期(2004-2008年)と後半期(2009-2013年)に分けて前半期に50兆ウォン(融資13兆ウォン,補助37兆ウォン),後半期に69兆ウォン(融資17兆ウォン,補助52兆ウォン)を投入することになっている.これからの投融資は生産基盤の整備などインフラ投資

表3.1 農政パラダイムの転換

政策対象	農業 → 農業,食品,農村
支援方式	全体農家,平均的支援 → 農家類型別政策差別化
投融資方向	生産基盤などSOC → 所得,福祉,地域開発
所得安定手段	価格支持 → 所得補填
政策の重点	生産中心 → 消費者安全,品質中心
農村の役割	農業生産空間 → 生産,定住,休養空間

は縮小し，農業構造調整と所得・経営安定，農村活力増進のための教育・福祉および地域開発投資を拡大する．したがって，表3.2にみられるように，農家所得および経営安定のための投融資の比重は2003年の20.6％から2013年には30.0％へ大幅に増加し，農業体質および競争力強化と，農村福祉増進および地域開発の比重もそれぞれ24.8％から32.2％へ，8.6％から17.2％へ増加するが，農業生産基盤整備のための投融資は32.6％から8.8％へと大きく

表3.2 投融資計画（2004-2013年）

（単位：％）

	2003	2008	2013	2004-2008	2009-2013	合計
農業体質および競争力強化	24.8	28.5	32.2	27.9	32.2	30.4
農家所得および経営安定	20.6	26.2	30.0	25.2	28.6	27.2
農村福祉増進および地域開発	8.6	14.4	17.2	12.8	16.2	14.8
－農村社会安全網拡充	1.0	3.2	2.7	2.8	2.9	2.4
－教育および福祉インフラ	0.8	2.7	4.2	2.4	4.1	3.4
－農村地域開発	6.7	8.5	10.3	7.7	9.2	8.5
農産物流通革新	6.7	9.3	6.4	9.5	6.6	7.8
山林育成	6.5	6.0	5.4	6.1	5.6	5.8
農業生産基盤整備	32.6	15.7	8.8	18.4	10.9	14.0
投融資金額（百億ウォン）	771	1,092	1,489	5,051	6,878	11,929

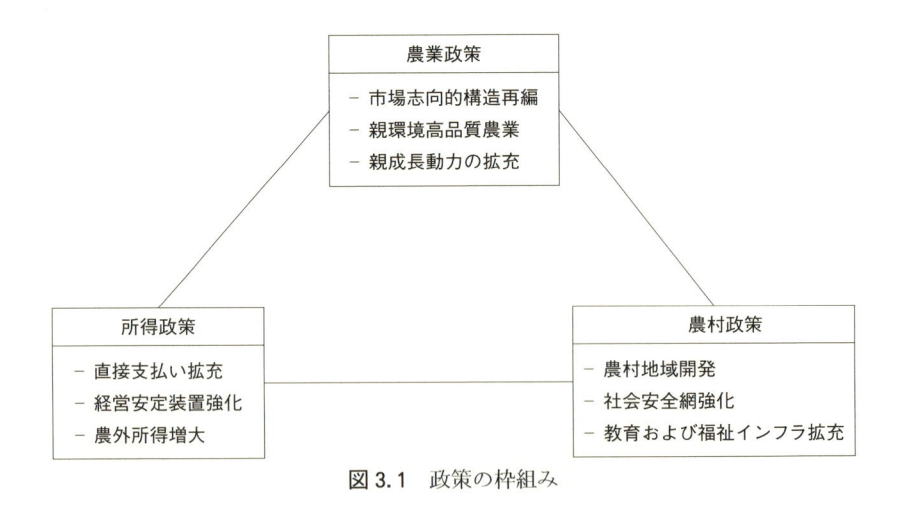

```
                        農業政策
                    ─ 市場志向的構造再編
                    ─ 親環境高品質農業
                    ─ 親成長動力の拡充


    所得政策                              農村政策
  ─ 直接支払い拡充                    ─ 農村地域開発
  ─ 経営安定装置強化                  ─ 社会安全網強化
  ─ 農外所得増大                      ─ 教育および福祉インフラ拡充
```

図3.1　政策の枠組み

減少する．

3.3.2 主な政策変化
1) 市場志向的農業構造再編
①米政策の改編

　1971年から実施してきた米買入れ制度を廃止して公共備蓄制度を導入した．ガット・ウルグアイ・ラウンド農業協定により米に使える補助可能額（AMS）が大幅に減少して事実上維持することが難しくなり，そのかわりとしてWTOが認めている食料安全保障のための公共備蓄制度に転換したのである．つまり政府が適正在庫である約600万石を時価で買入れて売り出すことになった．一方米農家の所得補塡のために米所得補塡直接支払い制度を導入（2005年7月1日施行）した．その仕組みを図3.2に示した．まず目標価格を決めるが，とりあえず2005年の目標価格は「2001-2003年平均産地価格（15万7,969ウォン）＋2001-2003年米買入れ直接所得効果（3,021ウォン）＋2003年水田農業直接支払い所得効果（9,080ウォン）」によって1俵80kg当たり17万70ウォンに決められた．この目標価格は3年ごとに変更する．農家に対する支払いは固定型直接支払い（WTO許容補助）と変動型直接支払い（減縮対象補助）という2つの直接支払いで構成される．固定支払いは政府が1ha当たり60万ウォンを生産や価格にかかわらず支払うものである．それに対して変動支払いは目標価格と当年収穫期平均価格との格差の85％から固定直接支払いを差し引いた分である．簡単に言えば政府は目標価格と市場価格との差の85％を直接支

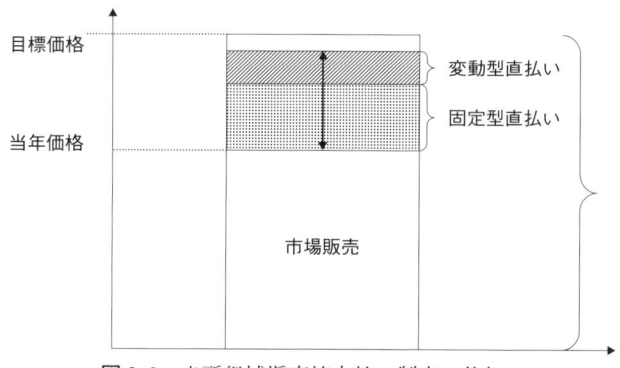

図3.2　米所得補塡直接支払い制度の仕組み

払うが，それを固定型直接支払いと変動型直接支払いに分けて支払うのである．
②新規創業農の集中育成

　毎年4,500余人の優秀新規人材を農業に流入して精鋭の農業人材を育成する．そのために現行の後継農業者育成制度を創業農中心に転換し，毎年専門教育を履修した若者1,000人を選抜して創業農として育成する．創業農の経営的成功と定着のために営農定着資金支援の限度を1億ウォンから2億ウォンへ拡大した．このような創業農を除いて毎年3,500余名の新規就農者に対して経営能力，事業性を評価して総合資金で営農定着資金を支援する．
③農地法改正（2005年7月1日施行）

　農地法を大幅に改定して農地所有および利用規制を大きく緩和した．まず，農地所有規制の緩和をみると，農業会社法人の農地取得規制を緩和する一方，都市住民の農地所有を実質的に全面的に許容した．また農地利用規制も農業経営を目的に取得した農地の賃貸を許容する一方，農地の売買および受託，農地保有などの農地需給調節機能をとおして農家の経営規模拡大を支援する農地銀行を新設した．
④農業構造調整の補完対策

　農業構造調整による様々な問題を緩和するために経営移譲直接支払い制度の拡大，FTA支援対策（FTA移行特別法にもとづいて7年間1.2兆ウォン規模の特別基金設置），食糧自給率指標設定などの措置を設けた．

2）農業者の所得および経営安定
①直接支払い制度の本格的導入

　韓国政府は農家の所得および経営安定のために直接支払い制度を拡大する．まず直接支払いの予算を増大する．総投融資に占める直接支払い予算の比重は2003年の9.4％から2013年の22.9％へ増大する．その結果2013年には政府による直接支払い金額が農家所得の10％になる予定である．また，直接支払い制度の多様な類型を導入する．現在韓国政府がすでに導入したか，これから導入しようとする直接支払いの類型とその内訳は表3.3のとおりである．
②多様な農外所得源の積極的発掘

　韓国政府は農外所得源を拡大するために農村観光の活性化，郷土産業育成，農工団地拡充，小規模農特産物加工施設支援などの政策を取る．まず農村アメ

表 3.3　直接支払いの類型とその内訳

①農家所得安定類型
・米所得補塡支払い（2005 年 7 月 1 日施行）
・所得安定勘定の導入（2007 年）検討
②公益的機能向上類型
・親環境直接支払い（2003 年から施行）：1 万 1,000 ha に対して親環境品質認定段階別に 1 ha 当たり 52 万 4,000 ウォンから 79 万 4,000 ウォンを支払う．
・親環境畜産直接支払い：2004 年模範事業として導入．653 戸が参加．飼料圃を確保して適正飼育密度を維持すると農家当たり最大 1,300 万ウォンを支払う．
③農村地域活性化類型
・条件不利地域直接支払い：2004 年模範事業の 2 万 5,000 ha で始まり現在 3 万 1,000 ha へ増加．耕地傾斜度 14％ 以上の畑を耕作すると 1 ha 当たり 40 万ウォンを支払う．
・景観保全支払い：集落，地域との間に景観協定を結ぶ（2005 年）：模範事業として 470 ha に実施．油菜，そばなど景観作物を植えて管理すると 1 ha 当たり 170 万ウォンを支払う．

ニティを活かした農村観光の活性化のために農村観光村を 2003 年の 32 村から 2013 年には 1,000 の観光村を造成する．そのために「都市農村交流促進法」を制定し，毎年「農村むらづくり大会」を開催する．また，地域の資源を活用した郷土産業を育成するために地域の伝統的技術，土産品，観光文化商品など郷土知的財産を発掘して商品化する．そのための地域ブランドの開発および品質管理を強化し，地域の伝統や土産品と連携した郷土文化祭りを支援する．

　一方，多様な仕事を創出するために農工団地を農村地域における仕事創出の拠点として発展する．農工団地を 2003 年の 296 ヵ所から 2013 年には 394 ヵ所に増やして農村の仕事場を作る．それから地域の特性にしたがって地域特産物加工・流通企業を誘致して団地に発展するように支援する．

3.3.3　「農林漁業者の暮らしの質の向上および農山漁村地域開発」5 ヵ年計画

1)「農林漁業者の暮らしの質の向上および農山漁村地域開発に関する特別法」
（2004 年 6 月 6 日施行）

　韓国政府は，農山漁村人口の急激な減少と高齢化によって地域社会の維持が難しくなっている原因の 1 つが農山漁村の基礎生活条件，福祉・教育条件などが都市に比べて著しく遅れていることにあるととらえた．そして，今後農山漁村の福祉・教育・地域開発などに集中的に投資する制度的枠組みをつくるために「農林漁業者の暮らしの質の向上および農山漁村地域開発に関する特別法」（以下「暮らしの特別法」）を制定した．「暮らしの特別法」は農山漁村の福祉，

教育，地域開発を総合的，体系的に推進するために5ヵ年基本計画および官庁別施行計画，市道施行計画，市郡施行計画を樹立することを規定している．「暮らしの特別法」は官庁別に分散支援されている多様な事業を農山漁村の特殊性を考慮して1つの計画に総合して体系化するために農林漁業者の暮らしの質の向上および農山漁村地域開発委員会（国務総理を委員長として15部の長官と農林漁業者代表，専門家などを含めて25人以内の委員会を設置して基本計画などを審議）を設置して運営する．この「暮らしの特別法」によって「第一次農林漁業者の暮らしの質の向上および農山漁村地域開発5ヵ年基本計画」が作成された．

2）「第一次農林漁業者の暮らしの質の向上および農山漁村地域開発5ヵ年基本計画」（2005年4月）

①農政の中での位置と財源

　「第一次農林漁業者の暮らしの質の向上および農山漁村地域開発5ヵ年基本計画」（以下「暮らしの基本計画」）は2005年1月から2009年12月までの5年間を計画期間にする．しかし「暮らしの基本計画」はまったく新しい政策ではなく，「農業・農村総合対策」のなかでの農村政策（福祉基盤拡充，教育条件改善，農村地域開発）と農林省以外の省の関連した政策をまとめたものである．また「暮らしの基本計画」は「農業・農村総合対策」と異なって国費以外に地方費の負担が大きい．このことは「暮らしの基本計画」の予算構成をみるとわかる．「暮らしの基本計画」の総投融資20兆2,731億ウォンの財源は国費11兆5,527億ウォン（57.0％），地方費8兆1,659億ウォン（40.3％），民間資本などその他5,545億ウォン（2.7％）となっている．国費は農業・農村総合政策の119兆ウォンの財源から7兆6,862億ウォン（67％）と各省庁の中期財政計画財源から3兆8,665億ウォン（33％）を調達する．

②主な政策課題

ア．農林漁業者福祉増進

　まず農山漁村の社会安全網を強化するために農林漁業者の国民健康保険料負担を緩和する一方，国民年金保険料の支援を拡大する．そして農林漁業災害に対する補償支援を拡大し，農林漁業の特殊性を反映して基礎生活保障制度を改善することを検討する．また，農山漁村の保健・医療基盤を拡充するために公

表 3.4　農山漁村地域開発の重点的政策課題

①農山漁村地域総合開発推進 　拠点機能を持つ小都邑育成：3 年間 100 億ウォンを 2013 年まで毎年 20 ヵ所支援． 　背後集落は 3-5 集落を 1 つの圏域にして農漁村集落総合開発：3 年間 70 億ウォンを支援して 10 年間で 1,000 圏域を総合開発． ②基礎生活条件の総合的改善 ③農山漁村に対する投資，人材流入促進 　5 都 2 村：週の 5 日は都市で生活し，2 日は農村で過ごす． 　農山漁村観光活性化． ④郷土産業育成 　郷土知的財産発掘． 　農工団地を郷土産業クラスター化． 　地域農業クラスターの育成． ⑤農山漁村の文化，芸術振興および福祉施設設置拡大 ⑥農山漁村の情報化促進

共保健および医療基盤拡充（救急医療インフラ拡充，医療装備の改善，地方公社医療院のサービス機能強化など），農山漁村の健康管理室運営の内実化，農作業の災害予防および管理システムの構築，安全営農区域の造成に努力する．そして，農山漁村に住む女性と幼児に対する福祉支援を強化する（女性農林漁業者センターの設置拡大，幼児養育費の支援拡大，農山漁村の保育施設の拡充および 5 歳幼児の無償教育など）一方，老人の健康で活力のある老後生活を支援する（地域住民の自律的老人保護体系の構築，老人福祉センターの設置など老人保護施設拡充，生産的老人福祉基盤構築など）．

イ．農山漁村教育条件改善

　まず，農山漁村における教育機会を強化するために，優秀高校の集中的育成，小規模学校運営の充実，農山漁村型の教育プログラムの開発と普及，農山漁村の幼稚園の増設と幼児教育費の支援拡大などに努力する．そして農山漁村の学生の教育費負担を軽減するために高校生の学資金支援の対象を農家全体に拡大すると同時に，農山漁村からの大学生に対して学資金の全額を無利子で融資する．また農山漁村の教員の勤務条件および教育環境を改善し，コミュニティーセンターの運営をとおして農山漁村住民の生涯教育を拡大しながら充実をはかる．

ウ．農山漁村地域開発

　農山漁村を暮らしの空間，余暇休養空間，親環境新事業空間として開発する

ことを目標にして，これまでと異なった地域住民，自治体主導のボトムアップ式，総合的アプローチによる戦略を採択する．そのために村リーダーの育成など地域開発主体の力量を強化する．また拠点開発の後で近隣地域へ波及する拡散効果を追求する．そして都市と農村の均衡発展のための国民運動などを展開する．以上の重点的政策課題を表3.4に示した．

3.3.4　国家均衡発展と農村開発政策――新活力地域発展構想（2004年7月15日発表）――

1）国家均衡発展5ヵ年計画

　いわゆる参与政府は国家均衡発展を主な政策理念として打ち出して2004年4月1日に国家均衡発展特別法を制定し，その法律にもとづいて国家均衡発展5ヵ年計画を樹立した．第一次計画は2004-2008年の5年間に66兆5,732億ウォンを投資することになっている．その内訳は国費44兆5,349億ウォン（66.9％），地方費14兆4,573億ウォン（21.7％），民間資本7兆6,110億ウォン（11.4％）となっている．事業別には地域戦略産業育成（31.9％），地域生活環境インフラ拡充（15.9％），落後地域開発（15.7％），地域経済活性化（13.8％）などに投資することになっている．とりわけ年間5兆ウォン規模の国家均衡発展特別会計を設けて国家均衡発展委員会が地方の申請にもとづいて配分する．国家均衡発展のための地域均衡発展政策として新行政複合都市建設と公共機関の地方移転，地域戦略産業の育成（Cluster政策），新活力地域開発などをはかる．

2）新活力地域発展構想

　当初の国家均衡発展計画は広域あるいは大都市間の不均衡を問題にする反面，落後地域あるいは農山漁村に対する関心が少ないという批判があり，これに対応して政府は2004年7月15日に新活力地域発展構想を発表した．

　ここで新活力地域とは「産業衰退，人口減少などで疎外されて落後した地域が地域革新を通して新しく活力を回復するところ（地域）」であると定義される．まず，韓国政府は第一次の新活力地域として全国234市郡区の基礎自治体のなかで人口，所得，財政力などを基準にして下位30％に当たる70地域を選定した．

　新活力地域の主要な政策課題は農山漁村型地域革新体系構築，SOC拡充，

1・2・3次産業の融合，農村と都市の相生のための5都2村の活性化などである．政府は3年単位の中期新活力事業計画を樹立して下位20％の自治体に対しては年間30億ウォン，下位21-30％の自治体には20億ウォンを支援する．ただし地域選定には，同じ地域を3回を越えて選定することはできないという制限がある．

　新活力事業は基本的に地域革新体系の構築，地域革新協議会の運営を通した革新主体の力量強化，地域固有産業の育成およびその育成のためのソフトウェアの開発を中心にし，ハードウェア事業はこうした事業の推進のために必要な範囲で制限的に認定する．

3.4　最近の農業・農村政策の評価――意義と限界――
3.4.1　意義
1) 農政パラダイムの変化

　農業・農村総合対策をはじめ最近の農政をみると農政パラダイムの変化が見られる．まず，農政理念は過去の競争力主義から農業・農村の多面的機能の重視へ変わっている．つまり農政は農業生産性の増大だけではなく所得，福祉，地域開発を追求する．そして農政の対象も農業から農業，食品，農村へ拡大している．つまり農民だけではなく消費者と都市住民の観点から農政が講じられる．最後に農政推進体系も中央集権から地方分権へと変化している．分権と住民参加が重視され政策の計画と施行は従来のトップダウン式からボトムアップ式へと変化している．政策には定期的評価が導入されて農業・農村総合対策は3年ごとに評価され，新活力事業に対しては年次別評価と3年間総合評価を実施する．最近の農政にとって最も目立つのは地域革新体系が強調されている点である．地域革新体系とは大学，企業，研究所，自治体，市民団体など地域内の革新主体間の相互協力と共通学習をとおして産業生産体系，科学技術体系，企業支援体系を効率的に接合して人的資源開発，情報通信など革新基盤を拡充するための諸般活動とこれに必要な支援体系をいう．

2) 予算の大幅な増加

　予算については，中央政府の投融資が増加することになっている．つまり中央政府の投融資は2003年の7兆7,100億ウォンから2013年には14兆8,900

億ウォンへ増加する．その結果1992-2002年の中央政府の総投融資が62兆ウォンであったことに対して，2004-2013年の10年間には119兆ウォンが投融資される．こうしたことは物価上昇と国家予算の増大を勘案しても農業・農村予算が大幅に増大すると期待できる．

3.4.2 問題点

しかしながら，次のような問題点も指摘しておきたい．

まず，過去の農政失敗に対する反省と評価がないということである．韓国政府は1980年代末から数多くの総合対策を樹立して「帰ってくる農村」（帰村促進政策）を提唱したが，農村の状況はますます悪化して空洞化が進んでいる．とりわけガット・ウルグアイ・ラウンド農業交渉以降何回も農政パラダイムの転換を試みたが実現されなかったし，同農業交渉以降の膨大な投融資にもかかわらず農業競争力はあまり向上しなかった．最近の農政も持続可能な農業，都市と農村との共生をビジョンとして提示しているが，実際の政策の中心は農業開放に対応する競争力強化とセーフティーネットの拡大にあって，農村地域の活性化のための施策が相対的に疎かになっている．農業を産業として振興する産業政策と農村地域を振興する地域振興政策との間の関係が十分整理されていないまま単純に並立的に羅列されている．また農政の推進体系に関しては政府の各省庁の施策を総合的に調整あるいは統合するメカニズムがなくてばらばらになっている．農政の地方分権化を提唱しているが，依然として中央集権的農政を脱皮せず，中央政府と地方政府，そして官と民間との間におけるガバナンスとパートナーシップの関係が成立していない．そのためには農民と地域住民の自立と創意を励まして地域の力量を強化する施策が必要である．

一方，最近の農政はビジョンと目標が先にはしって，どうやってそのような目標を達成するかその戦略や工程がはっきりしていない．また計画通りに農業・農村総合対策の予算が確保できるかどうかも疑問である．119兆ウォンの投融資予算のなかで50兆ウォン（42.3％）は国家財政運用計画に反映されているが，69兆ウォン（57.7％）は果たして確保できるかどうか不明である．さらに，WTOとFTAによる農産物市場開放が求められている状況のなかで，農業農村総合対策が描いているとおりに農林漁民の暮らしの質が都市並みになると信じる農民や専門家は非常に少ないのである．

4 中国における新たな農業・農村政策と農産物貿易

4.1 新農業・農村政策登場の背景

　1980年代の後半,中国農村の食糧生産は増加傾向にあった.政府は農家の所得を増やす目的で,収益率の比較的高い食糧以外の農産物生産を奨励する政策を取ったため,農産物生産は多様化の様子を呈するようになった.それとともに1990年代末ごろから,農産物生産が総じて需要を上回るようになり,市場では農産物価格が下落する様相を呈するようになった.それに加えて農産物国際市場における競争も激しさを増し,中国農業は新しい調整の局面を迎えた.そこで,政府は農業の構造調整を農業政策全般の中心に据える政策方針をとった.主として,政策目標を農産物の単純な量的な増加から,比較優位の下での専門化の奨励に変えた.しかしこの時期でも,農産物の生産が量的に十分という訳ではなく,政府はやはり農業政策の主目標を農業生産の増加,とくに食糧生産の増加においていた.すなわち,政府の政策的任務は食糧生産の確保にあったのである.そのため,中央政府は漸次これに見合う各種の制度を設け,省クラスの地方政府にも食糧確保の責任を負わせるようになる[3].

　一方,農業政策転換の影響を受けて,この時期農産物の価格変動が目立つようになった.すなわち,1990年代になって,政府が農産物価格に対する統制を緩めた結果,1994年,1995年にインフレを招き,それによって食品価格も上昇した.そのため政府は農産物価格ならびに農産物流通に対する統制を強化するようなった.しかし,農産物価格が安定された後,政府は再び漸次価格統制を緩和するようになる.

　以上からわかるように,1980年代から1990年代にかけての政府の主な政策目標は,都市住民に十分な食料品を提供することと,農産物価格の安定を図ることにあった.しかし,いったん農産物価格が急激な上昇を見せた場合は,農産物価格の安定が優先された.

　ところで,20世紀の末から21世紀のはじめにかけて,中国の農業・農村政策には新たな変化が見えるようになった.その兆しは1998年に公表された「中共中央の農業・農村事業における若干の重要な問題に関する決議」に表れた.この決議の中で,中国は今後の農業・農村政策の目標として,はっきりと

農民負担の軽減と農家収入の増加を政策の基本原則として打ち出している．もちろん，十分な食糧の確保もまた政府政策の重要な目標であることには変わりがない．そして，2001年12月WTOに加盟して以来，中国は国際市場から受ける圧力が日増しに増加する傾向にあり，農業政策として農業生産の国際競争力を高めることも，もう1つの重要な政策課題になる．

　以上を簡単にまとめると，中国政府は段階的に農業・農村の状況ならびに全国の経済情勢の変化に伴い，相互に関連性はあるが，政策力点の異なる一連の農業・農村政策を打ち出した．一方，工業化の進展に伴い，各産業における従業員の所得格差ならびに都市と農村住民の所得格差が大きくなったのも事実である．人口の都市集中も加速化され，その結果農業生産者の減少と都市消費人口の拡大を招いた．他方，耕地面積の縮小と食糧生産の減少のため，食糧の安定的な確保が焦眉の政策課題になる．産業のグローバル化に伴い，農業と農業関連産業の国際競争力を高めることも，政策立案者の関心の的になる．結局，農民の所得を高め，都市と農村住民の所得格差を縮小し，食糧生産の安定的な確保を図り，国際市場における産業としての農業の競争力を強めることが主な政策課題として浮上した．このような背景の下に生まれたのが，中国共産党中央委員会と国務院が連名で発表したいわゆる「2004年一号文件」である．

4.2 「2004年一号文件」にみる最近の中国農業・農村政策

　「2004年一号文件」（以下「一号文件」と略す）とは，いわば一種の政府の政策指導書であるが，「中国共産党中央委員会ならびに国務院の農民所得増加促進の若干の政策に関する見解」というのがその全称である．「一号文件」はその題名が示すとおり，農家の所得増加を政策目標に掲げている．さらに言えば，食糧安全，農家の所得増加，農業国際競争力の強化などがその基本目標である．

　ところで，「一号文件」が主張しているところの農業・農村政策方針の論理を要約すると次のようなものになる[4]．
①安定した価格で十分な食料品を市場に提供する．中国は世界で人口の一番多い国であるが，その耕地資源や水資源は非常に限られている．と同時に，工業化の中で都市化が加速的に進み，多数の農村人口が都市に集中して非農産業に

従事するようになり，まず食糧の安定確保が焦眉の政策課題となった．
②農家の所得増加を目前の農業・農村政策の中心課題とする．その理由は，農業従事者とその他の産業の従事者，そして農村地域の住民と都市区域の住民の間で所得格差が拡大する傾向にあることにある．もしこれらの問題が適宜に解決されねば社会的不均衡と不公平を招くことになる．
③農業の国際競争力を高めなければならない．農業の競争力を高めるためには，農業の生産性を高め，またそのためには，農民に生産技術面での支援を行う必要がある．こうして，中国農産物の国内外の市場競争力を高め，輸入農産物に対応できるようにし，国内農産物の輸出拡大をはかる．

4.3 目標実現のための主な政策手段

以上のような政策目標を実現するために，中国がとっている政策手段は，「二減免，三補助」（2項目の軽減または免除政策と3項目の補助金政策）ということになる．

4.3.1 農業税の軽減または免除措置

中国農村地域に広範囲で実施されている各種の費用の不法徴収に対応するため，そして農民の負担を軽減するために，中国政府は2000年から農村税制改革を試みている．税制改革には，徴税品目の減少のほかに，家畜の屠殺税やタバコ税を除く農業特産物税の撤廃などが含まれた．また，2004年には5年以内に農業税の撤廃を約束し，実際2006年から農業税を完全に撤廃することとなった．

4.3.2 食糧生産農家への直接支払い政策の実施

食糧の安定確保，そして農民の所得増加が政府の農業補助金政策の基本である．では，過去の政策とはどう変わったか．前の段階でも，中国政府は農業と農民に対する補助金政策を実施している．しかし，それには限界があった．政府は農産物に対する価格保護政策を実施し，いわゆる保護価格で農家から余剰の食糧を買い上げ，そして国営の食糧経営企業に対し財政支援を行った．これは食糧生産農家を保護する面で一定の効果はあったが，それと同時に問題も次第に表面化してきた．まず，食糧生産農家がこれによって直接受ける利益は少なく，政府の財政補助額と農民の所得増加幅が直接繋がらなかった．そして，

経営の不振と食糧市場が未発達だったことから，国営の食糧経営企業は国家から財政補助を受けても，巨額の欠損を生じた．

これらの事情を背景に，中国政府は2004年から食糧補助金制度の改革を図り，直接支払い政策に切り替えた．こうして，2004年には，直接支払いの財政支援を遼寧，黒竜江，吉林，河南など13の省に集中交付した．ちなみに，これら各省の耕地面積は全国の69%を占める．いわば補助金の傾斜支給方式を実施したわけである．具体的には，これらの省に作付け前の春季に一部の補助金を交付し，年末までに補助金全額が農民の手に届くようにする．こうして，補助金支払いの「両傾斜」(すなわち，食糧主産地に対する傾斜と食糧生産農家に対する傾斜)が実施された．

4.3.3 優良品種栽培補助

2004年，農産物優良品種に対する政府補助金額と補助の範囲は大きく増加，拡大された．補助の対象品目は2003年の大豆，小麦から，2004年には稲，小麦，とうもろこし，大豆に拡大され，補助額の規模もまた2003年の3億元から10億元に増やされている．2005年，中央政府の財政予算には，優良品種の小麦，とうもろこし，大豆栽培に3億元の支出を割り当てている．補助金の交付は地域的にも拡大され，優良小麦は河北，河南，山東，江蘇，安徽，黒竜江の6省，優良大豆は内モンゴル，遼寧，吉林，黒竜江の4省，優良とうもろこしは内モンゴル，遼寧，吉林，黒竜江，河北，河南，山東，四川の8省に拡大された[5]．

4.3.4 農機具購入補助

対象となるのは，少数の農業生産経営の企業などであるが，農業機械の使用により，農業サービス会社(例えば収穫委託会社など)のサービス料金のコストが下げられることから，多くの農民はそれにより間接的な恩恵を受ける．

4.3.5 政府購入米の最低価格制の実施

2004年3月，国務院は春季収穫されるいわゆる前季米の最低購入価格(1.4元/kg)を公表した．もし市場価格がそれより高い場合は，企業は市場価格で買い上げるか，または農家が自分で市場価格に応じて販売することになっている．その後，政府は2004年の中季米ならびに後季米の最低購入価格も公表している．

4.4 新政策実施上の力点

　農業・農村支援の財政保障と農業税税率の引き下げならびに農業税の全面的な撤廃などを通じて，農民の食糧生産への意欲を高めるようにする．

4.4.1　食糧主産地農民の所得向上

　まず，食糧主産地への財政的傾斜であるが，中国において政府が認定している食糧主産地の食糧生産量は全国のそれの約70％を占めるから，主産地の食糧生産の動向が，全国の食糧生産に大きな影響を及ぼす．

　新しい政策では，食糧主産地農民の所得を増やすために，一連の具体的な政策を打ち出している．例えば，①食糧の購入・販売市場を開放し，食糧の市場流通を多角的なものにする．②政府は農村インフラの改善，拡充を図り，農民の生産，生活環境の改善を実現する．③優良生産品目に対し，補助金を支給する．④食糧主産地農民に対して，農民が大型農業機械を購入または買い換える場合は，一定の補助金を支払う．⑤金融上の便宜を図り，企業株の買い入れまたは税制の改革を通じて，主産地での農産物加工業を支援する．これらの政策を実施することによって，食糧の生産コストが引き下げられ，農民の所得増加が期待できるとしている．

4.4.2　「農民工」(出稼ぎ労働者) 対策

　「農民工」を新たな産業労働者の重要な補足として認め，彼らに対する技術養成事業を強化する．前掲の「一号文件」の中で，政府は農村過剰労働力の労働力移転を奨励しており，「農民工」をまともな都市産業労働者として認め，そしてそれに見合う都市と農村の新しい管理システムの整備を指示している．「一号文件」では，「都市に入って就職している農民はすでに中国産業労働者の重要な構成要素」であると指摘しているが，中央政府がこのような見解を公式に表明したのはこれが初めてであり，それは最近の中国社会人口構成と従業員構成の変化を直接反映したものと言える[6]．

4.4.3　農村地域経済の発展

　農村での第2次，第3次産業を発展させ，農村地域経済の発展を図る．郷鎮企業の発展により，中国ではすでに1億3,000万人の農村労働力が地域社会の発展に貢献している．これからも郷鎮企業は政府の保護と支援を受けるはずであり，生産手段に対する所有制と経営規模の大小にかかわらず，環境保護，資

源の合理的な利用そして安全生産などの基本要求を満たせば，引き続きその発展を支援する．

4.4.4 農地徴用制の改革

現行の法律によれば，土地の使用目的が公益性を帯びていれば，政府は土地の徴用が可能ということになっているが，事実上現状では，公益性用地と経営性用地を厳密に区別することは難しい．その結果，①公益性土地徴用の補償基準が低く，土地徴用の範囲が拡大されれば，農民は土地を失った後に往々にして十分な補償が貰えない．②一方，政府を通じて，強制的に経営性土地の徴用が行われると，結局市場経済のルールが守れない．③もし政府が形だけの経営者になった場合，政府機能は失われ，土地に対する管理は事実上放棄することになる．以上の理由から，これらの従来の土地徴用制上の欠陥を無くすような土地徴用制の改革が行われなければならない．

4.4.5 農村における金融システムの改革

新しい政策の中で，政府は県ならびに県以下の各級の金融機関に対して，農業・農村に対する金融面での支援を義務づけている．これらの地方金融機関は一定の割合で，その資金力を農業・農村の発展に投入しなければならない．

4.4.6 農村の税制改革

引き続き農村の税制改革を断行する．目的は農民の経済負担を軽くすることにあるが，農業税の税率の引き下げから撤廃，そして農業特産税の撤廃などによる農民の負担の軽減額は約70億元に達する見込みである．税制改革と相呼応して，それと同じ意義を持つ地域行政機関の簡素化ならびに人員整理，そして農村教育資源の活用などがはかられるべきである．

4.5 成果と問題点

「2004年一号文件」が公表されて以来，農民，農村に対する新たな政策を実施することにより，農業生産の発展，農民の所得増加，農業税の軽減，農産物輸出の増加などの面で一定の成果を収めた．

4.5.1 農業生産の発展

生産額でみると，2004年の農業総生産額は3兆6,163億元に達しており，これは物価の変動を計算にいれても，2003年に比べて7.5％の増加である．

部門別でみると，農業生産額が1兆8,232億元（予測値，以下同様）で，同じく9.2％の増加，林業生産額1,315億元，1.7％の増加，畜産業は同じく1兆2,045億元で，6.3％の増加，水産業は3,574億元で，5.2％の増加となっている[7]．

4.5.2 農民の所得増加

国家統計局農村経済調査隊が全国31の省（自治区や直轄市を含む）の6万8,000戸の農家に対して行った調査によると，2004年農民1人当たり収入は2,936元で，前の年に比べて314元の増加で，増加率は12％であるが，物価変動を差し引くと実質増加率は6.8％になる．これは1997年以来農民の年間所得が一番多く，増加率も最も高かった年になる[8]．

4.5.3 農業税減免措置の推進

国務院の2004年政府報告書によれば，2004年から段階的に農業税の税率を年平均1％以上の速度で引き下げることにし，5年以内に農業税を撤廃するとした．農村税制改革を支援するために，中央政府は2004年396億元の財政援助を実施している．2005年2月現在，中国の26の省（自治区，直轄市を含む）はすでに農業税免税を実施しているかまたは2005年から実施する予定である．こうして，約7億3,000万人の農民が農業税から解放されることになる．2005年も引続き農業税を徴収する省は，全国で河北，山東，雲南，広西，甘粛の5つだけであった[9]．

4.5.4 農産物輸出入総額の増加

中国税関が発表した統計によれば，2004年中国農産物の輸出入総額は514.2億ドルに達し，これは前の年と比べると27.4％の増加になる．その中，農産物の輸出額は233億ドル，その前年比は9.1％の増加，輸入額は280.3ドル，前年比は48.1％の増加になる．この年の農産物輸出入貿易差額は前の年が25億ドルの黒字であったのが，この年には46.4億ドルの赤字に転じている．

4.5.5 問題点

問題点としては次のような点が指摘できよう．

①1990年代末ごろから，農民の出稼ぎ労働が増え，関連政策の影響も受けて，農地が食糧生産の農家に集中することになった．そして収益率の高い食糧以外の農作物を経営する農民が多くなってきている．

ところが，土地を譲って出稼ぎに出ている農家は，政府から食糧生産補助金が出る今，土地を引き続き手放したくないため，それを回収しようとする．一方，すでに土地を譲り受けている食糧生産農家にしてみれば，自分が前段階での食糧低価格時代を乗り越えてきたし，当時農業税も納めているから，今度自分が土地の継続使用により直接補助金を受けるのは当然であると反発している．

　そのほか，一部の農家は今まで経営していた食糧を除くほかの農産物価格が下落したことから，直接補助金を受け取る目的で食糧生産に転じ，市場での農家の食糧農産物の販売をもっと困難なものしている．これは営農の収益率の低下にも繋がる．

　そして，自然環境保護の目的で，政府指令により，廃耕または休耕を余儀なくされた農民は，補助金が受けられなくなるほか，食糧調達，生活燃料の入手が困難になり，これらの農民の窮状は増幅されているのが現状である．廃耕で耕地が林地に転じた後も，林業の資金回収期が長いため，金融支援が得られず，資金力が弱い農民は容易にその窮状から抜け出せない．

　②政府としては，小規模経営でかつ地域的に分散している農民から適時に農業税を徴収することは容易でなく，コストが多くかかるため，一部の農民の農業税滞納のケースが多くなるが，政府の督促措置も追いつかず，結局これらの農民は得をすることになる．これはすでに農業税を納めている農民にしてみれば，政策的に不公平となり，社会的矛盾を激化させている．

　そして，政府の農業税免税政策は，結果的に商品転化率の高い大規模生産農家が大きく得をし，食糧の販売収入が増えるが，零細農家または土地無し農家にしてみれば，補助金が少ないまたは貰えないだけではなく，食糧価格の上昇により生活は却って苦しくなる．

　③計画経済の下では，政府計画ならびに政府指令が農業に対する主な統制手段であった．農業税さえも撤廃された今は，政府の農業に対する調節手段がもう1つ無くなったことになる．結局，政府としては新しく農業に対する財政的調節手段を見出さなければならないが，要するに農業・農村政策実施の近代化が求められている．

　④新たな農業・農村政策の出現によって，それに対応する市場管理システムの整備が必要になってくるが，いまのところそれが追いつかないのが現状であ

る．政府行政の食糧管理機関の機能は大きく変わってきているが，それがいまだに食糧購買市場の新しい変化に対応できないでいる．一昔前の国有企業の管理モデルでは，多角化している食糧市場は管理できない．さらに，国有の食糧関連企業の経営メカニズムをこれからどう設定するかも問題になってくる．例えば，国有食糧関連企業が自己の設備と資金力を背景に，積極的に民間の食糧業者と連携することも１つの選択である．

⑤中国で「一号文件」と呼ばれているのは中央政府のいわば政府政策の趣意書であり，それはこれからの政府政策の方向や目標を下部機関に指示する目的を持つ．そして，具体的な実施要領は国務院の各部またはその下部機関が公文書としてまとめる．中国ではよくこれを「二号文件」と呼んでいるが，「二号文件」は往々にしてその部門の利益を優先するため，中央政府の「一号文件」と矛盾する場合がよくある．それによって，農民の利益が十分守られていないケースも少なくない．

4.6 「2005年一号文件」の公表

2005年1月31日「2005年一号文件」が公表されたが，これは「2004年一号文件」の継続とも言え，2004年に実施している政策の基本精神を一段と明確化したものと言える．すなわち，同じく農業税減免範囲の更なる拡大，食糧生産農民に対して引き続き直接補助金を支給，優良種子や農業機械購入補助の拡大または強化などを強調している．ただ中国の新しい政策動向として，農業の総合生産能力を高めることがとくに強調されているのが特徴である．以下，その主な内容を記してみることにする[10]．

4.6.1 農業総合生産能力の向上

農業総合生産能力の向上は，実はそれが食糧の安定確保と増産ならびに農民の持続的な所得増加に繋がる．その具体的施策として，①農地に対して厳密な保護政策を実施し，生態環境の改善を図る．②水利建設事業を強化する．③農業関連科学技術の進歩を促進する．④農村の交通，通信施設，市場ならびに農産物検疫・検査などインフラ建設を推進する．⑤農業・農村の構造を実施し，農産物加工業を大いに発展させる．⑥農民に対する養成制度の確立と農民素質の改善をはかる．

4.6.2 従来の維持型農業から発展型農業への転換

維持型農業から発展型農業への転換を行うことは，事実上農業の競争力を高めることを意味する．その具体的措置として，①優良食糧産業建設プロジェクトの実施．②食糧に対する「省長（地方長官）責任制」を制度的に強化する．③早期に競争力を持つ「特産農産物」の産業システムを樹立する．④畜産業をさらに発展させる．⑤重要家畜に対する疫病検査・予測・警報システムの確立．⑥食糧主産地農産物加工業に対する傾斜的支援の強化．⑦成功した企業と専業共同体に対する助成などがある．

4.6.3 農業・農村発展の長期的な「効力発揮メカニズム」の構築

従来の経緯によれば，中国農業は政府政策に大きく左右されることが多かった．事実，それによって多くの偏向が発生している．これを克服するためには，農業・農村発展の長期的視点に立つ「効力発揮メカニズム」の構築が必要不可欠となる．そこで，2005年の「一号文件」はこう指摘している．「速やかに立法過程を経て，国家の重要な農業・農村支援策を制度化し，基準化しなければならない．」と．

4.7 最近の中国における農産物貿易動向

4.7.1 2004年における農産物輸出変化

2004年，中国の農産物輸出は次のような趨勢を示している．すなわち，いわゆる土地利用型大口農産物の輸出が大幅に減少し，労働集約型の農産物の輸出が大きく増加している．

まず，食糧の輸出が大幅に減少している．2004年食糧の輸出は479.5万tで，対前年比は78.2％の減少である．食用油原料の輸出は減少しているが，食用油そのものは輸出量が増加している．綿花と砂糖の輸出量は減少．特に綿花の輸出量が大きく減っているが，これは国内需要の増加による．野菜と果物はともに輸出が増加している．畜産物と水産物も輸出が増加している．しかし，畜産物貿易は赤字が拡大，水産物貿易は黒字額が増加している．

4.7.2 2004年の農産物輸入の変化

2004年には，農産物の大幅な輸入増加を背景に，とうもろこし，大豆などいわゆる土地利用型農産物の大幅な輸入増加が見られた．

まず，食糧の大幅な輸入増加が目立っている．一年間の輸入量が前の年に比べて3.7倍増加している．また，食用油原料の輸入が減り，食用植物油が増えている．特に目立つのは，大豆の輸入量が連続して高い水準にあり，農産物貿易赤字の重要な原因になっている点である．大豆の輸入増の根本的な原因は国内生産が需要に追いつかないことにある．そして，綿花，砂糖の輸入が増加している．増加の原因は，大豆と同じく国内での需要の拡大である．

4.7.3 貿易関係の変化

2004年，農産物貿易の大幅な増加を背景に，中国の対外農産物貿易額の構造には変化が表れた．中国の貿易相手国としては，日本が中国農産物の最大の輸出相手国であるが，2004年の対日農産物輸出額は74億ドルに達した．2位から4位まではそれぞれ香港（27.2億ドル），アメリカ（23億ドル），韓国（21.3億ドル）が占めている．一方，増加幅でみると，日本は前の年に比べて22.3％の増加，アメリカは14％の増加であるが，韓国の場合は逆に17.7％の減少になっている．2004年中国農産物輸出入に生じた逆ザヤは46.4億ドルにも達している．その主な原因は国内の生産能力が需要に追いつかないからであるが，現状のままでは輸入増加の傾向に変化が生じるとは思われない．政策動向としては輸入制限に動く兆しはまだ見られていないが，すでに述べたように輸入制限より政策の力点が国内生産の振興へシフトしていると言えよう．

注

1) とはいえ，これはサンプル調査にもとづく全国平均の数字であって，準主業農家や副業的農家のサンプルが高所得層に偏っているのではないかといった批判や，地方によって，あるいは個別的事情によって，現場の実態はかなり異なるといった批判があることも確かである．しかし，前掲表2.2の数字は，農家すべてを一律に補助政策の対象にするには，もはや国民的な理解が得られない状況を示唆している．
2) SGMとは，標準化された農業収入から標準化された農業支出を差し引いたグロスの農業収益のことであり，農場のタイプと規模に応じてそれぞれこのグロスの農業収益が算定され，農場ごとにESU（European Size Units）という単位で表示されている．EUでは1986年以降，1 ESUは1,200 ECU（European Currency Units）に定められている．ECUは1999年1月よりユーロ（EURO）に引き継がれているので，いま1ユーロ＝125円とすると，およそ1ESUは15万円となる．すなわち，1ESUの規模はグロスの農業収益15万円に相当するということである．
3) 1995年からいわゆる「米供給の省長責任制」を導入．この制度の下では，各省政府は省内の食糧の充足的な供給を義務とされる．
4) 陈锡文等『中共中央国务院关于进一步加强农村工作提高农业综合生产能力若干政策的意

見（干部读本）』中国农业出版社, 2005.
5) 中华粮网.
6) 2000年人口センサスによれば，第2, 3次産業に従業員の中46.5%が農村戸籍を持っているものが占めており，そのうちサービス業の52%，製造業の60%，建築業の79.8%の従業員が彼らによって占められている．
7) 中国社会科学院农村发展研究所，国家统计局农村社会经济调查总队『2004年～2005年中国农村经济形势分析与预测』社会科学文献出版社, 2005による．
8) 注5) に同じ．
9) 注2) に同じ．
10) 注2) に同じ．

第2章　食品産業の国際化と北東アジア・フードシステムの形成
―― 食の連携の現状 ――

1　北東アジア経済の発展と新たな農産物貿易の競争条件

1.1　はじめに

　北東アジアの経済成長は著しく，高所得層にターゲットを絞った日本産農産物の輸出政策は有意義である．しかし，北東アジアへの日本産農産物の輸出量は僅かであり，現実には同地域から大量の野菜などが輸入されている．ここでは，まず，北東アジアへの日本産農産物の輸出の現状と課題を検討し，次に同地域からの野菜輸入の現状と日本市場における市場競争力を計測して，日本産野菜の今後の課題について考察する．

1.2　北東アジアの経済発展と日本産農産物輸出の新展開

1.2.1　農産物輸出戦略のポイント

　日本産農産物を北東アジアに輸出するには6つのポイントがある．すなわち，①日本産農産物の情報は果たして適切に海外に発信されているのか，②日本産農産物の安全・安心はどのようにして担保されているのか，③商流，物流などは適正に行われているのか，④現状では必ずしも大きくない香港と台湾の市場を巡って，日本国内の産地間競争が激化してはいないか，⑤韓国などのライバルにはどう対応するのか，⑥輸出先相手国の検疫制度は緩和される見通しがあるのか，などを検証しておく必要がある．この6つのポイントを検証するために，まず，農産物輸出先進県である福岡県の取り組みの実態を紹介し，現地調査した韓国の農産物輸出の取り組みを検討して，今後の日本産農産物輸出拡大の課題について考察する．

1.2.2　農産物輸出先進県である福岡県の取り組み

　福岡県では，1992年に海外消費者の嗜好を探るために香港にアンテナショップを設置し，毎週2便の飛行機便と，1便の船便を用いて香港に向けて農産

物を輸出してきた実績がある．2002年度と2003年度には，香港での販路を拡大するため，香港のバイヤーと2回の商談会を開催した．2004年7-8月の1週間，ブランドマークを使用した福岡フェアを開催し，いちご・巨峰・ももなどが好調な売れ行きを達成した．2005年2-3月にかけて2度，香港量販店の複数店舗（そごう，西友など）でいちごの「あまおう」フェアを開催した．

輸出農産物の主な流通経路は，産地→地元農協→卸売市場→仲卸業者→輸出業者（仲卸と同一の場合もある）→現地輸入業者→現地量販店である（量販店によっては輸入業者を通さないところがある）．福岡県は，アジアに近いという地の利があり，アジア便が毎日往復する空港，港など交通インフラが整っていることが大きな強みである．さらに，農産物の産地としても多品目の種類の野菜や果物を供給でき，福岡空港から1日に3便香港行きがあるため，傷みやすいものも供給できるというインフラが整備されていることが大きな強みとなっている．福岡県は，県産農産物をブランド化してアジアの人々に浸透させ，知名度を獲得するために統一ブランドマークを制作した．それを香港・台湾・中国・韓国で商標登録し，2004年6月から香港の量販店向けの福岡県産農産物に貼付している．

現在，農家や農協からの農産物の出荷時点では，国内向けと輸出向けが区別されておらず，産地から通常通り卸売市場に出荷される．その中から，輸出業者が卸売市場で適宜購入したものが輸出されている．このような状況では品質にバラツキが発生する問題が発生し，福岡のブランドイメージを傷つける事態も起こりかねないと懸念されている．そこで2005年度は福岡県地域食品輸出振興協議会でいちご，ぶどう，もも，フルーツトマト，いちじくの産地の中から輸出モデル産地を公募し，県内8農協を選定して，荷傷みなく流通させるための収穫・荷姿などパッケージング全体の工夫，物流システム開発等の検討を行っている．

1.2.3　農産物輸出先進国である韓国から学ぶ教訓

2005年5月と7月に訪問した農産物輸出先進国である韓国の農村と農産物流通公社の調査結果から得られる教訓について検討しよう．

韓国には1967年に設立された農産物流通公社（Agricultural & Fishery Marketing Corporation）があり，約580人のスタッフが①輸出促進，②需給

調整による価格安定,③流通促進の3事業に取り組んでいる.とくに,日本を含め海外5ヵ国に8つの韓国農産物情報センター(東京,大阪など)を設置し,韓国産農水産物の貿易の促進に努めている.農産物流通公社では,英語と日本語で詳しく韓国の農業と農産物を紹介している雑誌の『Korea Agra Food』を毎月発刊し,韓国農業と農産物に関する詳細な情報を発信している.韓国政府は,1994年から優秀な農産物を専門的に生産する園芸専門団地108ヵ所を指定運営している.団地は過去の輸出金額割合,共同選果割合,高級品質割合などの実績を基準に選択され,指定されている.指定要件は品目によって異なるが,野菜は15 ha,花き5 ha,果実30 ha以上であり,団地の1回の収穫量が輸出規格品として選別・包装後,20フィートコンテナ1個以上が生産可能な地域を農産物流通公社が総合的に判断して指定している.指定産地に対しては病害虫防除,検疫,選別,包装,保存などのさまざまな輸出コンサルティングサービスが提供される.

　2004年6月韓国農林部(農林省)は,韓国の優秀輸出農産物に共同ブランドを取り入れることにし,8月に優先的にパプリカ,なし,スプレー菊から試験的に導入することにし,参加業者を選定し,9月から輸出する品目にWhimoriブランドを使用している.スプレー菊のWhimoriブランド指定業者に選定された亀尾園芸輸出公社は,年間約370ドルのスプレー菊を日本に輸出している.調査した慶尚南道晋州市にある「大谷農協輸出団地」は大々的なビニールハウス団地を形成し,パプリカ,きゅうり,いちごなど毎年約336万ドル分を主に日本に輸出している.種子は日本製,生産資材はオランダ製品が利用されていた.職員を毎年日本に派遣し,日本語のできる職員も育成している.また,同様に調査した全羅北道・金堤市でパプリカを専門生産している「チャンセム営農組合法人」の場合,ガラス温室面積が6.8 ha,低温貯蔵庫は813 m^{2}を備え,高品質農産物生産のための基盤がよく整っている.温室はオランダ製であり,生産指導はベルギー人が行っていた.立派な選果場で選果されたパプリカは,仲介業者であるドールジャパンを介して,主に日本の各地に輸出されている.

　以上のように韓国では政府による団地指定,政府による資金支援,外国の生産資材の利用,外国人コンサルタントからの指導,外資系仲介業者の利用,優

良品に対する国家統一ブランド利用などによって輸出用農産物を生産し，輸出事業を展開している．農産物輸出先進国韓国から学ぶ点は多い．

1.2.4 農産物輸出の課題

日本の農産物に関する情報を外国のバイヤーや消費者に伝える手段の開発が不可欠である．英語・中国語の雑誌を発刊し，外国のバイヤーや消費者を国内の有名産地にグリーンツーリズムの一環として案内する手法も開発してはどうか．韓国では，日本人の消費者を産地に案内するグリーンツーリズムを展開している．需要者，実需者の掘り起こしである．現在の農産物の輸出の現状をみると，輸出業者が卸売市場から購入したものを集めて海外に輸出しているので，その品質や安全性は保証されている訳ではない．農産物の日本ブランドは，高性能を誇る日本製工業品のイメージにただ乗りしている側面がある．

韓国では，Whimoriブランドを創設して，国家的統一ブランドをつくり，生産段階から流通過程をモニタリングして，その品質を保証している．日本でもそのようなシステムの構築が望まれるが，早急に確立するには，各県が自県産ブランドに責任を持つように品目，農家，圃場を指定し，品質，安全性に責任を持つ体制の早期確立が必要である．具体的には，各県で実施している特別栽培認証制度を利用して，それにより認証した農産物を各県ブランド農産物とすれば，品質と安全性が担保されるであろう．既存のシステムを活用すれば，システム構築費用や取引費用を節減できるメリットもある．現在の農産物輸出は各県が独自予算の下で覇を競っているように見受けられる．現状の海外市場は香港，台湾などに限定されており，必ずしも大きな市場ではなく，各県が競って輸出すれば買い手市場，買い手独占市場となり，値崩れの原因を作る危険性を内包している．

各県単独では輸出品目が限定されており，季節性に規定されて品切れになり，客足を遠ざける原因になる．各県が連携すれば，品揃えが豊富になり，季節性の制約を低減できる．各県間の競争状況から共生連携組織を構築することが必要である．九州沖縄農業経済推進機構では，九州沖縄8県の農協組織が連携して農産物を輸出する構想を立てている．

最大の海外市場と目される上海や北京への農産物の輸出を困難にしているのが植物検疫制度である．りんごとなし以外の中国本土への輸出は当分困難であ

ろう．中国の植物検疫制度の緩和を求めるべきであるが，それを強固に主張すれば，逆に現在日本が採用している中国からの果菜類の輸入制限の緩和を求められ，きゅうりやなすなどの果菜類が洪水のように流入してくるであろう．植物検疫制度の緩和は諸刃の剣である．

1.3　日本における野菜の需給構造の変化と東アジアへの依存
1.3.1　野菜の生産量と輸入量の推移——輸入の韓国と中国への傾斜——

　日本の野菜の需給構造を検討しておこう．日本の農業総産出額は1993年の10.4兆円から2003年には8.9兆円に低下しているが，野菜の産出額も同期間に2.7兆円から2.1兆円に低下している．農業総産出額に占める野菜のシェアは25.4％から23.6％に低下しているものの，依然として野菜はわが国の総産出額の約4分の1を占める重要な作物である．しかし，野菜の作付面積は，近年減少傾向にあり，1993年の56.2万haから2003年には46.2万haに縮小し，生産量も同期間に1,477万tから1,286万tに減少している．野菜の生産量は，1980年頃をピークに減少し，その減少を補完するように輸入が増加している（数量は生鮮に換算している）．

　野菜の輸入量を生鮮野菜と加工野菜に分割して表示したのが表1.1である．生鮮野菜は1997年の57.3万tから2004年には98.7万tに1.7倍増加してい

表1.1　生鮮野菜と加工野菜の中国と韓国からの輸入

（単位：t）

	生鮮野菜			加工野菜		合計
	合計	中国	韓国	合計	中国	
1997	573,118 100.0	103,926 18.1	3,921 0.7	1,146,417 100.0	632,394 55.2	1,719,535
2001	970,300 100.0	437,882 45.1	42,136 4.3	1,380,524 100.0	863,853 62.6	2,350,824
2002	777,634 100.0	360,205 46.3	25,735 3.3	1,278,155 100.0	781,684 61.2	2,055,789
2003	899,269 100.0	440,591 49.0	24,076 2.7	1,289,090 100.0	776,024 60.2	2,188,359
2004	986,712 100.0	554,519 56.2	37,703 3.8	1,397,508 100.0	868,211 62.1	2,384,220

資料：財務省「貿易統計」．

る．国別内訳をみると中国が同期間に 10.4 万 t から 55.5 万 t に 5.3 倍急増している．したがって，中国のシェアは 18.1% から 56.2% に拡大している．韓国からは 2001 年に 4.2 万 t 輸入されたが，2004 年には 3.8 万 t に減少し，シェアも 4.3% から 3.8% に低下している．

一方，加工野菜は，同期間に 114.6 万 t から 139.8 万 t に増加し，そのうちの大半は中国からの輸入であり，中国のシェアは 55.2% から 62.1% に拡大している．

以上のように，わが国の野菜の生産量は徐々に減少し，それを補完するように主に中国から生鮮野菜と加工野菜が輸入され，その結果，野菜の自給率は 1993 年の 88% から 2003 年には 82% に低下している．

1.3.2 野菜の品目別輸入量と特徴——韓国の果菜類と中国の土物類と加工品への特化——

品目別に野菜の輸入状況を検討しよう．韓国からの野菜輸入については 2 つの特徴がある．第 1 の特徴は，表 1.2 からわかるように，韓国から輸入されるものはピーマンやトマト，きゅうりなどの果菜類が中心であることである．韓国から最も多く輸入されているのはジャンボピーマンであり，近年はメロンが増加傾向にある．トマトやきゅうりは以前は多かったが，近年は徐々に減少し

表 1.2 韓国からの野菜等の輸入数量

(単位：t)

	2000 年	2002 年	2004 年
生鮮野菜計	30,414	25,735	37,703
トマト	11,262	3,205	2,936
キャベツ等	316	1,538	12,520
きゅうり等	5,584	3,405	1,002
なす	1,970	1,610	917
ピーマン等	6,725	13,333	17,218
うちジャンボピーマン	2,023	12,290	16,223
メロン	332	481	1,366
野菜加工品計	25,516	31,047	36,178
冷凍野菜	2,456	2,599	2,926
その他調整野菜	22,710	27,598	32,672
野菜計	55,929	56,782	73,881
日本野菜輸入計	2,238,260	2,055,789	2,384,235
韓国のシェア（%）	2.5	2.8	3.1

資料：財務省「貿易統計」．

表1.3 中国からの野菜等の輸入数量

(単位：t)

	2000年	2002年	2004年
生鮮野菜計	319,775	360,205	554,519
たまねぎ	27,078	71,383	170,431
にんにく	29,154	25,853	28,766
ねぎ	37,007	37,365	69,954
キャベツ	19,638	24,465	58,309
にんじんおよびかぶ	20,867	26,633	49,739
ごぼう	68,501	65,867	45,339
さといも	20,335	24,887	32,608
しょうが	45,498	40,304	42,306
野菜加工品計	776,646	781,684	868,226
冷凍野菜	312,332	311,982	324,530
塩蔵野菜	189,324	167,393	152,265
乾燥野菜	34,514	33,186	36,766
酢調整野菜	17,326	23,893	30,692
トマト加工品	22,815	23,717	35,473
その他調整野菜	200,335	221,512	288,500
野菜計	1,096,421	1,141,889	1,422,746
日本野菜輸入計	2,238,260	2,055,789	2,384,235
中国のシェア（％）	49.0	55.5	59.7

資料：財務省「貿易統計」．

ていることが分かる．2004年にキャベツが急増しているのは，わが国が台風の被害により品薄になった影響によるものである．加工野菜は中国と比較して絶対量は少ないが，徐々に増加傾向にあることが指摘できる．

　第2の特徴は，韓国からの野菜の輸入数量はわが国全体の3.1％であるが，輸入金額に占めるシェアは6.8％であり，金額シェアは数量シェアの2.2倍である．これは，韓国から輸入される野菜が，付加価値の高い果菜類やキムチなどの漬物類が多いことが影響している．

　一方，中国から輸入される野菜についても表1.3から3つの特徴を指摘できる．第1の特徴は，たまねぎ，ねぎ，にんじんおよびかぶ，さといもなどの土物類とキャベツが主に輸入されていることである．ねぎについては2001年に暫定セーフガードが発動されたが，その発動の原因になった前年の3.7万tと比較して，2004年の輸入量は約2倍に増加している．しかし，暫定セーフガードの発動を要請する動きがわが国の農業界にはなくなっている．中国からの輸入に依存する構造が出来上がっているように思われる．第2の特徴は，中国

からの野菜輸入は 2004 年の場合，生鮮の 55.5 万 t と比較して，加工野菜の輸入量が 86.8 万 t と，加工品が生鮮品を凌駕していることである．トマト加工品や漬物類などのその他調整野菜が増加傾向にある．

第 3 の特徴は，中国の輸入野菜のわが国の野菜輸入全体に占めるシェアは数量が 59.7% であるのに対して，金額シェアは 50.3% と小さく，高付加価値化が遅れていることである．

1.4 日本市場における韓中産野菜の品目別競争力比較

日本市場における韓国産野菜と中国産野菜の品目別競争力を計測しよう．競争力（CI）の計測式は次式の通りである．

$$CI = \frac{(i \text{国からの} j \text{品目の輸入量})/(i \text{国からの生鮮野菜の輸入量})}{(\text{日本の} j \text{品目の輸入量})/(\text{日本の生鮮野菜の輸入量})}$$

まず，輸入先国(i)として韓国を選び，上式の分母の数値には表 1.4 を用い，各品目(j)には以下の諸表を用いて，各品目について数量と金額の両方の競争力を計測した．韓国から輸入されるジャンボピーマンの競争力を表 1.5 に示す．韓国から輸入されるジャンボピーマンの日本市場に占める数量シェアは 2004 年は 68.1% で第 1 位であり，金額シェアも 56.9% で第 1 位である．しかし，オランダなどに比較して単価が低いことが指摘できる（2003 年：1 kg 当たり韓国 330 円，オランダ 548 円，ニュージーランド 555 円）．しかし，徐々に相対的単価も上昇しており，品質の向上が見られる．その結果，2004 年の数量競争力は 18.29 と前年より低下しているものの，金額競争力は 6.29 と前年よりやや向上している．日本にとって韓国はジャンボピーマンの重要な輸入先国

表 1.4 韓国から輸入される生鮮野菜

(単位：t, 100 万円)

	韓国からの生鮮野菜輸入数量	韓国からの生鮮野菜輸入金額	日本の生鮮野菜輸入数量	日本の生鮮野菜輸入金額
2000	30,801	11,095	971,116	114,480
2001	42,317	12,234	1,009,024	123,973
2002	25,989	9,562	808,711	103,698
2003	24,224	9,388	926,705	105,405
2004	37,823	10,078	1,016,556	111,536

資料：財務省「貿易統計」より作成．

である.

同様に,韓国から輸入されるトマトの競争力を計測した.韓国から輸入されるトマトは2000年をピークに減少傾向にある.最近ではピーク時の約4分の1に減少している.2000年のピーク時には,韓国から輸入されるトマトはわが国全体の数量,金額とも約80％強のシェアを占めていたが,近年では数量で60.4％,金額で53.8％のシェアに縮小している.シェアの低下に伴い競争力は数量,金額とも低下しているものの,依然として,韓国産トマトの競争力は非常に大きいと言えよう.韓国産トマトの輸入減少は,①韓国内におけるトマトの需要の増加による日本への輸出減少,②カナダ,アメリカの日本市場への輸出攻勢が影響している.とくに,韓国の単価が1kg当たり269円であるのに対して,カナダは301円,アメリカ288円となっているなど,相対単価の低位性が金額競争力を低めている要因である.

表1.5 韓国から輸入されるジャンボピーマンの競争力の計測

(単位:t,100万円,％)

	韓国からのジャンボピーマン輸入数量	韓国からのジャンボピーマン輸入金額	日本のジャンボピーマン輸入数量	日本のジャンボピーマン輸入金額	数量シェア	金額シェア	数量競争力	金額競争力
2000	2,023	779	10,326	4,581	19.6	17.0	6.18	1.75
2001	11,092	3,499	19,655	7,445	56.4	47.0	13.46	4.76
2002	12,290	3,557	22,465	8,348	54.7	42.6	17.02	4.62
2003	14,906	4,926	22,655	9,180	65.8	53.7	25.17	6.03
2004	16,223	4,892	23,834	8,604	68.1	56.9	18.29	6.29

資料:財務省「貿易統計」より作成.

表1.6 中国から輸入される生鮮野菜

(単位:t,100万円)

	中国からの生鮮野菜輸入数量	中国からの生鮮野菜輸入金額	日本の生鮮野菜輸入数量	日本の生鮮野菜輸入金額
1994	131,607	25,843	679,976	101,058
1996	143,899	33,713	656,787	107,868
1998	269,373	43,768	774,408	129,505
2000	363,216	39,502	971,116	114,480
2002	390,041	34,202	808,711	103,698
2004	583,242	45,994	1,016,556	111,536

資料:財務省「貿易統計」より作成.

表1.7 中国から輸入されるたまねぎの競争力の計測

(単位:t, 100万円, %)

	中国からのたまねぎ輸入数	中国からのたまねぎ輸入金	日本のたまねぎ輸入数量	日本のたまねぎ輸入金額	数量シェア	金額シェア	数量競争力	金額競争力
1994	2,788	121	206,849	9,733	1.3	1.2	0.07	0.05
1996	7,208	299	184,455	8,175	3.9	3.7	0.18	0.12
1998	32,397	1,489	204,639	9,767	15.8	15.2	0.46	0.45
2000	27,078	752	262,179	7,748	10.3	9.7	0.28	0.28
2002	71,383	2,197	154,183	4,941	46.3	44.5	0.96	1.35
2004	170,431	5,478	274,015	9,377	62.2	58.4	1.08	1.42

資料:財務省「貿易統計」より作成.

次に,輸入先国として中国を選び,上式の分母の数値には表1.6を用い,各品目には以下の諸表を用いて,各品目について数量と金額の両方の競争力を計測した.中国から輸入されるたまねぎの競争力を表1.7に示す.中国から輸入されるたまねぎの日本市場に占める数量シェアは2004年は62.2%で第1位であり,金額シェアも58.4%で第1位である.しかし,アメリカ,ニュージーランドなどと比較して単価が低いことが指摘できる(2003年:1kg当たり中国33円,アメリカ38円,ニュージーランド52円).2004年の数量競争力は1.08,金額競争力は1.42と前年よりやや向上している.日本にとって中国はたまねぎの重要な輸入先国である.中国から輸入されるねぎの競争力を計測した.中国から輸入されるねぎは近年急増している.中国から輸入されるねぎはわが国全体の数量,金額ともにほぼ全量を占めている.中国からのねぎの2004年の数量競争力は1.74,金額競争力は2.39である.

以上のように中国からの野菜などの農産物の輸入は日系メーカーや商社の開発輸入によって推進されてきた.その中心は「間接型開発輸入」であり,台湾系企業や香港系企業を介したタイプであった(阮2001, 2002).日系企業が原材料の安定的確保と低廉な原材料の確保を目指して中国から開発輸入を行ったが,それを元安が側面からバックアップした.

最近,中国では経済成長に伴い緑色食品基地,無公害食品基地が建設され,とくに輸出野菜産地においては残留農薬問題の再発防止のため中国国家質量監督検査検疫総局が輸出農産物残留農薬検査を実施するなど農産物の安全性確保に努めていることも日本への輸出を維持拡大させている要因である(王2004).

1.5　野菜の輸入需要関数からみた集中豪雨的貿易回避の重要性

　日本における野菜と果実の需要関数の推計結果（農林水産省2002）から価格弾性値の逆数である価格伸縮性を用いて，青果物貿易における集中豪雨的貿易回避の重要性を指摘しよう．

　価格伸縮性は葉茎菜類が－8.621，根菜類が－8.333，みかんが－1.862，りんごが－8.547となる．したがって，それぞれの供給量を10％拡大すると価格が葉茎菜類は86.21％，根菜類は83.33％，みかんは18.62％，りんごは85.47％，それぞれ下落する計算になる．

　以上の分析により，韓国と中国から集中豪雨的に野菜や果実の輸入が拡大し，日本市場で供給量が急激に拡大すると価格が急落する市場構造になっていることが判明したので，今後は秩序ある貿易の維持が日本にとっても輸出国にとっても重要であると言えよう．

1.6　むすび——食農連携構築の必要性——

　北東アジアの経済成長に伴い日本産農産物の輸出可能性が出てきたが，現実には同地域からの輸入が急増しており，わが国農業の競争力を高めていくことが不可欠である．

　今後一層進展するグローバル化のなかで持続的発展をするためには，生産者と消費者が情報を共有化し，連携することが重要であり，コスト競争から安全性・信頼性確保競争への転換が必要である．それには5つの課題の解決が不可欠である．第1は，農業を農業部門単独だけではなく，流通，加工，外食を含めたフードシステムとして把握することである．とくに，安全性の視点から「農場から食卓まで」の安全性確保が必要である．第2は，無登録農薬問題，表示偽装問題など，「意図したモラルハザード」と「意図せざるモラルハザード」が発生しないように，コンプライアンス経営への意識改革が必要である．第3は，食品産業と農業との共助・共存の可能性を阻害する外圧の軽減である．現在39％の食品製造業しか国内農業者と連携していない．その背景には，WTO等の国際市場開放圧力，多国籍アグリビジネスや巨大穀物メジャーのグローバル戦略があり，国境措置の堅持が不可欠である．第4は，食品産業ニーズを反映させた「農業技術政策」の確立である．例えば製粉業などは企業の集

中度が高く，大規模化しており，均質な原料の取り扱いロットが大きい．しかるに各県の農業試験場などでは，各県独自の麦の品種開発に努力している．仮にその県に適した品種が開発されたとしても，実需者である製粉業は県単位程度の均質なロットでは年間需要を賄えない．県域を超えた広域技術開発が必要である．第5は，食品の安全性確保政策における従前の農林水産政策と厚生労働政策とのミスマッチについてである．例えば食肉について言えば，食肉処理場の入り口までは農林水産行政の対象であり，処理場内の衛生については厚生労働行政の対象であり，縦割り行政の矛盾がある．

現代のフードシステムは，過剰なコスト競争のために輸入食材の多用など生産者と消費者の間に「情報の非対称性」が発生しやすい構造になっている．今後は，情報の非対称性を解消するためのトレーサビリティ・システムの導入やインターネットで検索できる特別栽培農産物の拡大，生産者が消費者の情報に直接接しうる地産地消の展開，HACCPの導入などにより，安全性・信頼性を確保して食と農の連携をはかっていくことが期待される（甲斐2004）．

2 北東アジア経済社会の発展と食料消費構造の変化

2.1 はじめに

経済発展論によれば，開発途上国では食料の不足，すなわち食料問題が発生し，先進国では食料の過剰，すなわち農業問題が発生するとされる．しかし，OECD加盟国であり先進国とみなせる日本と韓国の穀物自給率（2003年）はともに28％で，食料とりわけ穀物が不足している．これに対して近年の経済発展はめざましいものの，いまだ開発途上国に含まれる中国の穀物自給率は100％で，穀物の需給はほぼバランスしている[1]．

いうまでもなく，日本，韓国の穀物自給率の低さは経済発展による米消費の減退と畜産物消費の増大，ならびにこうした消費構造の変化に的確に対応できない北東アジア固有の農業条件によるものである．本章の目的は，同じ北東アジアに属し，米中心という共通の食文化と農業条件を持つ中国において，日本，韓国と同様に経済発展の過程で食料，とりわけ穀物が不足するという事態が生じるのか否か，生じるとすれば，どのくらいの大きさになるのかを検討することである[2]．

ただし，本節で行おうとすることは，中国で将来起こりうる事態を正確に予測することではない．穀物自給率に大きなインパクトを与える需給両面の変動要因をチェックするにすぎない．それにもかかわらず，この種の分析が大きな意味をもつのは中国の巨大な人口規模からみて，そこでのわずかな需給変動が世界の穀物市場，とりわけその主要輸入国である日本，韓国に大きな影響を与えると考えられるからである．

2.2 中国の食糧需給予測

レスター・ブラウンは，その著書『だれが中国を養うか？』において，巨大な人口を抱える中国が経済発展を通じて日本や韓国と同様の食糧輸入国となり，その結果，世界の食糧需給を逼迫させると警告を発した[3]．それ以来，中国が日本や韓国と同様に食糧輸入大国になるか否かについての議論が数多く交わされるようになった．

こうした議論の一方で，現在ではエネルギー価格の高騰によって，とうもろこしの飼料的利用からエネルギー資源的利用への転換という不可逆的な変化が起こりつつある．USDAの予測によれば，アメリカのとうもろこし生産量は2004／05年度から2014／15年度までの10年間で年平均0.6％増加すると予測されているが，その増産のほとんどはエネルギー資源的利用に充てられ，飼料的利用には回らないとしている[4]．

中国の食糧需給についての正確な議論は困難であるが，1つの目安として中国人専門家，朱希剛による精緻な分析と明快な主張がある[5]．それによれば，中国の食糧需要は，2000年の5億tから徐々に，しかもコンスタントに増加してゆき，2020年に食糧ベース（米，小麦，とうもろこし，豆類，いも類）で約6億tに達すると予測され，他方で食糧生産は農地転用の増加や水資源の不足など不確定要素が多いものの，食糧生産の持続的発展を促す農業支持政策の展開によって5億8,000万t程度の生産が可能であるとしている．それにもかかわらず，土地利用型作物である小麦ととうもろこしについては適度な輸入増加が必要であるとし，それにより食糧自給率を90％前後，つまり5億4,000万t前後に維持することが望ましいとも指摘している．

以上で示した食糧需給予測は次のような仮定から導き出されている．すなわ

ち，2020年の約6億tの食糧需要は人口14.3億人（人口増加率0.6％を仮定），1人当たり需要量410 kg（1995年実績値は390 kg）から推定され，また2020年の5億8,000万tの食糧生産は作付面積1億1,000 ha（2004年実績値は1億ha），食糧の単収5.3 t/ha（2004年実績値は4.5 t/ha）から推定されている．ただし，この5億8,000万tの生産量については自らが楽観的な予測と述べており，現実的に捉えるならば90％前後の食糧自給率に落ち着くと予測しているようである．

食糧自給率90％とは，残りの10％（6,000万t）を輸入に依存することを意味する．しかも，その多くを小麦ととうもろこしの輸入に充てるとすれば，それは世界市場で無視できる大きさではない．日本の小麦ととうもろこしの輸入量（2004年実績2,200万t）のおよそ3倍に匹敵するものである．しかし，朱希剛によれば，アメリカ，カナダ，オーストラリア，南米諸国での増産可能性を考慮すれば，中国の輸入増大は国際貿易上有益であると考えているようである．

2.3　食肉消費からみた飼料用穀物の需要予測

2005年の1人当たりGDPは，日本3万5,000ドル，韓国1万6,000ドル，中国1,700ドルで，中国は韓国のおよそ10分の1，日本の20分の1である．しかし，国際ドル基準の購買力平価でみると，2005年の1人当たりGNIは日本3万2,000ドル，韓国2万2,000ドル，中国6,800ドルで，中国は韓国のおよそ3分の1，日本の5分の1に縮小する[6]．

さらにまた，消費データで比較すると，この3ヵ国の格差はさらに縮小する[7]．2002年の1人当たり食用穀物（米，麦類，とうもろこし，その他雑穀）の消費量は中国167 kg，韓国152 kg，日本114 kgで，中国は韓国のおよそ1.1倍，日本の1.5倍であるが，その格差は急速に縮小している．すなわち，1975年以降の28年間でみると，日本の減少はなだらかで，韓国の減少は急速であるが，中国は1984年にピークの213 kgを記録して以降，韓国をしのぐスピードで急速に減少している．この減少は経済発展の過程で今後も続き，そう遠くない将来に韓国とともに日本にかぎりなく接近すると予測される．

また，1人当たり食肉＋魚介類の消費量は，2000年代前半の概数でみると，

表 2.1 食肉 100 kg の生産に必要な飼料用穀物

(単位：kg)

国	推定値	観測値
日 本	367	517
韓 国	382	499
中 国	386	138
台 湾	316	343

注：算出方法は本文参照のこと．

中国 80 kg，韓国 110 kg，日本 110 kg というように 30 kg 程度の格差はあるが，1961 年以降のタイムシリーズでみると，ほぼ飽和状態にある韓国，日本に対して中国は急激に増加している．ただし，中国の消費量の内訳は韓国，日本のそれとは異なり，魚介類が少なく，食肉が多いという特徴がある．これも概数で比較すると，中国は魚介類 30 kg，食肉 50 kg の合計で 80 kg になるのに対して，韓国は魚介類 60 kg，食肉 50 kg の合計で 110 kg になり，日本は魚介類 70 kg，食肉 40 kg の合計で 110 kg になるという違いがある．

韓国と日本は魚食文化が強い．これに対して中国は肉食文化が強い．今後の予測としては，中国は魚食文化の韓国・日本タイプとは異なって，台湾タイプすなわち食肉にややウエイトのかかった消費量の増加が見込まれる．すなわち，魚介類の消費は 30 kg から増加するものの，それほど大きくは増加せず，主として食肉の消費が 50 kg から 80 kg へと大幅に増加することによって，合計で 110-120 kg の消費に至るというシナリオが想定できる[8]．

では，その時に必要とされる飼料用穀物（米，麦類，とうもろこし，その他雑穀）はどのくらいの大きさになるのであろうか．その必要量は畜種別の飼料効率の違いを反映して，牛肉，豚肉，鶏肉の生産量の比率によって異なる．大ざっぱにみて，日本の生産比率は牛肉 20％，豚肉 40％，鶏肉 40％ であるが，中国は牛肉 10％，豚肉 70％，鶏肉 20％ であり，日本と比べると豚肉のウエイトが高く，牛肉と鶏肉のウエイトが低い．

表 2.1 は，2003 年の日本，韓国，中国，台湾の牛肉，豚肉，鶏肉の生産比率にもとづいて，食肉 100 kg の生産に必要とされる飼料用穀物量を算出したものである．ここで，推定値とは飼料効率（食肉 1 kg を生産するのに必要とされる飼料用穀物の kg 重量）を牛肉 7，豚肉 4，鶏肉 2 として算出されたも

表 2.2　1990-2001 年中国住民と農民の食糧消費構造の変化

年	1人当たり食糧消費量 (kg)		家計エンゲル係数 (%)	
	都市住民	農民	都市住民	農民
1990	130.7	262.1	54.2	58.8
1991	—	—	53.8	57.6
1992	—	—	52.9	57.6
1993	—	—	50.1	58.1
1994	101.7	260.6	49.9	58.9
1995	97.0	258.9	49.9	58.6
1996	94.7	256.2	48.6	56.3
1997	88.6	250.7	46.4	55.1
1998	86.7	249.3	44.5	53.4
1999	84.9	247.5	41.9	52.6
2000	—	—	39.2	49.1
2001	—	—	37.9	47.7

資料：『2002年中国統計年鑑』中国統計出版社, 2003.

のであり，観察値とは1961-2003年の食肉生産量と飼料用穀物量の比率（回帰式の推定）を使って算出されたものである．

　日本，韓国，台湾の観測値が推定値を上回っているのは，採卵鶏や酪農の飼料用穀物の存在を想定すれば，納得できる数値である．しかし，中国のそれは観測値が推定値を下回っているのみならず，その間には3分の1という大きなギャップがあり，解釈に苦しむところである．

　考えられる1つの解釈は，中国の飼養形態が庭先養豚，庭先養鶏といった副業的畜産に留まっているのではないかという点である．中国の食糧（糧食）には米，麦類，とうもろこしの他に豆類，いも類が含まれており，これらの飼料的利用や，残飯，農作物残渣，その他未利用資源の活用などによって飼料用穀物の投入が低く抑えられているとすれば，こうした数値が観測されてもおかしくはない．実際，表2.2に示すように，都市住民と農民の1人当たり食糧消費量を比較すると，1999年実績で都市住民の85 kgに対して農民の248 kgというようにおよそ3倍の格差がある．この248 kgという食糧消費量は，人間が食べ尽くすには過大であり，少なからず豚や鶏の飼料に回っていると考えられる．

　考えられるもう1つの解釈は，飼料用穀物のなかには含まれていない大豆滓の利用である．中国では植物油脂原料として大豆が広く使われているが，中国

の大豆の国内供給量（国内生産量＋輸入量－輸出量）は2003年（5ヵ年平均）でおよそ4,400万tにのぼり，仮にそのすべてが搾油されたとすれば，約3,400万tの大豆粕が供給可能となる．もとより国内供給用のすべての大豆が搾油されることはありえないが，仮に半分と見積もっても，同年（5ヵ年平均）の飼料用穀物の消費量がおよそ1億1,800万tであったことと比較して，決して小さな数値とはいえない．

問題は，以上のような留保条件を含みながらも，食肉消費量が現在の50 kgから将来の80 kgへ増加する過程で，飼料用穀物の需要がどれほど増加し，それに見合った国内供給体制を構築できるかどうかという点である．これを調べるために，80 kgの食肉消費に必要とされる飼料用穀物の需要量を，表2.1の推定値を使った場合と観察値を使った場合の両方で試算することとした．その結果は以下のとおりである．ただし，ここでは人口は朱希剛に従って14.3億人としている．

（ケース1）推定値を使った場合　80 kg×3.86×14.3億人＝4億4,200万t
（ケース2）観測値を使った場合　80 kg×1.38×14.3億人＝1億5,800万t

ケース1は，推定値にもとづく需要量であり，いわば必要とされる飼料用穀物の上限を示すものと考えられる．これに対して，ケース2は，観察値にもとづく需要量であり，いわば必要とされる飼料用穀物の下限を示すものと考えられる．ケース1を日本や韓国，台湾と同様の専業的畜産経営展開のケースとみなすならば，ケース2は中国在来の副業的畜産経営存続のケースとみなせるものである．この上限と下限の開差はきわめて大きいが，実際の需要量はこの範域のいずれかに落ち着くと考えてよい．

では，こうした需要増加に対応した飼料用穀物の増産は可能なのであろうか．まず現状を知るために，2003年（5ヵ年平均）のとうもろこしの生産・流通状況を調べると，生産量は1億2,200万tで，そのうち飼料用穀物としての消費量は8,600万t，非飼料用穀物としての消費量は2,600万t，輸出用は1,000万tである．仮に将来における非飼料用穀物の消費量を不変とし，輸出用をゼロと仮定すれば，飼料用穀物として9,600万tが確保できることになる．この場合に必要とされるとうもろこしの増産量は，ケース1で3億4,600万t（4億4,200万t－9,600万t），ケース2で6,200万t（1億5,800万t－9,600万

t）と推計される．この増産必要量を比較すると，ケース1はとうてい実現できるような数値ではなく，ケース2であれば，何とか実現できるような数値となる．

　ここで何とか実現できるという意味は，2003年の生産量1億2,200万tに増産必要量の6,200万tを上乗せすると，1億8,400万tという必要生産量が求められるが，2003年の作付面積2,500万haを固定して考えると，この生産量の確保には7.4t/haの単収が必要となるからである．この単収水準は，農地基盤整備や遺伝子組換え品種の使用などによって，アメリカ並み（およそ8t/ha）の単収を上げなければならないことを意味している．

　ただし，こうしたアメリカ並みの単収水準が実現できたとしても，とうもろこしの主産地である華北，東北3省から，その主たる需要地である華中，華南への内陸輸送を考えると，増産のメリットがあるかどうかは必ずしも明らかではない．それよりも港湾部に巨大な穀物コンビナートを作って，アメリカからの輸入でまかなう方が得策だとも考えられる．このような場合には，中国は国際穀物市場における世界最大のプレーヤーとなるであろう．

2.4　需要変動の要因

　以上の推計では，2020年の将来人口を14.3億人と見積もったが，その増減によっても飼料用穀物の需要量は変動する．また，将来の定常的な消費量と考えられる80kgの食肉消費についても，そこへの到達にはさまざまなケースが考えられる．その最大の要因は所得の上昇スピードである．所得増加が早ければ早いほど，80kgへの到達は早い．

　こうしたなかで，われわれが注目しているのは所得格差が今後拡大するのか，縮小するのかという問題である．その極端なケースとして所得増大が一部の富裕層に集中するならば，食肉需要は増加していかないであろう．というのは，富裕層の食肉消費量はすでに飽和水準に達していると考えられるからである．もう一方の極端なケースとして所得増大が圧倒的多数の貧困層に平等に分配されるならば，食肉需要は爆発的に増加するであろう．というのは，増加した所得を食肉消費に充てることが可能になるからである．

　中国には3つの所得格差があるといわれている．都市内部の格差，農村内部

の格差，そして都市・農村間の格差の3つである．中国社会科学院経済研究所の家計調査（2002年）を使ったタイル指数の分析によれば，全体の所得格差に対する寄与度は都市・農村間の格差が40％以上を占め，都市内部の格差，農村内部の格差の寄与度よりも大きくなっている[9]．また，都市部の失業率（1999年）は11.6％と推定されるが，これは政府の登録失業率（公表値）の3.1％の4倍近い大きさである．失業構造からみると，一時レイオフ者からの失業が最も多く，次いで若年層の失業，早期退職，登録失業の順になっており，一時レイオフ者からの失業が所得不平等化の主たる要因となっている[10]．さらにまた，国家統計局都市・農村調査隊の時系列家計調査を使ったジニ係数の分析によれば，都市ジニ係数，農村ジニ係数ともに上昇を続けており，いまだピークを迎えていない．このことから，経済発展と所得分配の関係を描くクズネッツ仮説に従えば，所得不平等化は今後も継続すると考えてよいであろう[11]．

以上の研究成果をふまえるならば，所得増大による食肉需要の増加は避けられないが，それは今しばらく所得不平等化の傾向が強まる，というもとでの食肉需要の増加といえそうである．

2.5 むすび

中国では食料のうちで最も根幹をなす品目を「糧食」と呼んで，その重要性を国民共通のものとしている．その糧食は穀類（米，麦類，とうもろこし，その他雑穀），豆類（大豆，そらまめ，緑豆，小豆などを含み，落花生は含まない），いも類（かんしょ，ばれいしょ）の3種類からなるが，その生産量は継続的に減少している．食肉需要が増加するもとでの糧食とりわけ小麦，とうもろこし，大豆の諸外国への依存は，必ずや国際市場へ大きなインパクトを与えるであろう．

中国の経済発展が日本や韓国と同様に工業製品の輸出と農産物の輸入によって達成されるならば，それによる帰結もまた，日本や韓国と同様に，食料および資源の輸入大国への道のりを歩むことになる．昨今のFTAやEPAの動きをみてもわかるように，中国，韓国，日本の3ヵ国はすでに世界の食料資源とエネルギー資源をめぐって互いに競合関係に入っていると考えてよい．

これら3ヵ国の食料経済の帰趨は，農業とその他産業のバランスをどうとる

か，また農村と都市のバランスをどうとるかにかかわっている．経済成長は重要であるが，成長第一主義は社会システムに大きなひずみをもたらす．そのひずみ是正のために，農地，水，環境を含む食糧・資源問題の解決にこの3ヵ国が一致して協力することが必要である．

3 食品産業の海外進出と北東アジア・フードシステム

3.1 はじめに

本節は，日本を中心とする食品産業の海外進出と北東アジアのフードシステムとの関係を国際フードシステムの視点から分析することを目的とする．現在，実質的な統合化が進展しつつある東アジアにおいても，伝統的な国際貿易理論や地域経済学では説明困難な多くの現象が顕在化してきており，それらを分析するための新たなフレームワークが求められている．「フードシステム論」の分析視角の特徴は，「対象の範囲」と「対象を把握する際の態度」[12]であるとされる．しかし後者に関して，国際フードシステムにおける主体間関係や諸産業の相互依存関係についての研究蓄積は少なくないが，国際フードシステムのシステム全体を捉える視角と理論化の作業がこれまで不足していたのではないかと考えられる．そこで，最近の経済学，経営学の成果，とくに空間経済学とクラスター理論の成果を基に，フードシステムに対する新しい分析アプローチを用いて考えてみたい．

3.2 日本を中心とした食品産業の国際化

3.2.1 国際化の流れ

1980年代半ばを日本の食品産業における1つの転機として捉えることに異論は少ないであろう．1985年9月のプラザ合意を契機として円高が急速に進行し，日本の食品製造業は海外進出を加速した．それ以前においても，食品産業の海外進出は存在したが，規模は小さく，事業分野も限られていた．海外生産のシェアも，1985年の0.9%から1996年の4.0%にまで急増した[13]．海外からの農産物や食品の輸入も，貿易自由化の促進とともに拡大し，農業および食品産業の空洞化が懸念されるようになったのである．その反面，外国企業との合弁企業の設立や外国企業の子会社の設立という形で，外国企業の日本市場

の参入も進み，さらに食品産業における事業内容も多角化し，製品数の増加，関連する食品事業への参入や異業種への参入も見られた．日本の食品産業の海外直接投資の相手国という点では，それまでの中心であった北米のシェアが低下し，反面アジアのシェアが高まり，同時にアジアの中では，主要な投資先が韓国・台湾→タイ→中国とシフトしてきた．海外直接投資は，その後，バブル崩壊による停滞→回復→アジア通貨危機による停滞→回復という変動を経ながら現在に至っている．

　以上が近年の日本を中心とした食品産業の国際化の大まかな流れである．これらの食品産業の国際化に関して多数の研究が行われてきたが，統計分析や現地調査分析にもとづく実態把握に重きを置くものが多く，必ずしも理論研究を志向している訳ではない．しかし，依拠している理論として，貿易理論（国際分業の理論と多様性の解明），直接投資理論・多国籍企業論（OLI仮説の検証および企業行動の特性の解明），産業連関論（部門間の相互依存関係の解明）などを見ることができ，部分的ではあるにせよ理論化の作業が進められた．

3.2.2　国際分業のパターンと海外依存

　木南らの研究（木南・木南（2002a，2002b，2003）；Kiminami and Kiminami（2000，2001）では，国際産業連関表のデータを用いた貿易パターンの類型化の手法を考案し，東アジアにおける食品貿易におけるパターンを明らかにするとともに，新しい貿易理論，とくに産業内貿易理論による裏づけを試みている．まず，貿易のパターンを類型化し，分析指標との対応関係を明らかにした（表3.1参照）．分析結果は表3.2にまとめられているが，1980年代から1990年代における東アジアにおける食品をめぐる国際分業について次のことを明らかにした．まず，1980年代においては，東アジアの食品貿易には産業内貿易と産業間貿易とが併存しているが，国際分業は総じて垂直分業によって成立しており，日本と東アジア諸国との関係は競争的ではなく補完的であった．しかし，1990年代に入って状況は大きく変化し，中間財貿易の性質が弱まるとともに，最終製品の差別化による産業内貿易と最終製品の産業間貿易という2つの方向で変化し，水平分業と垂直分業の両者が進行したのである．結果的に，日本と東アジア諸国との関係は補完的なものから競争的なものへと変化し，その背景に日本の海外直接投資があるとしている．

表 3.1　国際貿易の類型

	Type	産業内貿易指数 (IIT)	中間財貿易率 (IM)	中間財の産業内貿易指数 (IIM)
産業内貿易				
中間財貿易				
中間財の差別化	: a	高	高	高
工程間分業	: b	高	高	低
最終製品の差別化	: c	高	低	―
産業間貿易				
単方向の中間財貿易	: d	低	高	―
単方向の最終製品貿易	: e	低	低	―

注：分析指標の定義は以下の通り．
$IIT_{AB} = (X_{AB}+X_{BA}-|X_{AB}-X_{BA}|)/(X_{AB}+X_{BA}) \times 100$
$IM_{AB} = (XI_{AB}+XI_{BA})/(X_{AB}+X_{BA}) \times 100$
$IIM_{AB} = (XI_{AB}+XI_{BA}-|XI_{AB}-XI_{BA}|)/(XI_{AB}+XI_{BA}) \times 100$
ただし X_{AB}：B 国から A 国への輸入，XI_{AB}：同一産業内における B 国から A 国への輸入，である．
出所：木南・木南（2002b）p. 103.

表 3.2　東アジア地域における加工食品貿易の類型

	Type	1985	1990	1995
産業内貿易				
中間財貿易				
中間財の差別化	: a	3	4	2
工程間分業	: b	6	0	2
最終製品の差別化	: c	12	18	16(18)
産業間貿易				
単方向の中間財貿易	: d	5	2	3
単方向の最終製品貿易	: e	8	10	11

注：1995 年の括弧内は台湾・韓国―中国間のデータを含む．
出所：木南・木南（2002b）p. 106.

また，東アジア諸国において，食品製造業，関連産業，最終消費の各段階における投入財の海外依存度を計測するとともに，投入財に占める食品製造業からの中間投入割合から生産物の加工度を計測した．その結果，海外依存度と生産物の加工度がともに上昇している事実を示し，東アジア域内の相互依存関係がフードシステムの各段階において強化されていることを明らかにしている．しかしながら，以上の分析を総合する理論化には至っていない．

3.3 国際フードシステム分析への展望
3.3.1 分析フレームワークの課題

　国際フードシステムの研究は，従来は現状把握に重きを置き，理論化については部分的なものに限られていたという印象は否めない．また，グローバリゼーションとの対比において，空間や立地の重要性を認識する必要がある．空間や立地の重要性には，範囲の限定という意味と，特定の都市や地域への集積という意味がある．前者は北東アジアという範囲でシステムが成立するのかという議論に関係し，後者は実際の海外直接投資が特定の国というよりも特定の都市や地域に集中しているという事実に関係している．

　この点に関連して，日本食品産業の最大の海外進出先である中国への省別進出件数をまとめたものが表3.3である．1990年代に中国への進出が拡大したことと，進出先が特定の省に集中していることがわかる．さらに言えば，表には示していないが，同じ省内であっても特定の都市に集中しているという実態がある．1990年代後半以降については，進出件数は上位3地域で全体の半数を占め，とくに上海への集中が顕著となっている．

　このような事実をふまえると，国際フードシステムの分析に対して，「空間経済学」ないしは「クラスター理論」によるアプローチが有効なのではないか

表3.3　日本の主要食品企業による中国への進出件数

進出先（省名）	1980年代	1990-1995	1996-2002	合計
山東省	0	17	6	23
上海市	1	4	11	16
広東省	0	9	7	16
江蘇省	1	8	5	14
北京市	2	4	2	8
新彊ウイグル自治区	0	5	3	8
浙江省	1	5	1	7
遼寧省	1	6	0	7
河南省	0	2	1	3
黒龍江省	1	1	0	2
吉林省	0	1	0	1
四川省	0	1	0	1
海南省	1	0	0	1
全体	8	63	36	107

出所：『食品産業国際化データブック2003』流通システム研究センター 2003に筆者が補足して作成．

と考えられる．空間経済学は一般均衡理論，クラスター理論は企業戦略論というように立脚している理論は異なるものの，ともに産業の集積形成のメカニズム，集積とイノベーションおよび経済成長との相互関係を解明しようとする点で共通しており，両者は相互補完的な関係にある[14]．

3.3.2 空間経済学からのアプローチ

空間経済学は，財・サービス・人間の多様性，生産における規模の経済，財や情報の輸送費の低下の3者の相互作用により内生的に生じる，経済活動の空間集積力とイノベーションの場の自己組織化の理論を中心として，空間領域における地域経済システムの形成と発展を統一的に理解しようとするものである[15]．そして，現存する空間構造を，2つの相反する力「集積力」と「分散力」の2つが歴史的経路依存性の制約のもとでバランスした結果として自己組織化的に実現されているものと理解する．例えば，IT革命はヒト・モノ・カネ・情報の「輸送費」を大きく低下させ，世界経済のグローバリゼーションを加速する．この輸送費の低下は，経済活動の一層の分散と集中をもたらす．まず，確立した技術にもとづく量産型の製造業やルーチン型の業務・サービス支援活動は，安い賃金と良質の労働者を膨大に有する発展途上国へと着実に移っていく．一方，グローバリゼーションを牽引するエンジンは，ハードとソフトにおけるイノベーション，つまり広い意味における「知識の創造」であり，そのための中心的資源である「知識労働者」は，比較的少数の国における，さらに比較的少数の都市にますます集積していく，としている．ただし，集積はそれ自体にロックイン効果を持ち，集積がさらなる集積を生む局面における正のロックイン効果と，過剰な集積による地価上昇などの負のロックイン効果を持つとされる．

消費財を例にした場合，集積形成のメカニズムは，より多様な消費財の供給が労働者の実質所得を増大させるプロセス（前方連関効果）と，より大きな消費財市場がより多くの特化した消費財生産者を誘引するプロセス（後方連関効果）から構成され，全体として集積のポジティブ・フィードバックが形成される，というものである．

藤田・久武（1999）は，空間経済学のフレームワークにもとづいた東アジア経済の分析を試みている．日本をコア（日本コア）[16]と周辺地域（日本周辺地

域）に二分し，同時に東アジア10ヵ国を日本，NIEs 4ヵ国，およびASEAN 4ヵ国＋中国の3地域に分割する．各産業のGDPに関して，日本コアの対全国シェアと，日本の対東アジアシェア，ASEAN＋中国の対東アジアシェア，NIEsの対東アジアシェアとの関係を分析している．その結果，日本コアに集積している産業ほど対東アジアにおける日本のGDPシェアが高いことを明らかにし，競争力が高いとしている．また，産業ごとのコア集積と競争力との関係を時系列的に分析している．ただし，食品産業では，繊維，紙・紙製品，窯業・土石製品などとともに，コア集積と競争力との関係は明確ではなく，その理由として垂直分業を示唆している．そして今後の東アジア経済について，3つのシナリオ，すなわち，シナリオA：「日本一極集中型」構造の維持，シナリオB：「マルチコア型」の東アジア地域経済における「1つの主要コア経済」としての日本，シナリオC：「マルチコア型」の東アジア地域経済における「1つの準コア」になった日本，を提示している．

以上のように，空間経済学は，海外直接投資などによる産業集積のメカニズムを明らかにする上で有用な理論を提供している．また，空間経済学におけるキー概念である「多様性」「輸送費」などは，消費者の嗜好の多様化や製品差別型貿易の増加，WTOやFTAによる自由貿易の推進やIT化による情報コストの低下など，フードシステムの変化に重要な要因との関連性が高く，示唆に富むことがわかる．

3.3.3 クラスター理論からのアプローチ

クラスター理論の提唱者であるポーター（1999）によれば，クラスターとは「特定分野における関連企業，専門性の高い供給業者，サービス提供者，関連業界に属する企業，関連機関（大学，規格団体，業界団体など）が地理的に集中し，競争しつつ同時に協力している状態」である．シリコンバレーをはじめとするクラスターが各地で形成されているが，食品ではカリフォルニアのワイン・クラスターが最も有名である[17]．クラスターの地理的広がりは，一都市のみの小さなものから，国全体，あるいは隣接数ヵ国のネットワークにまで及ぶ場合があり，その意味で，北東アジア地域フード・クラスターという考え方が成立しうるのである．ポーターは，立地が競争に与える影響を，要素（投入資源）条件，企業戦略および競争環境，需要条件，関連産業・支援産業の4要素

の相互関連からなるモデル（ダイヤモンド・モデル）で説明し，クラスターを4要素の相互作用と考えている．要素（投入資源）条件には，天然資源，人的資源，資本，物理的インフラ，行政インフラ，情報インフラ，科学技術インフラがあり，要素の質の向上と特化が進むことによって生産性が高まるとしている．企業戦略および競争環境は，地元での競争のタイプや激しさを決定づけるルールやインセンティブ，規範を意味しており，投資環境と競争政策が重要である．地元での競争がコスト低減やイノベーションにつながるとしている．需要条件は，模倣性の強い低品質な製品やサービスから差別化にもとづいた競争への移行に影響し，グローバリゼーションの下では地元需要は規模よりも質が重要であるとしている．関連産業・支援産業については，地元に有能な供給業者や競争力のある関連産業が存在することが重要である．

クラスターの効果については，従来の産業集積論の中心にあった費用最小化や経済効率よりも生産性やイノベーションの可能性を強調し，クラスターがもたらす競争優位性を重視する．クラスターは，①クラスターを構成する企業や産業の生産性を向上させる，②企業や産業がイノベーションを進める能力を強化し，それによって生産性を向上させる，③イノベーションを支えクラスターを拡大するような新規事業の形成を刺激する，ことによって競争優位をもたらすと考えている．また，クラスター理論では，クラスター形成を経済発展とも関連づけており，前提として経済の発展段階を「要素主体の経済→投資主体の

```
経済発展の段階              国際フードシステムの形成

┌──────────────┐         ┌──────────────┐
│ 要素主体の経済  │         │ 自然条件に規定された │
│              │         │   比較優位      │
└──────────────┘         └──────────────┘
       ⇩                        ⇩
┌──────────────┐         ┌──────────────┐
│ 投資主体の経済  │         │ 海外直接投資が    │
│              │         │ 作り出す比較優位  │
└──────────────┘         └──────────────┘
       ⇩                        ⇩
┌──────────────┐         ┌──────────────┐
│イノベーション主体│         │  産業集積による   │
│   の経済      │         │ イノベーションが   │
│              │         │ 作り出す比較優位  │
└──────────────┘         └──────────────┘
```

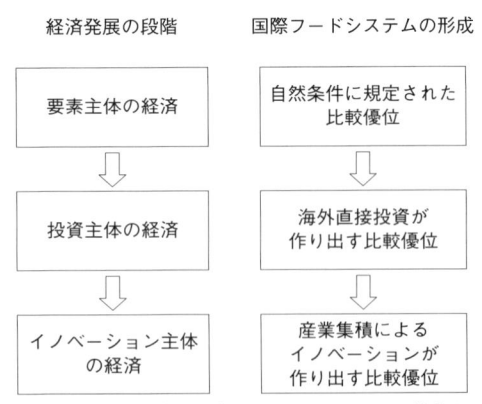

図3.1 経済発展段階と国際フードシステムの形成との関係

3 食品産業の海外進出と北東アジア・フードシステム　　71

表 3.4　現地法人の機能の変化（食料品・アジア）

(単位：%)

		拡充・新設	現状維持	縮小	なし
研究	基礎研究	10.9	19.6	1.4	68.1
	応用研究	13.0	21.0	1.4	64.5
開発	開発研究（対世界）	9.5	20.4	0.7	69.3
	開発研究（対現地）	19.0	20.4	1.5	59.1
企画・設計	対世界	9.5	20.4	0.7	69.3
	対現地	15.8	33.8	2.2	48.2
製造		41.0	46.8	3.8	8.3
原材料部品等の調達		22.6	56.8	4.1	16.4
販売		40.9	47.7	3.4	8.1
金融		3.7	33.1	0.0	63.2
持ち株会社		2.2	11.9	0.0	85.8
地域統括		6.0	13.5	0.0	80.5

出所：『我が国企業の海外事業活動－平成13年度海外事業活動基本調査』経済産業省 2003 より作成．

表 3.5　現地法人の製造形態と技術水準（食料品・アジア）

(単位：%)

		現在	将来
日本との工程間分業	日本より高い技術	0.0	2.0
	日本と同じ技術水準	20.3	25.0
	日本より低い技術水準	10.8	3.4
日本以外の国との工程間分業	日本より高い技術	0.3	1.7
	日本と同じ技術水準	17.9	19.9
	日本より低い技術水準	6.4	3.4
一貫生産	日本より高い技術	0.3	2.7
	日本と同じ技術水準	25.3	37.2
	日本より低い技術水準	18.6	4.7

出所：『我が国企業の海外事業活動－平成13年度海外事業活動基本調査』経済産業省 2003 より作成．

経済→イノベーション主体の経済」と捉えている．以上のように，クラスター理論は，特定の産業と関連産業等を含んだクラスター間の競争を考えており，フードシステム分析に適用可能な部分が多いと考えられる（図3.1参照）．また，北東アジアの経済発展を考えた場合，「自然条件に規定された比較優位→海外直接投資による比較優位→産業集積によるイノベーションが作り出す競争優位」へと移行しつつあると見られることからも有効であると考えられる．

実際の動きとして表3.4と表3.5を示しておく．表3.4は日本の食品産業の

アジアにおける現地法人の機能についてであるが，現地向けの研究・開発や企画の機能が強化されつつあることがわかる．また，表 3.5 は現地法人の製造形態と技術水準についてであるが，技術の向上と一貫生産化が進んでいることがわかる．

3.4 結語

最後に，北東アジアのフードシステムに対する空間経済学およびクラスター理論に基づくアプローチの限界や課題について指摘しておきたい．

まず，空間経済学アプローチであるが，空間経済学にもとづくモデルによって特定の産業集積をよく説明することができるとはいっても，農業から最終消費に至るフードシステム全体を説明するには，現時点におけるモデルは単純過ぎるのである．さらに農業の位置づけであるが，とくに集積・都市化の理論においては，農業は移動不可能で収穫不変が想定され，もっぱら集積を抑制する「遠心力」の源泉という位置づけがされているだけである．またさきに述べたように，集積と競争力の関係に関して，食品産業は特殊な産業という位置づけがされており，この点も統一的に説明できるような理論化が必要である．集積とイノベーションの関係など，空間経済学の理論化の作業は急速に発展してはいるものの，フードシステム分析のためのより現実的なモデルの構築のための独自の拡張や修正が必要である．

一方のクラスター理論アプローチであるが，空間経済学よりは現実に接近したモデル構築を行ってはいるものの，空間経済学と同様に農業から最終消費までの流れを捉える形にはなっていない．また，変数が操作可能なモデルの構築には，各地で形成されているフード・クラスターや，各地で進められているクラスター形成による地域振興戦略の試みに関する分析の蓄積が必要である．そのうえで，北東アジアを範囲とする広域のフード・クラスター分析について検討していくことになる．

そして，両者に共通して，「なぜ北東アジアなのか」という問いに答える必要があろう．空間経済学における「多様性」やクラスター理論における「需要条件」が，北東アジアでシステムが形成されること，逆説的に言えばグローバリゼーションが進んでも世界が単一のシステムにはならないことを説明するう

えでの鍵となる．すなわち，「食品需要や食品製造に一定の共通性と独自性が地域内に存在する下で，産業集積やクラスター形成が促進される」という仮説が設定され，その検証が求められる．そのメカニズムとしては，食品消費における習慣形成と食品製造における技術蓄積が重要な役割を果たしていると同時に，食文化も関係していると考えられ，これらを総括的にとらえるアプローチが必要となるであろう[18]．

4　中国における食品産業の発展

4.1　中国の食品産業の構造分析

中国の食品産業（Food Industry）は，食品加工業（Food Processing）・食品製造業（Food Manufacturing）・飲料製造業・タバコ製造業の4部門で構成されている．そのうち，食品加工業とは米加工・飼料加工・搾油・製糖等の農産品による一次加工業種であり，食品製造業とはビスケット・キャンディー・缶詰等の再加工業種を指す．本節は食品産業の業界全体の構造，企業構造，製品の構造と地区の構造という4側面から分析を行うものである．

4.1.1　食品産業の構造

近年の中国における食品産業業界の構造変化を分析するため，表4.1，表4.2に1998年と2003年の食品産業に関する主要な経済指標をまとめた．ここから食品産業業界の構造調整に関する変化の過程がいくつか見て取れる．

2003年には中国の食品企業総数が1998年と比べ相対的に減少しているものの，その他の経済指標は向上している．このうち，食品加工業は常に主導的な地位に立ち，製品売上高・利潤総額・工業総生産額・工業増加値[19]のシェアで

表4.1　食品工業の経済指標（1998年）

（単位：億元）

	企業単位数	欠損企業数	製品販売収入	利潤総額	工業総生産額（当年価格）	工業増加値
食品工業合計	21,446	7,716	7,118.80	168.36	7,684.56	2,436.26
食品加工業	11,909	4,386	3,180.44	−28.70	3,516.00	681.54
食品製造業	5,368	1,894	1,119.88	9.22	1,213.97	324.95
飲料製造業	3,817	1,355	1,489.89	69.20	1,579.86	543.61
タバコ製造業	352	81	1,328.59	118.64	1,374.73	886.16

出所：『中国食品工業年鑑』黄聖明編，中国統計出版社，1999, pp.77-79.

表 4.2 食品工業の経済指標（2003 年）

(単位：億元)

	企業単位数	欠損企業数	製品販売収入	利潤総額	工業総生産額 (当年価格)	工業増加値
食品工業合計	19,277	4,118	12,354.23	710.87	12,911.42	4,502.95
食品加工業	11,192	2,225	5,851.13	173.17	6,152.32	1,466.42
食品製造業	4,636	1,034	2,168.36	113.09	2,290.07	667.09
飲料製造業	3,194	815	2,117.23	149.04	2,233.22	795.97
タバコ製造業	255	44	2,217.50	275.57	2,235.81	1,573.48

出所：『中国食品工業年鑑』韓家増編，中華書局，2004, pp.102-103.

で絶対的な優勢を保っている．2003 年には，工業総生産額（当年価格）に食品産業生産総額が占める割合は 47.65％，食品製造業が食品産業生産総額に占める割合は 17.74％ である．これらのデータは中国の食品製造業が 1998 年と比較して発展が見られたことを示している．

飲料製造業の食品産業生産総額に占める割合は 17.30％ である．飲料製造業の工業総生産高は増加しているものの，食品産業生産総額に占める割合では減少している．タバコ製造業の食品産業生産総額に占める割合は 17.31％ である．嗜好性製品を生産するタバコ加工業の割合が徐々に減少し，食品産業業界の構造調整は一定の効果が得られ，食品産業全体の質的向上が成し遂げられたのである．しかしタバコ製造業は 2003 年の製品売上高・利潤総額・税引前利益総額・工業増加値が占める割合が依然として 17.95％・38.77％・60.44％・34.94％ と多い．とくにタバコ製造業の税引前利益総額は食品産業全体の税引前利益総額の中で主要な部分をなし，2003 年には 1376.10 億元で食品産業の税引前利益総額中の 60.44％ を占めている．食品産業業界の構造には依然として不合理な現象が存在しているのである．

4.1.2 食品産業の企業構造

中国における食品産業の企業構造については，主に企業の組織構造と企業の経済構造という両面から分析していく．

1) 企業の組織構造

企業の組織構造を分析するため，表 4.3 と表 4.4 にはそれぞれ 2003 年の業種分類で大・中型食品企業に属する企業の主要経済指標をまとめた．2003 年における中国の食品産業に属する大・中型食品企業が実現した主要な経済指標

4　中国における食品産業の発展

表 4.3　大・中型企業の経済指標（2003 年）

（単位：億元）

主要な経済指標	業種			
	食品加工業	食品製造業	飲料製造業	タバコ製造業
企業数	788	495	527	146
欠損企業数	156	87	123	17
工業総生産額（1990 年価格）	2,070.98	1,217.05	1,262.97	1,036.71
工業総生産額（当年価格）	2,605.43	1,357.84	1,591.63	2,177.15
工業販売総額（当年価格）	2,528.99	1,320.42	1,577.85	2,178.03
工業増加値（当年価格）	620.02	406.69	592.12	1,541.08
資産合計	2,059.27	1,400.27	2,288.82	2,711.53
流動資産	1,021.63	680.08	1,047.64	1,649.84
長期投資	108.42	103.89	112.05	334.34
固定資産純価値	693.5	459.97	833.94	586.97
負債合計	1,347.8	796.57	1,197.68	1,126.86
流動負債小計	1,166.88	666.45	1,030.44	1,055.39
長期負債	174.86	124.59	151.91	70.17
製品販売収入	2,524.02	1,300.51	1,552.98	2,175.79
製品販売コスト	2,252.07	972.15	982.7	829.11
製品販売費用	70.67	162.5	225.49	79.04
製品販売税金及び付加	7.64	5.24	104.6	852.3
利潤総額	95.11	81.47	125.5	272.97
欠損企業総額	11.8	14.37	15.33	2.8
利潤総額	148.34	145.97	333.24	1,368.49
全員従業人員年平均人数（万人）	75.99	49.98	55.91	18.81

出所：『中国工業経済統計年鑑』中国統計出版社，2004，pp. 104-112.

表 4.4　大・中型企業の経済指標（2003 年）

（単位：億元）

主要な経済指標	業種			
	食品加工業	食品製造業	飲料製造業	タバコ製造業
工業増加値率（％）	23.8	29.95	37.2	70.78
総資産貢献率（％）	8.66	11.46	15.45	51.29
資産負債率（％）	65.45	56.89	52.33	41.56
流動資産回転率（回／年）	2.65	2.09	1.52	1.4
コスト・費用利潤率（％）	3.92	6.7	9.41	25.23
全員労働生産率（元／人・年）	81,590	81,368	105,913	819,384
製品販売率（％）	97.07	97.24	99.13	100.04

出所：『中国工業経済統計年鑑』中国統計出版社，2004，p. 113.

から以下のことが考察できる．中国の食品産業中の大・中規模企業は1,956社（そのうち食品加工業788社・食品製造業495社・飲料製造業527社・タバコ加工業146社）であり，これらは食品企業総数の9.86％しか占めていない．また2001年と比べ4.19％減少している．そのうち欠損企業は383社で，欠損企業の割合は19.58％であり，全業種における欠損企業の割合（21.36％）より低くなっている．大・中規模の食品企業による食品産業生産総額・工業増加値・製品売上高・利潤総額・資産合計は食品産業全体のうちそれぞれ59.89％・70.17％・61.14％・80.89％・70.37％を占めている（それぞれ2001年に比べ1.35・2.01・0.56・－0.66・2.03％増加した）．とくに税引前利益総額は1996.04億元に達し，食品産業全体の税引前利益総額の87.66％を占めている．またその他各項目の指標でも優位性を示している．これらのデータは中国における食品企業の生産集中度が常に拡大を続け，企業が常に大規模化・集団化の方向に発展し，また大・中規模企業が食品産業の中で徐々に支柱となる作用を担い，その地位が日を追って突出してきていることを如実に物語っている．

また，表4.4の経済指標からは，大・中規模の食品企業は流動資産回転率以外の各項目における指標でも全て優位性を保ち，なおかつ4大業種における各項目の指標は全て2001年より勝っていることがわかる．特に労働生産性は大幅に上昇し，2003年には食品加工業・食品製造業・飲料製造業・タバコ製造業の労働生産性はそれぞれ81,590元／人，81,368元／人，105,913元／人，819,384元／人である．これらが2001年にはわずか61,532，66,252，811,130，540,853元／人・年であったことを鑑みると，大・中規模の食品企業が食品産業経済で優越的な地位を示しているのは明白である．

2) 企業の経済構造

中国ではすでに，企業経済構造の区分は国有企業（国有株式企業を含む）および民間企業の2大類別に明確に分類されている．民間企業は国有および国有持ち株企業以外の企業全ての総称であり，経営方式が非国営企業であるものを指し，個体・私営・郷鎮・集体・株式制・「三資」および一部の国有民営企業を含む．この種の区分および関連データの入手可能性にもとづき，ここでは食品産業の国有，集体，外国企業投資および香港・マカオ・台湾という3種の経済構造における食品企業の状況を主に分析する（表4.5参照）．

4 中国における食品産業の発展　　77

表4.5　食品工業企業の経済指標（2003年）

(単位：億元)

主要な経済指標	業種		
	国有および国有持株食品工業企業	集体食品工業企業	外国資本食品工業企業
企業単位数	4,409	1,652	3,189
欠損企業単位数	1,457	168	946
工業総生産額（当年価格）	4,548.85	824.18	3,260.74
工業販売総額（当年価格）	4,508.11	799.88	3,180.95
工業増加値（当年価格）	2,256.30	219.44	926.27
資産合計	6,042.54	452.05	2,979.93
流動資産	3,182.08	219.70	1,504.72
長期投資	544.34	15.98	74.95
固定資産小計	1,983.39	178.57	1,207.57
流動負債小計	2,760.64	228.12	1,526.60
長期負債小計	373.37	50.65	191.20
実収資本	1,079.23	106.53	1,161.22
製品販売収入	4,477.39	721.44	3,160.87
製品販売コスト	2,618.35	620.89	2,500.90
製品販売費用	261.81	22.3	301.13
利潤総額	385.18	34.8	147.23
利益・税金総額	1,648.8	61.96	291.91
全員従業人員年平均人数（万人）	125.49	28.58	80.39

出所：『中国工業経済統計年鑑』中国統計出版社，2004，pp.74-83.のデータを整理・計算して得たもの．

国有および国有持ち株食品企業

　2003年には国有および国有持ち株食品企業は4,409社で，企業数は以前と比べ大幅に減少した．その他各項目の主要経済指標では国有および国有持ち株食品企業では全て地位面での優位性が顕著である．例えば工業増加値・利潤総額・税引前利益総額・工業生産総額・製品売上高等ではそれぞれ食品産業の50.11%・54.18%・72.41%・35.23%・36.24%を占めている．就業問題に対しての貢献も大きく，国有および国有持ち株食品企業全従業員の年平均人数は125.49万人である．また長期投資は544.34億元に達し，その他の経済類型に属する食品企業を遥かに上回っている．

　国有および国有持ち株食品企業は，タバコ製造業関連で優位性がある以外には，その他の3業種よりも優位性がない．総資産貢献率は集団食品企業よりも高くない．ただ製品販売率は集団食品企業よりは多少高い．しかし流動資産回

転率と労働生産性という2つの指標では，集団食品企業・外国企業および台湾・香港・マカオによる投資よりも低くなっている．いずれにせよ，国有および国有持ち株食品企業は依然として中国の食品産業で支柱をなす欠かせない部分である．現在，中国の食品企業に属する圧倒的多数の国有企業がすでに株式制への改編を終了した．その中でもとくに大型の企業グループは，現代化企業の要求にもとづき管理体制の改革を進めている．改革は早くも効果が見え始めており，実力を有し，管理が規範に適合した，また産品の市場シェアが高い先進的な企業も幾社か出てくるようになった．食品産業という市場化レベルが高い業界において，これらの企業は現在中国の食品産業の中でも中堅的な地位を有しているのである．

集団食品企業

2003年の中国の集団食品企業数は1,652社であり，食品企業総数の8.60％を占めている．集団食品企業は企業数の上では主要な構成部分とはならず，経済指標の各項目でも主導的な地位を有していない．例えば工業生産総額・工業増加値・資産合計・産品売上高・利潤総額・税引前利益総額の部分で占める割合がそれほど大きくなく，そのうち工業生産総額・工業増加値・税引前利益総額で占める割合はそれぞれ6.38％・4.87％・2.72％である．

経済効果指標のうち集団食品企業の総資産貢献率は，食品加工業・食品製造業・飲料製造業という3大業種において，国有および国有持ち株企業，さらには外国企業の投資と香港・マカオ・台湾による投資企業より良好であり，資産回転率も比較的高い．これは中小企業の資金回転での融通性と優位性を示すものである．集団食品企業の労働生産性は外国企業投資と香港・マカオ・台湾による投資企業ほど高くないものの，国有および国有持ち株企業よりは良好で，また製品販売率ではこれらより多少低くなっている．

外国企業投資と香港・マカオ・台湾の投資による食品企業

外国企業投資と香港・マカオ・台湾の投資による食品企業はここ数年急速に発展している．2001年の企業数は2,613社だったものが，2003年にはすでに3,189社に増加し，全業界に占める割合でも16.54％になっている．2003年には，外国企業投資と香港・マカオ・台湾の投資による食品企業は工業生産総額（当年価格）・工業増加値・産品売上高・利潤総額でそれぞれ3,260.74億元，

926.67億元，3,160.87億元，147.23億元に達し，それぞれが占める割合は25.25％・20.57％・25.59％・20.71％であり，顕著な上昇を見せている．注目すべきは，外国企業投資と香港・マカオ・台湾の投資による企業の税引前利益総額は2003年で219.91億元であり，占める割合は12.82％でしかなく，これら企業の産品売上高の割合と利潤割合等より遥かに低いことである．外国企業投資と香港・マカオ・台湾の投資による企業の経済効果指標は，労働生産性が高い優位性を有し，国有および国有持ち株企業よりも高い．またその一方で総資産貢献率は比較的低い．

4.1.3　中国における食品産業の製品構造

　ここ数年，食品の消費構造がレベルアップしてきたことに伴い，食品の種類も日に日に増加している．また新たな食品が常に研究・開発され，食品は質的にも大幅に向上，経済成長の促進にも重要な役割を負っている．ここでは主に食品の種類・構造および主な食品の製品生産量について簡単な分析を行う．

1）食品の種類における構造

　中国における食品産業を細分化した業種で見てみると，ここ数年の間に細かい部分での変化がいくつか見られた．これは中国の食品産業における具体的な業種の発展方向を反映している．ここ数年の食品産業業種製品の工業生産総額を比較すると，ここ数年の間に中国の食品業種が発展している状況がはっきりと見て取れる．増加率が比較的高い業種には，植物油加工業（前年同期比で46.16％の増加，2000年と比べ88.89％の増加），屠殺と食肉加工（前年同期比で17.88％の増加，2000年と比べ60.86％の増加），水産品加工（前年同期比で36.38％の増加，2000年と比べ96.03％の増加），インスタント食品製造（前年同期比で59.06％の増加，2000年と比べ82.72％の増加），液体乳および乳製品製造（前年同期比で39.66％の増加，2000年と比べ166.98％の増加），缶詰製造（前年同期比で21.36％の増加，2000年と比べ57.11％の増加），ソフトドリンク製造（前年同期比で35.88％の増加，2000年と比べ80.76％の増加）がある．上記の中にはかなり高い上昇傾向を示した業種の産品があり，これらはまさに食品工業生産総額を増加させる源泉であると同時に，産品構造を調整する主流ともなっている．例えば野菜・果物および堅果加工業のような新たに現れたいくつかの食品産業分類である．これらは中国の農産一

次産品がすでに徐々に深加工・精細加工のレベルにまで変化しつつあることを反映していると言えよう．

　タバコ製造業においては，そのうちタバコ葉再加工業の増加が振るわず，2003年の工業生産総額は2001・2002年と比べても低く，2000年と比べて多少の増加が見られるのみである．しかし葉巻製造業の増加幅が大きく，2003年の工業生産総額は，2000年と比べ57.45％増加した．タバコ製造業が食品産業に占める割合は2001年（17.28％）・2002年（17.89％）と比べ全て減少している．しかし依然として食品産業における工業生産総額の中では16.56％を占めている．このことも中国の食品産業の中で酒・タバコ等の嗜好品の占める割合が比較的大きいことを反映している．食品産業の産品構造はさらなる調整が必要であり，健康食品・栄養食品への転換を行い，国民全体の健康に対し質的な改善がなされなければならない．

2）食品産業における主要製品の生産量

　ここ数年中国の食品産業の製品構造に対して行われている具体的調整状況は以下の通りである．米・小麦粉・精製糖でマイナス成長の年がいくつか見られる以外は，その他いくつかの主要食品はみな急速な増加を見せている．特に食用植物油・乳製品・ジュースと果汁飲料・液体乳については，2003年の生産量はそれぞれ1,584.29万t，140.59万t，310.83万t，582.90万tに達し，前年同期比で67.98％・66.28％・45.93％・61.81％の増加であった．また乳製品および液体乳の発展も急速であり，現在中国の食品産業が健康・栄養食品の方向に発展しているという趨勢がここにも反映されている．インスタント主食品も増加傾向を示している．2003年の生産量は356.23万tに達し，2000年の262.77万tと比較すると35.57％の増加が見られた．とくにインスタントラーメンは，2003年には2000年より58.40％増加し，テンポが速く，高い効率性が求められる現代社会がこの数値に反映されていると言えよう．市場では多種多様なインスタント主食・副食品および各種冷凍食品・電子レンジ調理食品・行楽レジャー用食品がますます歓迎されるようになった．酒造食品産業のうち，蒸留酒工業は2001年に比較的大きな増加が見られ，前年同期比で71.54％増加した．しかし2002・2003年には一旦減少する傾向が見られた．一方，ビール工業は常に着実な上昇を続けているが，増加幅は大きくない．そ

れに対してワインの発展状況は良好であり，4年間の生産量はそれぞれ20.19万t，25.04万t，28.81万t，34.30万tであった．現在は消費される食品の種類が絶えず多様化し，食品の消費は，空腹を満たすものから味わいがあるものへ絶えず転換・発展していく傾向が見られている．

4.1.4 中国における食品産業の地域別構造

中国は31の省・直轄市および自治区を有し，それらの地理的位置により次の3つの地域に分かれている．それらは，東部沿海部（北京・天津・河北・遼寧・上海・江蘇・浙江・福建・山東・広東および海南等の11の省・市・区を含む），および中部地域（山西，内モンゴル，吉林，黒龍江，安徽，江西，河南，湖北，湖南，広西等の10の省・区を含む），そして西部地域（重慶・四川・貴州・雲南・西藏・陝西・甘粛・青海・寧夏および新疆等の10の省・市・区を含む）を指す．ここではこの区分にもとづきこれら3つの地域における食品産業の状況について簡単な分析を行う．

食品加工業に関しては，経済性で東部地域が圧倒的な優位性を有し，中部地域は西部地域よりも良好である．そのうち食品加工業の企業数は東部で5,979社であり，食品加工業全体の総数のうち53.42％を占め，中部と西部はそれぞれ33.30％・13.28％を占めている．また欠損企業に関しては，西部の劣勢が比較的顕著であり，欠損企業の割合は28.73％に達している．東部と中部ではそれぞれ18.30％，18.89％であり，ともに西部の企業よりも遥かに良好である．中国では食品産業の地域別構造の発展には深刻な不均衡があるという状況が，このことからも明確に見て取れる．東部の食品加工業が有する固定資産の原価合計は1,076.79億元であり，全国の54％を占めている．その他の産品売上高・工業生産総額および工業増加値が占める割合はそれぞれ63.98％・63.64％・60.97％に達している．これらのデータは東部の食品企業の経済効果が中・西部より良好であることをさらに顕著に物語っている．利潤総額・税引前利益総額に関してはこの優位性が依然として顕著である．注目すべきは西部の2003年における利潤総額が3.94億元で，食品加工業全体の利潤総額の2.28％しか占めていないことである．そのため中国の食品加工業における地域別構造の調整は差し迫った問題である．また食品産業の地域別構造が深刻な不均衡状況に陥っており，このことが中国全体の産業構造の調整と体質改善に

必ずや影響を与え，ひいては経済全体が健全で急速な発展を続けるのにも影響を及ぼすものである．

　食品製造業に関しては，東部の大部分は，経済性で依然として絶対的な優位性を占めている．また中部は西部より良好であり，基本的な状況は食品加工業の地域別構造に類似している．東部は食品製造業の企業数ではさらに高い優位性を有し，2,769社あり，60.31％の割合を占めている．そして中部と西部ではそれぞれ26.64％・13.05％を占めている．また欠損企業については，西部の欠損状況が依然として深刻であり，欠損企業の割合は28.76％に達している．しかし東部・西部の欠損状態もそれぞれの食品加工業よりも深刻で，21.71％・20.49％となっている．そして中部の欠損状況は東部よりも多少良好である．東・中・西部における食品製造業の固定資産の原価合計はそれぞれ755.60億元，312.49億元，115.26億元であり，割合ではそれぞれ63.85％・26.41％・9.74％を占めている．このことからも，西部の食品製造業の部分での劣勢が依然として顕著である．東部は製品売上高・工業生産総額・工業増加値・利潤総額・税引前利益総額で占める割合もそれぞれ66.00％・65.14％・63.63％・68.72％・68.62％に達している．ここでは東部の食品製造企業が中・西部より良好で，また西部は中部より劣っていることが明確に示されている．

　飲料製造業に関しては，地域間の不均衡は食品加工業，食品製造業に比べ多少良好である．東・中・西部では飲料製造業の企業数がそれぞれ1,549社・1,043社・602社であり，割合ではそれぞれ48.50％・32.65％・18.85％である．また欠損企業の割合はそれぞれ22.08％・26.75％・32.23％である．ここから中国における飲料製造業の欠損状況が全体的に見て食品加工業と食品製造業より深刻であり，とくに西部では欠損企業の割合が高いことがわかる．飲料製造業が有する固定資産の原価合計を東・中・西部に分けると，その割合はそれぞれ55.65％・23.75％・20.60％であり，東部の優位性が依然顕著である．それに対し西部と中部では比較的似通っていて，差は大きくはない．産品売上高・工業生産総額および工業増加値については，東部は中・西部よりも良好であり，中部は西部より多少良好である．しかし利潤総額・税引前利益総額の部分では西部が中部より良好なのは明確である．西部の利潤総額・税引前利益総

額はそれぞれ42.27億元，102.59億元であるのに対し，中部では21.59億元，81.56億元でしかない．このことからも中国中部の飲料製造業において経済効果の状況が比較的悪く，さらなる改善が待たれることが見て取れる．対して東部は利潤総額・税引前利益総額での優位性が依然として顕著である．

タバコ製造業に関しては，東・中・西部の間にある地域別の優位性では基本的に東・西・中の順位となっている．中部は企業数では多数を占めているとはいえ，経済性の面では優位性がない．東部ではタバコ製造業の固定資産の原価合計が339.75億元で，西部（430.75億元）よりも劣っている．しかし産品売上高・工業生産総額・工業増加値の部分では全て西部よりも良好である．そして利潤総額および税引前利益総額では優位性がさらに顕著になっている．このことは，中国西部における食品企業の経済効果は，依然として向上が待たれている，ということをさらに物語っている．

4.2 中国における食品産業の発展方向

中国経済の発展と，科学技術の進歩，そして国民の生活レベル向上に伴い，食品生産と食品消費には新たな変化が起こりつつある．これらの変化は中国における食品産業の将来への発展に大きな影響を与えるであろう．

4.2.1 利便性・効率性・プロセス性

将来における食品産業の発展傾向から見てみると，中国の食品産業は利便性・効率性・プロセス性を追求する方向へと発展していく．市場競争は日々熾烈になり，新産品の開発と技術革新はますます重要視され，銘柄やブランドによる効果は日を追って際立ってくるであろう．

利便化

現代社会はテンポが速く効率性が高いのが特徴で，人々の生活は簡単を旨としレジャー性にあふれている．そして市場では多種多様なインスタント主食・副食品および各種冷凍食品・電子レンジ調理食品・行楽レジャー用食品等もますます歓迎されるようになった．インスタント食品により，食品産業の産業構造，商品構造の改善が促され，人々の加工食品に関した消費レベルが向上できたばかりでなく，さらには都市部の消費者は煩わしい炊事労働から解放されることとなったのである．このため，インスタント食品は将来食品の発展方向と

して主流となるであろう．

機能化

　社会の発展に伴い，健康という問題がますます重視されるようになってきた．生活レベルの向上により，人々はお金を払って健康を買うということが可能になったのである．人の遺伝子解読，機能ゲノム科学の創設と発展，そして食品科学技術の日進月歩の発展により，各種の食品企業が保健面での効能を持つ食品を作り出せるようになった．そのため各種の健康食品および病気の予防と治療，若しくは病後の回復等に見られる，人体機能を調整する効能を持った各種の機能性食品が作られている．そしてこれらの市場は急速に発展し，ますます大きな市場シェアを占めるようになるであろう．将来の食品はさらに人間重視のものとなり，一人一人の消費者を型にした設計図により作られる効能が異なる食品のようになるであろう．市場での販売状況から見てみると，現在比較的売れ行きがいい健康食品には不飽和脂肪酸・カルシウム補給・ダイエット・美容・補血等の商品がある．その他例えば，如防シリーズ・ローヤルゼリー・ハチミツシリーズ・キノコ類の多糖類シリーズ・有益菌シリーズ・オリゴ糖シリーズ・螺旋藻シリーズ・海洋生物シリーズおよび漢方シリーズ等の各種健康食品が時代の潮流となるであろう．

プロセス化

　20世紀末，プロセス化食品はすでに世界各国で食品産業における重要な地位を有していた．そして21世紀に入ってからも，これは依然として重要な発展分野であり続ける．なおかつバイオテクノロジー・真空技術・押出技術・膜分離技術・超臨界エキス抽出技術・超臨界抽出技術・スーパーマイクロ粉砕技術・マイクロ胶硝技術・マイクロ波技術・高低温調整殺菌技術・無菌包装等のハイテクがあり，これらの食品産業での応用が促進されることで，プロセス化食品の将来性はますます広がっていくであろう．プロセス化食品の基本的な特徴は以下の通りである．①栄養バランスの維持を原則に，原料成分を合理的に配合する．また必要時には特定の栄養素を強化し，商品が人体の栄養に対する需要に見合ったものとする．②現代化技術を応用し，工業化生産を行う．また各種の基準を厳守し，製品の規格統一と品質面での安全衛生に対する信頼性を確保する．③原料を総合的に利用し良質な代用品を用いることで，生産コスト

を削減する．

4.2.2 食品安全問題

食は国民生活の基本である．食品の数量と品質は人間の生存と身体の健康に関連している．近年，中国は食品安全問題において厳しい試練に立たされ，また食品安全問題は人々の注目を集める課題となっている．中国の食品産業が将来へ向け発展していく過程で，食品安全問題は政府と企業から非常に重要視されることになるであろう．

中国では『食品安全法』がまもなく公布される．『食品衛生法』・『食品企業衛生規範』等の一連の法律・法規に対してはさらなる整備と実施が行われるであろう．そして同時に統一的で整合性を有する，責任分担が明確な食品安全監督システムが徐々に構築され，完備されるであろう．現在，中国の食品安全監督システムは従来の方法を継続させるとともに，さらには管理システムで非常に効果をあげている国々を見習い，監督システムを相対的に整合性を有する集中的なものにし，中国の科学の進歩を徐々に打ち立てるであろう．整合性が取れた新たな食品安全監督モデルは，食品監督の職務が過度に分散している状況を重点的に解決するものであり，食品安全監督に関連した職務機能を相対的に集中させ，責任権限をさらに明確にするものである．また効率的で権威性がある整合システムを通じて監督作業の効率を向上させ，管理コストを削減させるものである．これらにより健全で比較的完備された食品安全の応急処理システムが徐々に構築されていくのである．

現在中国の多くの地域と企業では，ISO9000シリーズおよび「緑色食品」の認証作業が全力で繰り広げられ，商品の品質が常に向上している．さらには国際規格への適合，国際的な取引規則の習熟と運用が急がれている．また，動植物衛生の品質に関する国際規格が求める要求と国際市場のニーズにもとづき，有機農業副産品・無公害野菜果物生産基地と無指定疾病畜産品輸出基地を建設し，農産品の出所からの質量管理を完備することでも足取りを速めている．

中国では食品産業が発展していく中で，環境保護という考えが強引な産業発展に対しNOと言える力を持つようになるであろう．これは現在中国で形作られている，調和が取れた社会においての基本的な要求であるためである．いかなる食品の生産活動も，汚染問題の解決ぬきには居場所が確保できないのであ

る．そのため発展と同時に，環境保護をさらに重視することで，食品産業の発展継続性が確保できるのである．清潔な生産工程の推進は，スタートラインから行わなければならない．より合理的な技術を開発し，毒物被害を起こさない原料を用い，生産プロセスでの「三廃」を減少または撲滅させることで，「緑色化」生産を実現するのである．

4.2.3 食品産業と関連産業との連携

　食品産業はその他の産業との関連部分が最も多く，最大の関連度を持つ総合性産業である．そして食品産業は農業・牧畜業・漁業・観光業・印刷業・包装業・情報産業・精密工業・飲食業の発展にも影響を及ぼしている．したがってこの産業構造の体質改善・レベルアップは経済構造全体にとっても非常に重要なものである．

　中国の食品企業は専業化された分業協力体制と規模の経済という原則に則り，また市場システムがもたらす作用に依存することで，産業内での適度な集中と企業間での十分な競争を行い，大企業が主導し，大中小企業が協力・発展していくという構造を形作っていくであろう．また株式上場・合併吸収・企業カルテル・組織再編等の方式で，有名なブランド名と自主的な知的財産権を有し，主要業種が明確である，中核的能力が高い大企業と企業グループがいくつか形成され，産業集中度と商品開発能力を向上させていく．また中小企業発展の奨励政策を実施し，中小企業のサービスシステムを完備させ，中小企業が「専門・精密・特殊・斬新」の方向に発展するよう促進し，大企業との協力能力を向上させているのである．

　食品産業は農業と工業が結合した産業である．サプライチェーンの角度から見てみると，川上のプロセスである農業では，食品加工の需要にもとづき，川中のプロセスにある食品産業に対し製造加工に用いる原料を供給する．そして近代化された工場を通じて工業製造品・半製品が生産され，さらには川下の食品卸・小売業者と飲食業者を通じて，多数の消費者に供給されるのである．このプロセスから見てみると，川上の農業は食品原料を供給する産業であり，つまり食料産業または基礎原料産業である．そして川中に位置する食品産業は農業の単純な延長線上にありそこから発展したものではなく，工業加工を通じて産品の性能・形態および経済的価値の質的な変化とレベルアップをもたらすも

のである．それにより中間部分が小さく，両端部分が大きい「空竹」型の現代的食品生産システムを形成するのである．このシステムは現代的な食品産業を軸に，運行速度が速くなるほど，両端に位置する食料産業と食品市場へ及ぼす役割が大きくなるのである．これにより現代食品産業の発展方向に適合し，食品産業の地位と役割を強化するのに利するのである．そのため，食品産業を先導者として農業副産品の深加工が発展していき，農業と工業の協調的発展が促進されていくであろう．

4.2.4 サプライチェーン・システム

人々の食品消費に対する意識は近代化・多様化し，利便性・栄養品質の向上を求める方向へ絶えず変化している．これに伴い食品産業に対してもより高い要求が出されるようになった．中国の食品企業は，このような新たな情勢のもとで競争力を保つため，より質が高く，より柔軟性に富んだ，そして選択肢がさらに多く，商品価値が高く，また価格が安い食品およびサービスを供給しなければならなくなってきた．また製品の研究開発の時間を常に短縮し，コストを削減し，納品サイクルを短縮する必要もでてきた．そのため中国食品産業における現代化物流サプライチェーンの構築が求められているのである．

食品産業の発展に適した物流センターを建設し，物流配送システムの社会化と産業化を実現する．物流配送はサプライチェーンにおいてグループと顧客の接点に位置し，企業運営の最たる大動脈である．そして内部で起こった業務上のいかなる問題も物流配送に影響を及ぼすため，グループにおけるサプライチェーン・システムの問題が集中している場所とも言える．物流配送の社会化と産業化とは流通代理制と配送制が結合し合ったものを指し，合理的構造を有する社会物流ネットワークを通じて分散していた物流活動を集中させ，産業として形成し，物流の規模効果と企業の在庫なし生産を実現するものである．

食品生産企業は物流サービスを第三者物流企業（独立した輸送専門業）に委託していくであろう．食品企業の規模が絶えず拡大しているため，企業は本来有する資源を基礎にすることでは，自社の総合化した物流サービスを満足させることは難しくなってきた．そのため専門的に総合的サービスが提供できる物流会社である第三者物流に業務を任せる必要が出てくるであろう．

中国の食品生産と流通企業で，最も差し迫っているものは総合的サービス

（運輸・配送・貯蔵保管・包装・流通加工および情報処理等を含む）である．このサービスにより食品生産企業の配送活動が減少でき，食品企業は企業の力と技術を結集させ自社の中核的業務を発展させ，また効率を最大化できるのである．これにより営業経費が削減できるばかりでなく，交通渋滞を軽減し，エネルギーを節約して，環境も保護できるのである．例えば，青島ビールは合弁の物流会社を設立したが，これも青島ビールが物流用の車両と運送の総合的能力を備えていなかったゆえであり，この問題点を第三者物流企業に譲り渡し，契約の方式で「後方業務」に対する保障を確保したのである．第三者物流企業は自社の行動を規範づけ，サービスのレベルアップを図るよう努力する必要があるであろう．

4.2.5　食品産業の技術レベル

　科学技術の進歩と刷新は総合的な国力を強める決定的な要素である．そのため経済発展と構造調整は体制刷新と科学技術の革新にもとづかなければならない．中国の食品産業は今後の発展過程の中で，ハイテクの研究を積極的に推進し，相対的な優位性があり要点となる重要分野で成果を上げ，自主的な刷新能力を向上し，産業化の実現に向け努力していくであろう．また，科学技術システムの改革を深化させ，市場経済の要求と科学技術の発展法則に見合った新たな体制作りを進め，産学研の結合を促進していくであろう．そして，企業の技術刷新システムを構築し，企業に対し研究開発機構を設立することを奨励，誘致していくことで，企業が技術進歩と革新の主体になることを推進していくであろう．その一方で，中小企業のための技術革新支援システムを構築し，中小企業の刷新能力を向上させていくであろう．さらには産学官の結合を強化し，業界の共同の基盤技術を持つ技術開発基地を建設し，応用開発型の科学研究院が企業に組み込まれたり，制度改編をして企業になることを奨励していくであろう．仲介サービスのシステム構築を強化し，社会化された科学技術仲介サービスのシステムを構築するであろう．また，国際的な科学技術提携と交流を拡大し，外国資本企業に対し中国で研究開発機構を設立することを奨励するであろう．そして，国家と社会全体における科学技術の投入を進め，企業による研究開発資金の増加を奨励するとともに，知的財産権の保護を強化するであろう．

5 北東アジアにおける食料産業クラスターの形成条件

5.1 はじめに

　FTA（自由貿易協定）やEPA（経済連携協定）による関税率の大幅低下が予想されるなかで，農業と食品産業の競争力を拡大しようとすれば，農業と食品産業が一体的に連携できるシステムを構築することが必要となってきている．

　かつてのように農業と食品産業のミスマッチは宿命的とも思われる論調もあったが，異なる経営資源を持つ異業種の経済主体が連携することによって，安易に輸入農産物にあけ渡すよりも，製品開発や販売チャネルの開発などで新たな価値の形成を構築しようとしている．このような展開は自給率の拡大につながるばかりでなく，国産フードシステムの構築となってくるため，サプライチェーン（供給連鎖）とバリューチェーン（価値連鎖）を形成しやすくなり，農業と食品産業の競争力を同時に拡大する可能性がある．

　東アジアでは日本からの技術移転や直接投資が進展し，中国の山東省では加工の程度が高まって「ごぼうから調理食品のキンピラごぼう」を日本へ輸出する段階になり，食料産業クラスターをめぐる競争となりつつある．自給率の大幅に低下した品目では，生産資材の開発，加工処理施設の革新，大規模生産者の育成，関連・支援組織の支援などが遅れがちになり，競争力が減退しやすくなる．自給率が大きく低下した落花生では，主力産地の千葉県で研究者が2名であるのに対して，中国の山東省では60人以上の研究者がいるとされ，生産段階の機械化の遅れは生産の零細性と収益性の低さに原因がある．

　食品製造業は輸入品との競争に直面し，規模が小さくても中国との合弁や独資での現地工場の設立が普通になり，原産地の表示問題を契機に棲み分けが進展してきた．国産原料で差別性の高い製品を持っていれば，安価な外国原料の製品も品揃えし，棲み分けして量販店の棚割をするようになった．また，価格競争の激しい量販店の販売チャネル以外に外食・中食のチャネル開発をして有利な価格条件を追求することになった．食品製造業にとっても，企画提案力を強めることによって小売段階までのサプライチェーンを形成することは，流通の効率化や川上の農業への付加価値形成に結びつきやすいであろう．つまり国産のフードシステムが農業ー食品企業ー流通企業との関係で連携が形成され，

取引の継続性や情報の共有化によって経済主体間で「知の連鎖」ができてくると，新製品開発や流通システムの革新など相手の経営資源を有効に利用し，戦略的な提携に発展するであろう．

5.2 食料産業クラスターの戦略と特質

ポーターのクラスターの定義は「特定分野に属する互いに関係を持つ企業や組織が，地理的に集中している状態」をいっており，ダイヤモンド・クラスターの構成は要素条件（投入資源），需要条件，企業戦略および競争環境，関連産業・支援産業の4つからのシステムが構成され，イノベーションを誘発させることによってクラスターの競争優位が強まることになる．産業クラスターをめぐる議論では，第1に，クラスターにおける距離は，経済主体間の近接性という理解をとり，情報の共有化や暗黙知を含めた知識が集積しやすくなり，地域の中でも協調と競争の関係を持続することになる．地域においては企業の機会主義的な行動がとられやすくなるが，競争は企業間の連携をはかりながら，多様な経営戦略をとることを促進するであろう．第2に，異なる戦略をとる企業は戦略グループを形成し，企業規模によって規模の経済性によるコスト節約，製品差別化，ニッチ市場の形成という戦略をとり，規模が小さくなるほど，製品差別化やニッチ市場の形成が選択されやすいであろう．中小企業では自社の経営資源では，製品開発や技術革新が進展しにくいなら企業間の連携や提携によって経営資源を確保しやすいであろう．この連携と提携は製品開発にとどまらず，資材の調達や製品販売，企画管理，物流システムなどの領域へと拡大される．

第3に，クラスター内における統合化と社会的分業の編成であり，経済主体の統合化によってマージンや収益性が異なってくる．産業クラスターは初めコア資源の利用を中心にし，社会的分業が促進されるが，時間が経過すると流通段階を異にする経済主体の統合化戦略は相互の乗り入れが進展してくると，クラスターにおける分業関係が変化することになる．

第4に，地域にクラスターが形成され，企業の販売努力や行政の政策的支援によってブランド化も進展してくると，地域内における新規参入者の参入コストが低下し，地域内で蓄積された標準的技術の獲得や販売チャネルの確保がで

きるようになる．また，新しい事業領域には新たな担い手の形成と技術革新を誘発することも産業クラスターの役割である．

　第5にクラスターが進化すると構成する主体間の関係が強まり，ダイヤモンドを構成する4つの条件が相互に関係して地域内でシステム的になる．このことが技術革新を誘発させ，また地域全体としての競争力の拡大をもたらしやすい．地域内ではコンフリクトも発生するが，それを解決しようとする調整能力も発生する．競争力のあるクラスターが形成され，消費者のブランド認知度が高くなると，地域外から食品企業の工場が立地する誘因条件が強くなり，集積が促進され，さらに原料・食材の需要が拡大される．それとは反対に，初発的な段階では主体間を繋ぐコーディネーターの役割が大きい．また，コーディネーターは，クラスターの進化とともに発生しやすくなるコンフリクトの調整者としての機能も担うようになる．

　食料産業クラスターの特質は，第1に，食料産業クラスターの担い手は地域の小規模企業や農業経営者である場合が多く，経済産業省の産業クラスターが最先端技術の開発・普及におかれやすいのに対して，製品の販売チャネルの開発や地域ブランド化まで重要な課題となってくる．したがって，クラスターに参加する経済主体も流通やサービス業などが加わることになる．そして，大消費地の消費者と実需者と連携し，マーケティングの情報も地域で共有することが必要になる．また，食料産業クラスターではサプライチェーンとバリューチェーンの形成によって効率性とパートナーシップを同時に追求し，地域レベルでは所得と雇用の拡大，資源利用などを評価することになる．

　第2に，食料産業クラスターの範囲は地域資源の配置や経済主体間の近接性が重要視され，情報の共有化から知識の集約化がはかられ暗黙知も形成されやすいので，ネットワーク内で学習効果が作用しやすくなる．とくに希少な地域資源，例えば水や原料などが大きな要素条件となってくると，クラスターは2-3市町村に限定されるかもしれない．農業経営者や小規模食品企業が集積することは集積やネットワークによる規模の経済性や外部性が発生することになるが，空間が狭くなれば参加する企業の数が制約され，研究機関は支援組織として限定された立地はあまり効果的ではない．かつてポーターの影響をうけて最も早くクラスターに取り組んだ北海道では，あまりに小さな範囲に分散した

ためにかえってシステムとしてのクラスターを形成しにくかった．また，集積による経済の外部性は，環境負荷の拡大や生産者にとって地代や地価の上昇になってマイナスの外部性となる場合もある．このマイナスの外部性では，集積した企業間の製品開発やリサイクルシステムの構築によって，地域内で技術革新が進展しやすくなるであろう．また，ブランド化や品質の向上は原料や食材価格の上昇を引き起こし，地域の食品企業の原料コストを上昇させて競争力を低下させる原因となることもある．このコンフリクトは食品企業サイドと農業サイドの調整の必要が発生し，適正な価格に収斂させることがクラスターとしてのシステム性を強めることになる．

第3に，クラスターと連動して位置づけられる地域ブランドの形成との関係である．地域の小規模食品企業は企業ブランドを持ってはいるが，地域ブランドを持つメリットは消費者の認知度を高め，かつ技術革新によって品質管理レベルを向上させる可能性があることである．しかし，企業ブランドが確立していれば，企業イメージと消費者のブランド認知によって新製品は販売しやすい．また地域ブランドがイメージと管理の両面において確立できていなければ販売上のメリットを受容しにくいであろう．基本的な品質管理が不十分な農産物ではイメージよりも品質管理の体系性が必要になり，ブランド要素の組み合わせによって階層化して管理することになる．しばしば，量販店等のPB（プライベートブランド）への対抗軸を形成することになる．

第4に，クラスターの核となる担い手は地域内で農業と食品産業がそれぞれ垂直的・水平的ネットワークを形成し，クラスターが成熟すればシステムとしての関係性が強くなってくる．しかし，初期段階ではある食品企業が生産者との連携を強めて関連企業が集積する行動がとられる．また生産者がアグリビジネス経営体として成長して加工や流通機能の統合化に入り，このようなアグリビジネス経営体が集積する地域が増加するであろう．

5.3　食料産業クラスターの成果

産業クラスター研究会による意義では，①外部経済効果の発生，②イノベーションの連鎖，③地域ブランド化による集積の加速化・高質化の3つであり，ポーターでは，①企業や産業の生産性の向上，②イノベーション能力の強化，

③クラスターを拡大する新規事業の形成があげられる．食品産業は最先端のバイオ産業から多くの伝統的産業を含んでおり，伝統的産業では新産業形成にまでつなげる画期的なイノベーションは少ない．農業試験場や工業試験場は公的性格もあって消費者や食品産業のニーズにあった製品開発という視点が乏しく，大手食品企業の研究機関と比べれば，これまで開発は遅れざるを得なかった．しかし，新潟や秋田の研究所などは地域の米の加工技術が集積され，ニーズにあった製品開発が食品企業と連携して進展しやすかった．

地域には中小規模食品企業が集積し，これまで原料・食材調達は国産，あるいは地域への依存度が高かったものの，外国への原料や中間財の依存度が高まった．輸入品と国産品との棲み分けができてくると，国産については高品質で圃場からのトレーサビリティが必要になり，さらに消費者への信頼性をあげるには，ブランド管理が必要になってくる．集積やネットワークによる外部経済は水平的な関係性から発生しやすかった．また，垂直的関係は異業種であることもあって連携が遅れてきたことは，クラスターとしての外部効果を引き出しにくかった．さらに，産業クラスターをめぐる研究は情報やバイオ産業をビジネスモデルとしたケーススタディが多くある．それに対して，食品産業ではケーススタディも少なく，クラスターの特質やビジネスモデルを検討した研究もほとんどない状態である．とくに食料産業クラスターの進化したシステムの高度化についてはほとんど存在しない状態であり，産業や地域固有の多くのビジネスモデルの形成が必要になる．

わが国の食品産業でも食品工業は原料・半製品の輸入割合が高く，大規模企業ほど低価格な輸入品で供給安定をはかる必要性が高かった．ただし，工場はできるだけ効率的に再編し，国産原料を高品質生産に繋げる必要性が高かった．

国内農業と食料産業クラスターとの関係を原料・食材の国産比率や市場の規模から見ると以下のようになって，食品企業の棲み分けや高品質生産のための食品企業の農業参入がなされる．国産比率の大幅な減少は，第1に国産の販売チャネルが限られ，高級品としての扱いがなされると市場規模のさらなる縮小になることである．国産の原料割合が減少するほど，市場価格は品質水準の高さとは充分な関係がなくても，希少性によって品目によっては輸入品と3-4以上の優位性があり，需給実勢によって市場価格は上昇しやすくなる．国産原料

割合が著しく低下すると，原料の高い価格水準や伝統的な生産システムによって販売チャネルは百貨店などあまり大量流通しない業態が中心となる．そして，ギフト販売に重点が置かれると，青少年層の購買量が減少することになる．この青少年層の消費離れと安価な輸入品を食べなれることは，その後の消費の減少を引き起こしやすくするであろう．生産コストの削減や規模拡大によって，市場価格をある程度低下させても販売チャネルの拡大で需要を拡大すべきであろう．

第2に市場規模が縮小してくると生産機械の開発が遅れ，生産者は小規模集約的な慣行技術に依存することになる．落花生は国産の割合が10％程度にまで大きく減少し，大規模生産者が形成されなかったのは，小規模生産者が多く収益部門として位置づけされておらず，資材産業が近代的な収穫機械が開発されなかったことも大きな理由である．資材産業の製品開発と普及は生産システムとの関係性が深いという特徴がある．

第3に輸入品との棲み分けは小売段階における棚割りや小売支援によって明確になる．輸入品しか持たない食品メーカーは高級品を取引先に提案しにくく，安売りされやすいため，国産比率を高め国産品と輸入品の割合の調整は幅広い価格帯を提示する戦略がとられている．クラスターとしてそれぞれの販売先からのニーズに対応して製品開発ができて，管理できるようになれば，全体としての競争力は向上するであろう．

食品企業サイドと農業サイドがそれぞれ統合化することでは地域内でシステム間の競争になる．相互に投資を抑え連携によって分業関係を維持しようとする行動は紀州南高梅で見られるが，この場合生産者が1次加工を統合して付加価値を付けている．地域内で生産－加工のバリューチェーンが形成されるが，生産者に1次加工による付加価値を配分することは生産者の所得の増大や地域資源の活用になる．このようにクラスターの中でどのようなバリューチェーンと分業関係をつくるかが重要な課題となってくるといえよう．

5.4 北東アジアにおける食料クラスターの形成条件

5.4.1 北東アジアにおける食品企業の行動

食品製造業にとってすでに国内工場を保有しており，製品輸入は国内工場の

遊休化や雇用の減少に結びつくことになるため，食品企業の戦略としては，①輸入品に全面的に依存して，工場を輸入国に移転する，②原料や半加工品は輸入品に依存するが，国内加工を原則にして加工技術を向上させる，③輸入品との棲み分けをはかりながら国産品のブランド化や高付加価値化を展開する，という3つのタイプがある．冷凍食品は概ね①であり，③がすでに述べた南高梅であり，このケースが多くの産業でとられている．冷凍食品は素材型産業としての性格があり，寡占的市場構造下での価格競争が進展しやすく，国産原料の製品化はニッチマーケットに近づいている．③では自給率が低下しているといっても国産原料から製品開発やマーケティングという経営努力が川下と農業との連携を強め，消費者への信頼されるブランド形成を可能とすることになり，産業クラスターを形成しやすいであろう．それに対して②では，自給率が大幅に落ち込み，他方で国産品の希少性による価格優位性が残されるものの，大手メーカーにとって量販店などへの販売チャネルを国産品で形成するには，取扱量の確保や輸入品と競争できる価格水準を条件とすると，製品開発がほとんどできないという問題をもっている．大型の量販店やCVSとの取引では取扱量と価格水準が大きな障壁となり，大量流通には乗りにくくなる．しかし，価格水準が高くても品質水準が高ければ，百貨店や通販での販売チャネルが形成されるが，全体としての取扱量はかなり減少することになるであろう．品質水準が外国産と比較して高位にあればシェアを維持し，ブランド管理を強めて消費者の信頼性を強くすることで，差別的優位性をつくるであろう．しかし，もう1つの問題は，国内産地が減少し，専業的な担い手農家が少なくなると，産地段階での安全性の向上や機械化による規模拡大などの技術革新が遅れることになる．この技術革新は産地段階にとどまらず，種苗，機械や施設などの資材産業や試験場などの技術開発の停滞を生みやすく，伝統的な慣行技術が継続することになる．例えば，効率的な収穫機械の開発は資材産業に依存しているが，開発しても市場規模が小さければ販売価格が高位になりやすく，また普及しにくいとすれば，資材産業は開発意欲が高まらないであろう．また，試験研究機関での研究者が少なければ，品種や栽培技術の開発や革新が進展しにくいであろう．それでも大規模な農業生産法人などの担い手が多数成長していれば，投資意欲も高く，その要望にあった製品開発を進展させるであろう．つまり，生

産者，資材産業，試験場などの研究機関にとって革新が作動しにくく，生産者にとっても魅力的な品目でなくなることが問題である．生産の担い手が弱体化し技術革新がなくなると，行政的に支援システムも弱くなる．

5.4.2 中国山東省における冷凍食品産業クラスターの新展開

冷凍食品産業では，味の素，加卜吉，ニチレイ，東洋水産などの国内の大手冷凍食品メーカーはほとんど工場を中国に拠点を持ち，原料から最終製品まで海外で加工して，日本国内で販売している．原料の高品質化や効率的な生産システムを確保するためまず栽培技術の移転から始まり，加工技術の移転，が進展し，日本向けの安価で高品質な製品が生産できるようになる．技術移転からさらに地域で関連企業が集積されるようになると，異なる業種間での連携がなされるようになる．フードシステム論からみると素材型から加工調理型に移行し，新製品の開発や調理食品などの食材や加工技術が地域内で融合化しやすくなる．調理食品として高付加価値化し，また，食品企業の多角化が進展することによって多様な資源が利用され，グループやネットワーク組織によって知識の集積が進展することになる．とくに山東省の青島—煙台にかけてのルートには，中国・日本・台湾・韓国などの企業が集積して新たな業種や製品が形成され，また企業間での差別化が進展することになった．

日本の冷凍食品産業を代表して，早くから山東省に「コールドタウン」を建設してきた加卜吉は，水産・野菜・鶏肉の部門への多角化とグループの連携を強化した．また，郷鎮企業から出発して龍頭企業へと成長した万福食品グループは，冷凍食品から多角化した．2つの企業は山東省に立地する条件を活用し，グループとして内部組織的な連携を強める戦略をとり，新しいビジネスモデルを構築してきた．山東省における産業クラスターの全体を解明するよりは，経営戦略からバリューチェーンの形成，事業の開発による革新，食品の安全性をめぐる垂直的関係性の調整という課題が重要になっている．

中国山東省は三面が海に囲まれて，煙台などを中心にして水産資源が豊富であり，養殖場の近辺に工場を建設し，水産物をその場で加工，冷凍してワンフローズンの方式をとって高品質の製品が安価に生産された．また，山東省は中国での野菜と果物の大産地が多く，日本向けの冷凍野菜の基地として産地化された．産地における生産システムは鎮や村政府を介在させることで契約生産に

入った．さらに日本向けとしては中国で大きな成長を遂げた鶏肉産業が，山東省にも大規模に立地するようになり，国内市場の成熟化に対応して畜産部門を拡大する戦略がとられた．山東省は青島と煙台という2つの港とそれを繋ぐ高速道路があって，この周辺の工場が立地しやすいという特徴があった．また畜産の飼料についても輸入のみ依存することなく，地域内や東北部からの調達が可能である．以上のことから山東省に立地する企業では，第1に，輸出と原料確保のための流通コスト，さらに契約生産を拡大できる産地が周辺に立地しているために，調達と監視コストの低減ができることである．契約生産者が増加するにつれて地元政府の役割が大きくなり，また企業サイドのフィールドサービスの人材が必要とされる．加ト吉グループの工場間の移動時間は車で3時間の範囲であり，契約生産者の立地配置は初期には工場から30 kmとなっていた．このような距離関係は，輸送コストの節約になるばかりでなく，ネットワーク間のコミュニケーションを促進させ，学習効果をもたらしやすくなる．

　第2に，関連企業の集積としては周辺企業からこれまで日本から調達していた調味料などが安価に調達できるようになったことが，素材型から付加価値のある食品の開発を促進することになったことである．第3に，資本出資の合弁や独資などの形態で，経営体の形成は多数の経営体を含んだグループが中国では形成されやすく，それぞれの経営体は一定の独自性があって競争が作動しやすいという特徴があることである．例えば，グループで同じ事業部門を持つ場合に，コストや品質の良い経営体の提案が本社に採用されやすく，販売額に格差ができるようになる．また，異なる部門を持つ経営体でも事業成果が悪ければ，外部企業とのアウトソーシングによる連携をはかることになる．

　第4に，中国企業では国際市場の成熟化によって野菜や鶏肉などの日本市場における価格の低下，非関税障壁による検査コストやトレーサビリティの必要性から国内市場向けへの多角化がとられるようになって卸売や小売機能の統合化を戦略とするようになった．

　万福食品では冷凍食品事業よりも畜産と調理食品事業が本格化し，日本市場だけではなく日本からの技術移転を活用して成熟化した中国市場への対応をとげた．そして地域のなかでの契約生産と直営生産の調整，卸・小売の統合化，圃場からの情報管理へと発展した．加ト吉は日本市場の多様性への対応として

多角化と加工製品の高度化を実現して，集積の経済効果を関係企業の競争と協調から革新を遂げてきた．2つの企業は地域内を基本としてシステムを革新してきたことが，山東省の他の企業にとってのビジネスモデルとなり，山東省における食料産業クラスターの革新につながったといえよう．

5.5 北東アジアにおける落花生クラスターの形成条件

　産業組織的には以下の特徴をあげることができる．第1に，わが国の需要構造では，国産は半分以上が殻付きであって輸入品はバターピーナッツと製菓用原料としての利用であり，殻付きの割合は低位にある．つまり国産は小粒で生食用であり，中国やEUのように搾油やピーナッツバターとしての利用がほとんどみられない．第2に，落花生メーカーは山形県のでん六のシェアが15％程度と最も高く，続いて岐阜・大阪などのメーカーになり，産地に工場が立地していないという構図になっている．第3に，輸入品は制度の変化によって商社をコーディネーターとしてメーカーと中国の産地のパッカーとの連携が進展し，技術の移転による品質管理の向上がはかられ，山東省の煙台地域に処理加工場が集積してきたことである．

　企業の経営戦略を原料調達からチャネルをみると，(イ)加工場を中国にシフトさせ，最終製品に近いところまで中国で移転させるタイプ，(ロ)原料は中国の加工場から調達し，国内加工を原則とするタイプ，(ハ)輸入と国産を棲み分けして国内産地との連携を強めるタイプ，(ニ)国産・地域からの調達を原則とし，付加価値を追求して消費者への直接販売に主力をおくタイプに分類され，企業規模からみると(イ)から(ニ)になるほど小さくなる傾向がある．技術的には生産と加工での技術移転がさらに進展すると，中国の品質管理の水準が高まることが予想される．効率性からいえば(イ)のタイプが優れ，(ニ)に移行するにつれて全体としての購入価格が上昇することになり，価格プレミアムや付加価値を追求することが必要になる．輸入品は国産の小粒落花生が輸入品の3-4倍という価格有利性には太刀打ちできない．品質的な格差以上の違いをもたらすのは消費者の国産に対するブランド意識であるといえよう．このことから加工原料用では国産が利用されにくく，輸入品を原料にした2次加工品は，生食用の国産品よりかなり安価である．国内産でも価格の序列は八街産＞千葉県産＞茨城産であり，

この格差は品質以上に消費者のブランドイメージによって形成されていることである．しかし，落花生業界は漬物業界と比較して表示制度の導入が遅れ，茨城県に立地するメーカーは県別の表示に反対する態度をとっていることも，遅れる理由である．

落花生では大手企業から中国山東省に拠点を移し品質管理の水準を引き上げ，国内加工では効率的な工場管理や加工技術の向上をはかってきた．山東省の収量は日本よりも向上しているとされ，また安全性の水準についても中国が高くなっていることから，千葉県から競争力が減退していることが予想される．千葉県の産地に加工業者の大規模化が進展しないで，両者の連携が進展しにくかったのは，輸入品も入れた加工業者が成長できなかったこと，また集荷業者が生産者を兼務し，生産量が減少する中でサプライチェーンを組めなかったことである．しかし，八街を中心にして生産地が集中し，生産者のブランドイメージができていたことから，国産の品質水準の高さとはあまり関係なく，価格水準が高位設定されている．かえってブランドイメージの低い茨城では，競争力の拡大ははかられ，池辺食品を核にした産業クラスターの形成がみられるようになった．つまり，輸入品と国産の棲み分けをはかり，国産についてはバリューチェーンを形成することによって地域が活性化することになる．国産落花生がクラスターを形成するには，品質の向上に競争原理が作動して，ブランド管理しやすくなることが必要であり，下級品については別の加工品としての販売に分けるべきである．また，安定供給や工場の操業度を安定化するには，契約生産や直営農場の役割が大きいであろう．

5.6 むすび

食料産業クラスターの戦略は，地域における集積から異業種のネットワークと知識の創造によって技術革新を誘発させることであり，サプライチェーンとバリューチェーンを農業と食品産業が同時に追求することで，全体としての競争力を拡大することである．北東アジアとして，消費者の信頼性やブランド認知まで含めて食品産業と農業との連携が国産フードシステムを再構築できるか，重要な課題である．

注

1) 農林水産省総合食料局『我が国の食料自給率』，2007年3月による．ちなみにOECD加盟国で日本より低い穀物自給率の国は，加工型畜産のオランダ（24%），耕地のないアイスランド（0%）の2ヵ国だけである．
2) 2節における穀物需要の予測では，森田興「東アジア地域における食料自給の展望」三重大学生物資源学部卒業論文，2007年3月を参考にしている．
3) レスター・R.ブラウン（今村奈良臣訳）『だれが中国を養うのか？―迫りくる食糧危機の時代』ダイヤモンド社，1995年を参照のこと．
4) USDA, Baseline Projections to 2015, OCE-2006-1（2006）による．
5) 朱希剛「中国の食糧需給バランス」日中農業経済学会学術交流協定締結記念日中共同シンポジウム報告要旨『転換期に立つ中国農業を考える―食料問題・農業構造問題・貿易問題からの接近―』2005年を参照のこと．以下の2つのパラグラフはこれにもとづいて記述している．
6) World Bank, World Development Indicators 2005 による．
7) 以下で使用される生産・消費データはすべてFAO, Food Balance Sheet にもとづいている．
8) 池上彰英「中国の食料需給をめぐる諸論点」日中農業経済学会学術交流協定締結記念日中共同シンポジウム報告要旨『転換期に立つ中国農業を考える―食料問題・農業構造問題・貿易問題からの接近―』2005年の指摘を参考にしている．
9) 薛進軍「中国の所得格差は何処まで拡大していくのか―家計調査による新検証―」『中国経済学会3回全国大会研究報告要旨集』（桃山学院大学開催）2004年による．
10) 薛進軍「中国における失業，貧困および所得格差」『大分大学経済論集』第56巻第1号，2004年による．
11) 注9と同じ．
12) 生源寺（2002）による．
13) ただしその後は2%台後半で推移している．
14) 空間経済学とクラスター理論との関係については藤田（2003），クラスター理論の経営学的検討については金井（2003）を参照．
15) 空間経済学の基礎と理論化については，クルーグマン（1997），藤田・クルーグマン・ベナブルズ（2000）を参照．最近の成果をまとめたものとして Fujita and Thisse（2002）がある．
16) 東京都，神奈川県，愛知県，大阪府，兵庫県を「日本コア」としている．
17) 日本におけるクラスター研究として，石倉ほか（2003），山崎（2002）などがある．
18) 石毛（1998）は，東アジアの食文化（調理文化，食事文化を含む）に関する研究の中で，箸の文化をはじめとする食文化の共通性と独自性について論じている．しかし，必ずしも1980年代以降の食品産業の国際化の動きに対応したものではない．
19) 工業増加値は，「総生産額－中間投入＋増税額」で算出される．

参考文献

1節

王志剛（2004）「中国の農業構造とフードシステム」，『九州・東アジアフードシステム研究会・第1回セミナー資料』，pp.17-27.

甲斐諭（2004）「フードシステムの改革による食農連携の創造～コスト競争から安全性・信頼性確保競争への転換」『農業経済論集』，pp.1-12.

参考文献

阮蔚（2001）「中国の野菜農政と野菜輸出」『農林金融』第54巻第6号, pp. 27-43.

阮蔚（2002）「中国の対米輸入拡大で強まる対日輸出拡大の圧力」『農林金融』第55巻第12号, pp. 46-67.

農林水産省（2002）『食料需給表』.

3節

藤田昌久（2003）「視点から見た産業クラスター政策の意義と課題」石倉洋子ほか『日本の産業クラスター戦略』有斐閣.

藤田昌久・久武昌人（1999）「日本と東アジアにおける地域経済システムの変容：新しい空間経済学の視点からの分析」『通産研究レビュー』13.

藤田昌久・クルーグマン，ポール・ベナブルズ，アンソニー（2000）『空間経済学―都市・地域・国際貿易の新しい分析』東洋経済新報社.

Fujita, Masahisa and Thisse, Jacques-Francois (2002) *Economics of Agglomeration : Cities, Industrial Location, and Regional Growth*, Cambridge University Press.

石毛直道（1998）「東アジアの食の文化」『講座食の文化1 人類の食文化』農山漁村文化協会.

石倉洋子ほか（2003）『日本の産業クラスター戦略』有斐閣.

金井一頼（2003）「クラスター理論の検討と再構成」石倉洋子ほか『日本の産業クラスター戦略』有斐閣.

木南章・木南莉莉（2002a）「1980年代以降の東アジアにおける加工食品貿易―国際産業連関表に基づく分析」『2002年度日本農業経済学会論文集』.

木南章・木南莉莉（2002b）「食品産業の国際分業とフードシステム」高橋正郎・斎藤修編『フードシステム学の理論と体系』農林統計協会.

木南莉莉・木南章（2003）「WTO加盟下の中国のフードシステム」『地域学研究』33.1.

Kiminami, Lily Y. and Kiminami, Akira (2000) "International Specialization of Food Industry in East Asia", *The Japanese Journal of Rural Economics*, 2.

Kiminami, Lily Y. and Kiminami, Akira (2001) "Intra-Asia Trade and Regional Competition : A Case Study of the Japanese Food Industry", Friedrich, Peter and Jutila, Sakari eds. *Policies of Regional Competition*, Nomos.

クルーグマン，ポール（1997）『自己組織化の経済学』東洋経済新報社.

ポーター，マイケル（1999）「クラスターと競争」『競争戦略論Ⅱ』ダイヤモンド社.

生源寺眞一（2002）「フードシステム・アプローチとは何か」『生活協同組合研究』312.

山﨑朗編（2002）『クラスター戦略』有斐閣.

5節

斎藤修（2004）「食品産業の経営戦略と農業との連携」,『フードシステム研究』, 11巻2号.

斎藤修（2006）「農業と食品産業の提携から食料産業クラスターへ」,『農業と経済』.

斎藤修（2007）「食料産業クラスターの形成条件と課題」,『農業及び園芸』, 82巻.

第3章　農産物貿易の拡大と国内流通の再編課題
——食の連携に対応した国内流通対策——

1　青果物貿易の拡大と国内流通構造の再編方向

1.1　本節の課題

　日本において「国際化」,「グローバル化」という言葉が頻繁に使われるようになってから,かれこれ20年ほどが経過した．この間に,国の枠を超えた人的交流が盛んになり,情報の交換が活発化したのはもとより,貿易も著しく拡大した．しかも,貿易を農産物貿易,とくに青果物貿易に限れば,日本では輸入が過去に例をみないほど大幅に増加した．それゆえ,20年ほど前,野菜で95％,果実で80％を維持していた自給率も,最近は野菜で82-83％,果実で44-45％にまで低下した．そこで本節の課題の1つは,輸入の増大として現象した青果物貿易の拡大状況を,その特徴点の解明を通して的確に把握することである．そしてもう1つは,輸入の増大によって国内の流通構造がどのように変化しつつあるかを明示することである．

1.2　貿易の拡大としての青果物輸入量の増大
1.2.1　1980年代中期以降における輸入量の増大

　まず初めに,野菜と果実のそれぞれの年間総輸入量（生鮮品全体の数量＋加工品全体の生鮮換算数量）の動向から,青果物貿易の拡大に関する特徴点を把握するために,3ヵ年移動平均法を用いて農林水産省「食料需給表」から図1.1の〈野菜〉と〈果実〉を作成した．なお,「食料需給表」では「いも類」と「きのこ類」を「野菜」とは別個のものとして取り扱っているが,本節での「野菜」は「いも類」と「きのこ類」も含むものとした．

　図1.1〈野菜〉によれば,2001年と2002年の野菜輸入量（いずれも3ヵ年移動平均値）は2001年末から始まった中国産野菜の残留農薬問題等のために2000年よりも減少したものの（この減少は一時的な現象とみられる）,それま

での年間輸入量は毎年明瞭な増加傾向が認められ，とくに1986年以後の増加幅の拡大は顕著であった．すなわち，1976年から1986年までの輸入量の増加分を計算すると約90万t，それゆえ平均すると毎年9万tずつ増加したにすぎなかったが，1986年から2000年までの増加量は270万t，平均で毎年19万t，2倍以上の増加であった．こうした輸入量の増加につれて，それが野菜の国内総供給量（「食料需給表」の「国内消費仕向量」と同一の概念である）に占めるシェアは，当然上昇した．1975年が2％（3ヵ年移動平均値），1985年が5％，この間はわずか3ポイントの上昇であったが，1995年には14％と大幅に上昇し，2000年以降は18％に達した．なお，図1.1〈野菜〉でもみることができるように，野菜の総供給量は，輸入量の増加にもかかわらず，1987年をピークに増加傾向から減少傾向に転じ，同年から2002年にかけて1割ほど減少した．

一方，図1.1〈果実〉によれば，果実の年間輸入量は1984年を境に，それまでの微増傾向から，顕著な増加傾向に変わった．例えば1972年から84年までの輸入量の動きを見ると，149万tから176万tへ，12年間で27万tの増加，平均で毎年わずか2万tの増加であったのに対し，1984年から2001年にかけては176万tから495万tへ，17年間で319万tの増加，それゆえ年々の平均増加量は19万t，ほぼ10倍に増大した．当然，果実の国内総供給量に

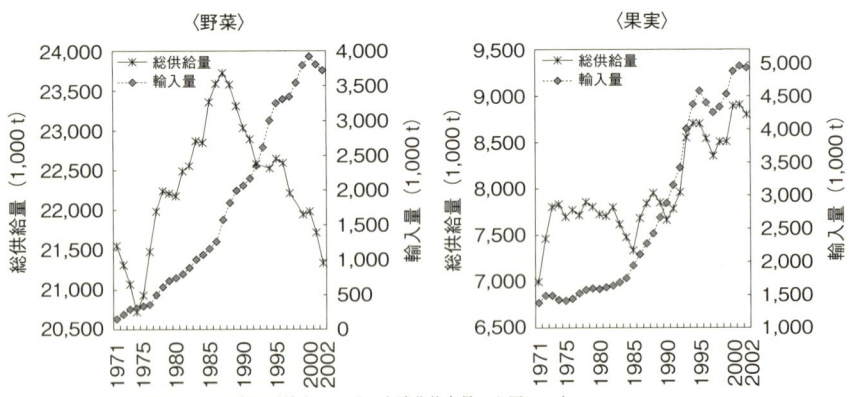

注：1）「国内総供給量」は「食料需給表」の「国内消費仕向量」と同一である．
　　2）ここでの"野菜"は「食料需給表」の「野菜」と「いも類」と「きのこ類」の合計である．
出所：農林水産省総合食料局「食料需給表」各年版．

図1.1　野菜・果実別輸入量と国内総供給量の推移（3ヵ年移動平均値）

占める輸入物のシェアは急上昇した．1984年の24％から2001年の56％（2002年も56％）へ，32ポイントも伸びた．総供給量そのものも図1.1にみるように，1992年までの「750-800万t」水準から，93年以後は「850-900万t」水準に増加した．しかも，その93年以降，総供給量と輸入量との間に相似した動きが認められ，輸入が国内総供給量の増減に大きく影響するようになったと言える．

このように輸入量の動向をみると，そこから明らかとなる特徴点は，野菜，果実とも1980年代中期から輸入量の大幅な増加が始まったことである．ただし，国内総供給量に占める輸入物のシェアの点では果実の方が高く，それゆえ輸入量が総供給量の増減に及ぼす影響度も果実において高い．ちなみに，1980年代中期から輸入が増大した最大の要因は，改めて指摘するまでもなく円高による輸入価格の低下である[1]．

1.2.2 加工品を中心とした輸入量の増大

こうした青果物輸入の増加というと，マスコミが生鮮品輸入を取り上げる傾向が強いことなどから，生鮮品の輸入増加と同一視されることが多い．しかし，輸入青果物は生鮮品だけではないし，また生鮮品が大半を占めているわけでもない．そこで次に，生鮮品と加工品の輸入量の違いから特徴点を見出すために，図1.2の〈輸入野菜〉と〈輸入果実〉において輸入青果物を生鮮品と加工品と

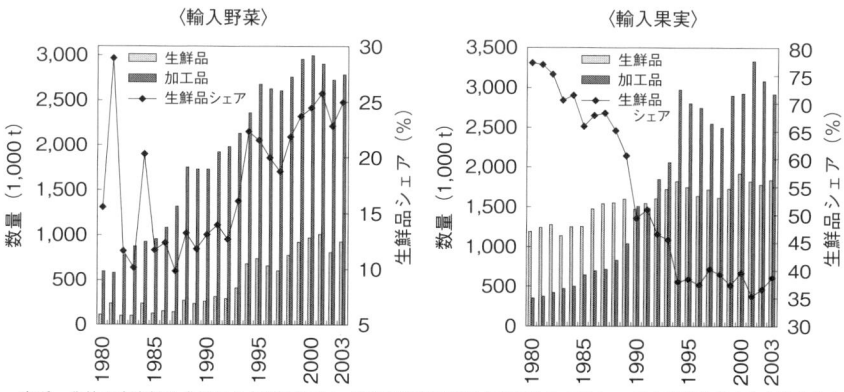

出所：農林水産省総合食料局「食料需給表」，農畜産業振興機構「野菜輸入の動向」，日本青果物輸入安全推進協会「輸入青果物統計資料」．

図1.2 輸入野菜と輸入果実の生鮮品・加工品別数量と生鮮品シェアの推移

に分け，両者の数量（加工品は生鮮換算数量）の推移と，生鮮品のシェアの推移とを示した．

まず図1.2〈輸入野菜〉から読み取れるように，野菜の場合，常に生鮮品に比べ加工品が格段に多い．これまでで輸入量が最大であった2000年を例にみると，生鮮品97万tに対し，加工品は300万t，それゆえ生鮮品のシェアは24％程度であった．また，1984年と2003年の比較で輸入量の変化をみると，生鮮品は24万tから93万tへ，69万t増加したのに対し，加工品は93万tから279万tへ，186万tもの増加であった．輸入加工野菜の内訳をみると，最も多いのは冷凍野菜で，最近では加工品輸入量の4割前後を占めている．これに次ぐのは乾燥野菜（加工品輸入量の15％程度）またはトマト加工品（同13-14％）である．かつて輸入加工品の中心であった塩蔵野菜は，今では加工品輸入量の1割強を占めるにすぎない．

また，図1.2〈輸入果実〉から明らかなように，果実の場合，1980年代後半から90年代中頃にかけて加工品輸入量が著しく伸び，生鮮品と加工品の位置が逆転した．その結果，生鮮品のシェアは1980年代前半までの70％台から1990年代後半以降は30％台にまで低下した．先の野菜の場合と同様に1984年と2003年とで輸入量の変化を比較すると，生鮮品は125万tから184万tへ，59万tの増加にとどまったのに対し，加工品は50万tから292万tへ，何と242万tの増大であった．輸入加工果実には缶詰や乾燥果実等があるが，輸入量の中で最も多いのは果汁である．最近では毎年，果汁が輸入加工品全体の7割前後を占めている[2]．

このように生鮮品と加工品に分けて輸入量の動きをみると，そこで明白となった特徴点は，野菜，果実とも1980年代中期以降の輸入量増加期において加工品の輸入量の増加がとくに大幅であったことである．

1.2.3　主要品目を中心とした輸入量の増大

これまでは野菜と果実それぞれの総輸入量，および生鮮品と加工品の輸入量の動向についてみてきたが，ここではさらに品目ごとの輸入量の推移を把握することによって，青果物貿易の拡大に関する特徴点を探ることにしたい．

まず野菜の輸入品目数をみると生鮮品だけで40品目以上，加工品も加えると優に100品目を超える．ただし，最近では輸入量が相対的に多い品目と少な

い品目は毎年ほぼ定まった状態にある．そこで，輸入量がとりわけ多い品目すなわち主要品目をみてみると，生鮮品の場合はたまねぎ，かぼちゃ，ブロッコリー，ごぼう，さらにはにんじん（カブを含む），しょうが，ねぎである．これらの品目のうちたまねぎ，かぼちゃ，ブロッコリー，しょうがはすでに1990年代前半以前から主要品目と言うべき状態にあったが，にんじん，ごぼう，ねぎの3品目は同年代後半になってから急増した品目である．これらの7品目の2003年における輸入量をみると，たまねぎ24万3,000 t，かぼちゃ14万 t，ブロッコリー6万6,000 t，ごぼう6万3,000 t，にんじん5万5,000 t，しょうが4万6,000 t，ねぎ4万5,000 tで，その合計は65万8,000 tであるが，生鮮野菜輸入量全体（92万7,000 t）に占めるその構成比は71％にものぼる．

　加工品の場合は少なくとも60品目以上と，生鮮品よりも品目数が多いため，輸入量が比較的多い品目だけを選んでもかなりの数に達する．しかし，年間輸入量が2003年に製品数量で3万 tを超えるような「主要品目」となると，ごく少数の品目にすぎない．しかも，それらの品目は今ではもちろんのこと，以前においても最も主要な品目であった．それは冷凍ばれいしょ，冷凍えだまめ，冷凍さといも，冷凍スイートコーン，塩蔵きゅうり，塩蔵しょうが，トマトピューレ，水煮たけのこである（冷凍ほうれんそうの輸入量は2001年に5万 tを超えていたが，2002年に残留農薬問題が発生したため，ここ3年間ほどは1万 tにも達していない）．これら8主要品目の2003年の合計輸入量は製品数量で72万7,000 t，加工野菜輸入量全体（158万6,000 t）の46％を占めた．

　果実も50品目以上にのぼるが，それぞれの品目別輸入量の動きをみると，生鮮品の中では毎年バナナが断然多く，これに次ぐ主要品目がグレープフルーツ，パイナップル，オレンジである．2003年の輸入量は，バナナが98万7,000 t，グレープフルーツ27万4,000 t，パイナップル12万3,000 t，オレンジ11万7,000 tで，これらの合計は150万1,000 t，それゆえ主要4品目だけで同年の生鮮果実総輸入量183万9,000 tの82％を占めた．

　加工品では果汁形態の品目の中に輸入量をのばしたものが多い．その主な品目はオレンジ・ジュース，りんご・ジュース，グレープフルーツ・ジュースである．これら3品目の合計輸入量は2003年に製品数量で20万7,000 t，果汁

輸入量27万6,000tの75％にものぼった．果汁に次ぐのは缶詰果実と乾燥果実であるが，両者とも多くの品目においてここ10年間ほど輸入量は横這い傾向のままであり，品目間の数量格差はあまり大きく変化していない．主要品目は缶詰果実の場合，もも缶詰とパイナップル缶詰で，2003年を例に取ると，両品目の合計輸入量は10万1,000t，缶詰果実輸入量19万tの53％，また乾燥果実の場合は乾燥ぶどうと乾燥プルーンが主要品目で，両品目の合計輸入量は4万7,000t，乾燥果実輸入量5万5,000tの85％にのぼった．

以上のように，品目別の輸入量の推移を概観すると，意外に品目数が多く，またその数は輸入量の増加に伴って増えてきたものの，最近にあっても野菜，果実とも輸入量は特定の主要品目に著しく片寄っているのが特徴である．なお，野菜の場合，果実とは異なって，輸入主要品目のうちたまねぎ，かぼちゃ，ごぼう，にんじん，ねぎ，ばれいしょ，さといも等のように，国産の主要品目と一致するものが多い．すなわち，輸入物と国産物とが激しく競合する品目が多い．それゆえ，輸入物のシェアが2割に満たないからといって，野菜輸入が国内野菜産地に及ぼす影響は果実輸入よりも低いとは決して言えないのである．

1.3 多様な輸入先相手国の中での特定国への集中
1.3.1 野菜の輸入先相手国として台頭した中国

青果物の輸入先相手国をみると，輸入品目数と同様，その数は驚くほど多い．野菜だけでも70ヵ国から80ヵ国にのぼる．しかし，当然のことではあるが，それぞれの国から同量ずつ輸入しているわけではない．野菜の場合は従来から少数の国に集中する傾向が強く，最近はそうした傾向がさらに強まり，特定の一国への集中度が年々高まる傾向さえみられる．生鮮野菜と冷凍野菜を例に見ると，これらはかつてアメリカからの輸入が中心であった．既述のように，生鮮野菜の主要輸入品目のうち従来からの主要品目はたまねぎ，かぼちゃ，ブロッコリー等であるが，このうちたまねぎは2001年までアメリカが最大の輸入先相手国であったし（2002年以降は中国が最大の輸入先相手国である），ブロッコリーは現在でもアメリカが最大の輸入先相手国である．この両品目を中心にアメリカから生鮮野菜の多くを輸入していたのであった．また冷凍野菜の主要品目であるばれいしょ，えだまめ，さといも，スイートコーンのうち，ばれ

いしょとスイートコーンは現在でもアメリカが最大の輸入先相手国であるが，かつては両品目のほとんどをアメリカだけから輸入していたため，輸入冷凍野菜に占めるアメリカ産のシェアが50％前後にも達していた．

ところが，1990年代に入って輸入品目が多様化し，主要品目も増えるにつれて，中国からの野菜輸入が塩蔵物だけでなく，生鮮野菜や冷凍野菜でも急増し始めた．例えば1990年と2003年とで比較するならば，中国からの生鮮野菜輸入量はしょうが，ごぼう，ねぎ，たまねぎ等を主要品目に，1万4,000 tから46万7,000 tへ，30倍以上に増大し（同じ期間にアメリカからの輸入量は6万8,000 tから15万6,000 tへ，2倍強にとどまった），冷凍野菜はさといも，えだまめ等を中心に，4万tから29万3,000 tへ，7倍以上に増大した（同様にアメリカからの輸入量は17万9,000 tから25万1,000 tへ，4割増にとどまった）．この結果，野菜全体の輸入量でみても，中国産の伸びが著しく，そのシェアは2001年以降，50％を超えた．残留農薬問題の発生後は関連品目を中心に一時的な輸入量の減少はあったものの，シェアの上昇傾向は何ら変わらなかった（冷凍野菜だけでみると2002年，2003年と，中国産のシェアは低下した）．すなわち，これまでの野菜輸入の増大を輸入相手先国の変化との関連で分析すると，多数の輸入先相手国が存在する状況の中で「中国への輸入先の集中化」という特徴が浮かび上がるのである．

1.3.2 品目ごとに異なる果実の主要輸入先相手国

果実の輸入先相手国も現在では，南米，アフリカ，ヨーロッパ，中近東等の世界各地に広がっているものの，相手国別輸入量をみると特定の国への集中度が高い．ただし，野菜と違って，果実全体で特定国に集中するというのではなく，品目ごとの生産地域の違いに応じて特定国に集中する傾向が強い．そのことを輸入量が急増した1980年代中期以降における主要品目で概観すると，以下のとおりである．

生鮮果実の主要輸入品目であるバナナとパイナップルの場合，その最大の輸入先相手国はフィリピンであるが，バナナの年間輸入量のうちフィリピン産が毎年70-85％を占めている．またパイナップルの場合は，その比率はさらに高く，95-99％にも達している．グレープフルーツとオレンジの場合はアメリカが中心である．1980年代後半あるいは1990年代初めまでは，両品目ともアメ

リカ産のシェアは95-99％であった．ただし，最近は南アフリカ産が伸び，グレープフルーツで20％を超え，オレンジで10％を超えた（アメリカ産は両品目とも70％台に低下した）．したがって，この両品目の場合，今後はアメリカ1国ではなく，アメリカと南アフリカの2国への集中化が進む可能性が高い．

　果汁の場合，オレンジ・ジュースについてはブラジルからの輸入が大半を占める．1980年代末から90年代初めにかけて同国産シェアは50％前後に落ち込み，アメリカ産が伸びたこともあったが，その後，再びブラジル産のシェアが上昇し，最近では75％前後に達している．グレープフルーツ・ジュースは従来からアメリカ産が多くを占め，その輸入量も増加傾向にある．しかし，1990年代末からイスラエル産が急増し始めた．このため，ごく最近ではアメリカ産のシェアが55-60％に落ち（1980年代末には90％を超えていた），イスラエル産が25-26％に上昇した．先の生鮮グレープフルーツと同様，今後はジュースも特定の2国（ただし，こちらの場合はアメリカとイスラエル）への集中化が進むものとみられる．りんご・ジュースの場合は，主要輸入先相手国の変遷が著しい．輸入量が少なかった1980年代や90年代前半までは西ドイツやアメリカが主要相手国であったが，輸入量の急増とともにオーストリアに移り，さらに1990年代末以降は中国に移った．現在，中国産のシェアはほぼ50％であるが，これは今後さらに伸びると予測されている．

　缶詰の場合，モモ缶詰の主要輸入先相手国は1990年代前半に南アフリカからギリシャに替わり，さらに中国に移った．現在では中国産のシェアが50-60％に上昇したのに対し，南アフリカ産は30％以下，ギリシャ産は10％に低下した．また，パイナップル缶詰は1980年代末に主要輸入先相手国がフィリピンからタイに替わったが，その後はタイ産シェアが40-60％，フィリピン産シェアが20％前後で推移している．

　最後に乾燥果実については，ぶどう，プルーンとも，常にアメリカが主要輸入先相手国である．1990年代から今日までのアメリカ産シェアは乾燥ぶどうで90％前後，乾燥プルーンでは97-100％である．

　このように，果実の場合，熱帯地域や温帯地域で生産品目が異なることもあって，輸入量全体として輸入先が1国または2国に集中することはないものの，品目ごとにみるとそれぞれの輸入先が特定の1国または2国に集中するという

特徴が認められる.ただし,今後の動向を予測する上で最も注目すべきは,りんご・ジュースのように中国が主要輸入先相手国となる品目が増えつつあることである.

1.4 国内青果物流通構造の再編方向

1.4.1 流通量に占める加工品の増大

以上のような特徴を有する輸入の増大となって現れた青果物貿易の拡大の結果,国内の青果物流通構造もその影響を受けて大きく変わった.その主な変化の1つは,青果物の国内流通において加工品数量が著しく増加し,かつ加工品シェアが上昇したことである.そのことを確認するために作成したのが図1.3の〈野菜〉と〈果実〉である.ちなみに,青果物の国内流通量に占める加工品シェアの計測は,これまで誰も試みたことがない.

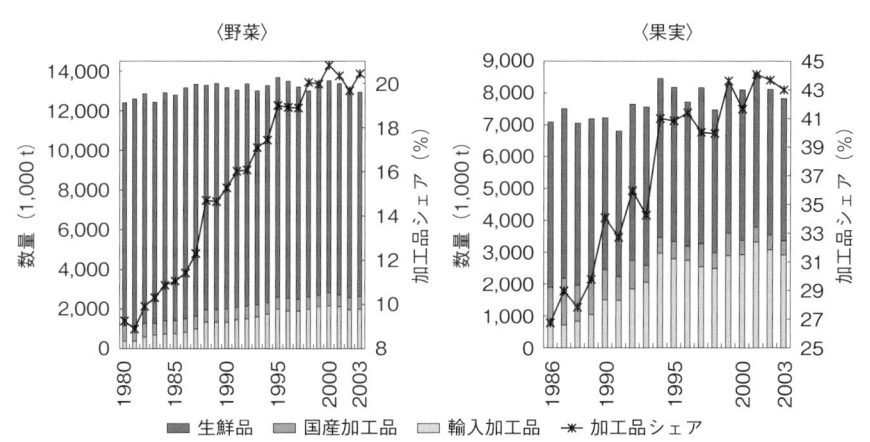

注:1) 国産野菜の流通量と加工品数量は「野菜生産出荷統計」の28品目で算出した数量であり,国産果実の流通量と加工品数量は「果樹生産出荷統計」の18品目で算出した数量である.
2) 1980年から1988年までの国産加工品数量は「主産県」物の加工向け出荷比率に基づいて算出し,1989年以降は「指定産地」物の加工向け出荷比率に基づいて算出した.ただし,1988年までの数量は1989年の「主産県」物と「指定産地」物の両「加工向け出荷比率」の比較に基づいて修正した.
3) 国産果実の加工品数量は7品目(みかん,りんご,ぶどう,日本なし,おうとう,もも,くり)の加工向け出荷比率から推計した.
4) 加工品シェアは国内流通量に占める加工品数量(国産加工品と輸入加工品の合計)の割合である.
5) 野菜ではばれいしょとかんしょを除いた.
出所:農林水産省「野菜生産出荷統計」,同「果樹生産出荷統計」,同「食料需給表」,農畜産業振興機構「野菜輸入の動向」,日本青果物輸入安全推進協会「青果物統計資料」.

図1.3 野菜と果実の生鮮品・加工品(輸入加工品,国産加工品)別流通量と加工品シェアの推移

同図の〈野菜〉は国内流通量全体を生鮮品と加工品に，さらに加工品を輸入品と国産品（国産原料を使用した加工品）に分けて示したものであるが，ここでの国産加工品数量は出荷段階での加工向け数量（生鮮数量）に限った[3]．また，ばれいしょとかんしょを除いた．したがって，国産加工品数量（生鮮換算数量）は実際の数量より少なく，輸入加工品数量も上述した数量（最近は300万t弱）よりも少ない．それゆえ，これによって加工品全体の実数量を正確に把握することはできないものの，その数量の動きやシェアの変化を把握することは十分に可能である．

同図〈野菜〉から明らかなように，かつて野菜の加工品は国産品が中心であったものの，1980年代中ごろから輸入品が国産品を上回るようになると，国産品は横這い・微減傾向に転じ，輸入品の増加がそのまま加工品の増加となって現れるようになった．しかも，野菜の総流通量（ばれいしょ，かんしょを除く）が1980年代後半以降，毎年ほぼ1,300万t台前半で推移し，横這い傾向が強まったため，輸入の増加につれて加工品のシェアが以前よりも大幅に上昇した．同シェアはここ3-4年は伸び悩み傾向にあるものの，1998年以後は2002年を除いて20%を超えているほどである．

また，同図〈果実〉は〈野菜〉の場合と同様，果実の国内流通量を生鮮品と輸入加工品，国産加工品（出荷段階での加工向け数量から算出）とに区分して示し，さらに加工品全体のシェアも示した．ただし，国産品の場合，1985年以前における加工向け出荷に関するデータが存在しないため，ここで図示する範囲は1986年以降に限った．

これによれば，果実の加工品は1980年代末まで国産品が主であり，加工品全体の数量は同年代後半にあっては200万t前後で推移していたといえる．ところが，同年代後半から1990年代中ごろにかけて国産加工品は減少したものの，同時期に輸入加工品が急増したことによって加工品全体の数量が増大した．1980年代後半の200万t前後から，1990年代末以降には350万t前後ないしそれ以上に達した．しかも，生鮮品数量は微減傾向で推移し，1990年以降は500万tを超えた年がなく，それどころか450万tを割り込む年さえ現れるようになった．かくして加工品シェアは1990年代に入ってから急速に上昇し，最近では45%に近づきつつあるほどである．

1.4.2　市場流通の後退と市場外流通の伸長

　青果物流通構造の主な変化のもう1つは，前述のように輸入品を中心に加工品が増加した結果，市場外流通（卸売市場を通らない青果物の流通）が過去に例をみないほど伸長し，それに圧される形で，生鮮品の取引に特化していた市場流通（卸売市場を通る青果物流通）が後退したことである．

　まず図1.4から，野菜と果実の両方において，加工品輸入量と市場外流通量の正の相関が非常に強いことが明白であるが，このことはもちろん，加工品輸入量の増加が市場外流通量の増加に結果したことを示唆するものにほかならない．事実，図1.5にみるように，加工品輸入量が急増した1980年代後半以降，市場外流通量はそれまでの横ばい傾向あるいは微増傾向から一転して，野菜，果実とも急速に増加した．野菜は1985年の162万t（3ヵ年移動平均値）から2000年の301万t（2001年は299万t）へ，15年間に140万tも増加し，果実は1985年から2001年までの間に，122万tから420万tへ，なんと200万tも増大した．こうした市場外流通量の増大の結果，図1.6に示したように市場流通のシェア（市場経由率）が低下しただけでなく，市場流通量（市場経由量）も大幅に減少した．

　野菜の場合，市場経由率のピークは1985年前後で，そのころに88-89%[4]を記録したが，その後急速に低下し，2000年以降は80%を割った．また，市場

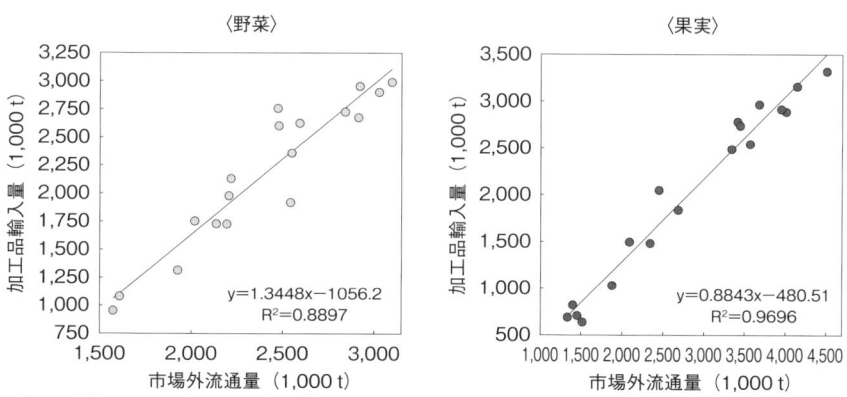

注：1985年から2002年までの18組の値を用いた．
出所：農林水産省資料，農畜産業振興機構資料，日本青果物輸入安全推進協会資料．

図1.4　野菜と果実における加工品輸入量と市場外流通量との相関図（1985-2002年）

経由量は1987年がピークで，この年1,291万tに達したが，2001年には1,160万tにまで減少した[5]．

一方，果実の場合は市場経由率，市場経由量とも1974年前後が最高・最大で，それ以後，国産みかんジュース等の増加につれて早くも低下・減少傾向に

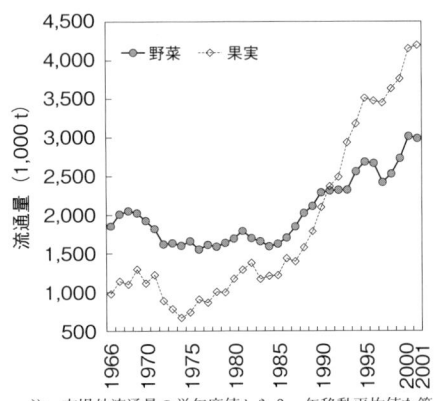

注：市場外流通量の単年度値から3ヵ年移動平均値を算出した．
出所：農林水産省旧市場課資料，同省流通課「卸売市場データ集」各年版．

図1.5 野菜・果実別市場外流通量の推移（3ヵ年移動平均値）

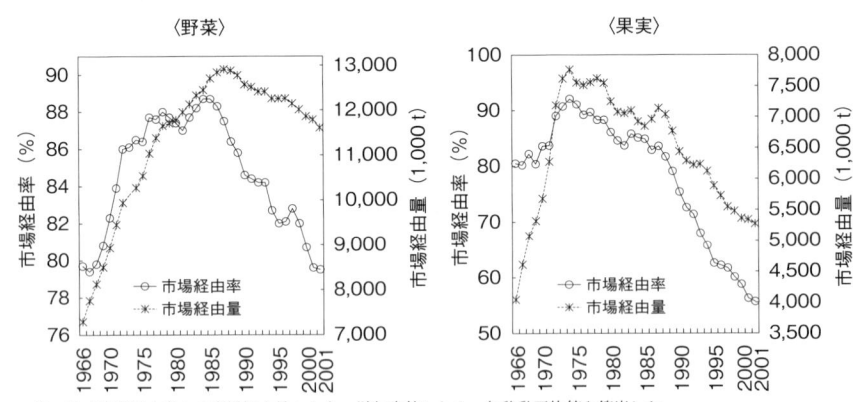

注：1)「市場経由率」，「市場経由量」とも，単年度値から3ヵ年移動平均値を算出した．
　　2)「市場経由量」とは，全卸売市場の卸売量を合計し，そこから卸売市場どうしの取引量である転送量を差し引いたものである．
　　3)「市場経由率」とは，市場経由量を国内総流通量（「生鮮品流通量」＋「加工品流通量の生鮮換算数量」）で除したものである．
出所：農林水産省旧市場課資料，同省流通課「卸売市場データ集」各年版．

図1.6 野菜と果実の市場経由率と市場経由量の推移（3ヵ年移動平均値）

陥っていたが[6],1980年代半ば以降,輸入加工品の増大の影響を受けて一段と激しく低下・減少した.その結果,1985年に85%であった市場経由率は,2001年には56%にまで30ポイント近くも低下した[7].市場経由量も同様で,1987年の714万tから2001年の527万tへ200万t近く減少した[8].

このように,国内の青果物流通において1980年代半ば以降,加工品を中心とした輸入増大に伴って市場外流通が伸長した一方,市場流通は相対的にも絶対的にも著しく後退したのであった.もちろん,中国等からの輸入の増加が続く限り,また卸売市場が生鮮物の取り扱いに特化する限り,市場流通の後退,市場外流通の伸長といった動きは,今後も継続することになろう.

2 日本における農産物輸入急増と国内流通再編の課題

2.1 農産物輸入の急増と日本の食料自給率の低下

わが国の農産物輸入額の推移を表2.1に示す.1960年の6,223億円から2002年には約7倍の4.3兆円に急増している.その結果,わが国は世界最大の農産物純輸入国となった.また,表2.2から輸入先国を見るとアメリカ,中国,オーストラリア,カナダ,タイの特定国への依存度が高くなっており,上位5ヵ国で67%を占めている.とくに,最近では中国への依存度が高くなっていることが理解される.すなわち,1992年から02年の10年間に農産物の輸入額は4兆円から4.3兆円に増加しているが,その増加に中国が77.3%寄与していることがわかる.オーストラリアからの輸入額の減少は2001年にわが国で発生したBSEの影響によるものであり,逆にカナダとデンマークからの豚肉輸入額増加とタイからの鶏肉輸入額増加はBSEにより減少した牛肉の代替需要により発生した輸入増加によるものである.金額ベースでみると,ア

表2.1 わが国の農産物輸入額
(単位:億円,%)

1960年	6,223	100
1970年	15,113	243
1980年	40,066	644
1990年	41,904	673
2000年	39,714	638
2002年	43,011	691

資料:財務省「貿易統計」より作成.

表 2.2　わが国の農産物輸入先国別輸入額の変化とその寄与度・寄与率

(単位：億円，%)

2002年順位	輸入先国	1992年	2002年	増減額	増減率	寄与度	寄与率
1	アメリカ	14,910	15,391	481	3.2	1.2	18.2
2	中国	3,136	5,183	2,047	65.3	5.1	77.3
3	オーストラリア	3,628	3,316	−312	−8.6	−0.8	−11.8
4	カナダ	2,026	2,805	779	38.5	1.9	29.4
5	タイ	2,097	2,289	192	9.2	0.5	7.3
6	デンマーク	1,110	1,632	522	47.0	1.3	19.7
7	フランス	1,507	1,432	−75	−5.0	−0.2	−2.8
8	ブラジル	876	1,226	350	40.0	0.9	13.2
9	ニュージーランド	892	936	44	4.9	0.1	1.7
10	その他	10,181	8,801	−1,380	−13.6	−3.4	−52.1
	合計	40,363	43,011	2,648	6.6	6.6	100.0

資料：財務省「貿易統計」より作成．

メリカからはタバコ，とうもろこし，豚肉，大豆，牛肉などが，中国からはうなぎ（調製品），生鮮野菜（冷蔵を含む），冷凍野菜，とうもろこし，大豆油粕などが，オーストラリアからは牛肉，小麦，ナチュラルチーズ，大麦，菜種油などが大量に輸入されている．その結果，周知のようにわが国の食料自給率は急落している．

2.2　農産物輸入急増を促進する3つの要因

2.2.1　食の外部化と食農乖離

わが国の最終飲食料費支出額80兆3,000億円（平成12年）のうち，生鮮食品の割合は19％であり，加工食品が52％，外食費が29％になっている．この加工食品割合と外食の割合の合計値の81％は，わが国の「食の外部化の程度」を示しており，「食農乖離率」とも「食のブラックボックス率」とも理解される（図2.1）．シェアが低下しつつある生鮮食品に関しては，量販店などがより安全で安心できる商品作りのビジネスチャンスを模索している．また，加工食品製造業者や外食業者は，定時，定質，低価格を求めて，商社と連携して食品を大量に輸入するビジネスチャンスを探っている（甲斐2004，2005a）．

2.2.2　農産物生産力の低下

わが国の野菜の生産量は昭和57年頃から徐々に減少しており，それを補完するかのように輸入量が増加している．今後，わが国の野菜の生産量はどの程

2 日本における農産物輸入急増と国内流通再編の課題　　117

```
        生鮮食品      加工食品      外食
50年
60
7
12       19          52          29        0%
```

食の外部化の程度：81%
食農乖離率：81%
食のブラックボックス率：81%

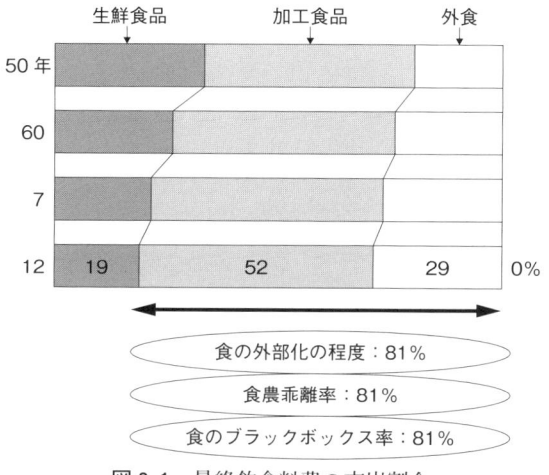

図 2.1　最終飲食料費の支出割合

度の水準になるのか，近未来予測式を推計した結果が①式であり，輸入量の推計式は②である．ただし，Y は生産量，T は西暦，（　）内は t 値，R^2 は決定係数である．

$$\log Y = 15.224 - 0.00554T \cdots\cdots① $$
$$(-16.220) \quad R^2 = 0.936$$
$$\log Y = -59.258 + 0.031371T \cdots\cdots②$$
$$(14.167) \quad R^2 = 0.918$$

　上式から 2005 年における野菜の生産量を試算すると 1,300 万 t 程度，輸入量は 438 万 t 程度になるものと予測される（図 2.2，図 2.3）．生産量が減少し，輸入が増加する中で，より付加価値の高い有機栽培や特別栽培の農産物を生産・販売するビジネスが全国各地で芽生えている．

2.2.3　国際農業交渉――UR・WTO・FTA――

　ウルグアイ・ラウンド（UR）農業交渉は 93 年 12 月に実質合意され，国境措置（関税等），国内支持（農業補助金等），輸出競争（輸出補助金等）の 3 分野にわたり，95 年から 2000 年までの 6 年間で保護水準を大幅に引き下げることで合意された．その結果，わが国の農産物平均関税率は 12% まで削減され

ており，EUの20％，アルゼンチンの33％より低くなっている．UR農業合意後，わが国は輸入を増加させ，アメリカ，カナダ，デンマークなどは輸出を増加させている．以上の「食の外部化の進展」，「国内生産力の低下」，「輸入農産物の増加」という環境変化の中で，量販店や消費者から信頼される高付加価値な農産物を生産販売する経営が各地で増えている．

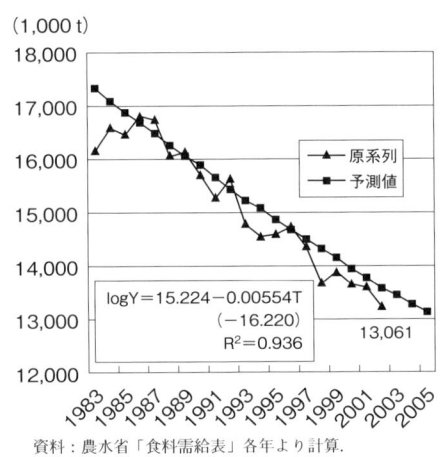

(1,000 t)

$\log Y = 15.224 - 0.00554T$
(-16.220)
$R^2 = 0.936$

13,061

資料：農水省「食料需給表」各年より計算．
図2.2　わが国の野菜の生産量の推移と近未来予測

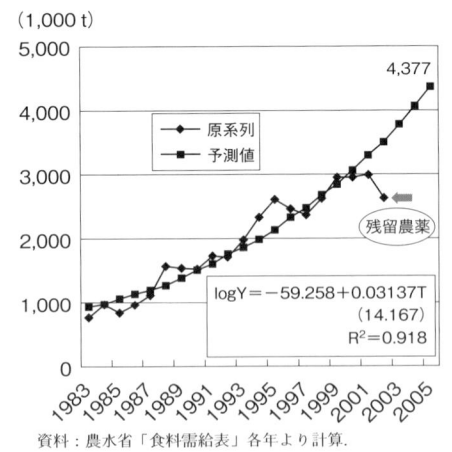

(1,000 t)

4,377

残留農薬

$\log Y = -59.258 + 0.03137T$
(14.167)
$R^2 = 0.918$

資料：農水省「食料需給表」各年より計算．
図2.3　わが国の野菜の輸入量の推移と近未来予測

2.3 青果物の新たな生産と流通の再編
2.3.1 特別栽培青果物の個人による生産販売ビジネス——信頼性確保と取引費用削減の効果——

　一般に国産生鮮青果物は農協と卸売市場を経由して販売されることが多いが，最近，特別栽培農産物認証を受けた大型農家が産地仲買業者などを経由して，量販店や生協に直接販売するケースが増加している．青果物ビジネスの変化を，福岡県内でチンゲン菜を大量に生産販売しているN氏の事例からその特徴を検証しよう（甲斐2005b）．

　N氏は，①福岡県が認証した減農薬減化学肥料栽培法でチンゲン菜をハウスで周年栽培しており，②その作付面積は現在8,600 m²（16棟）である．当初は3棟から開始し，次に7棟，さらに6棟を増設して現在に至っている．すべて単棟であるが，連棟にしない理由は，病虫害発生時に蔓延を回避するための工夫である．③出荷量は年間約300 tであり，夏場の1日当たりの出荷量は1ケース2 kg箱で350-400ケース，最大日量は1 tである．この出荷量がどの程度の規模であるかを検証するために，福岡市中央卸売市場へのチンゲン菜の上位出荷者をみると，3位までは農協であり，第4位がN氏である．個人としての出荷量は群を抜いて多い．④雇用は，常勤労働者が8名である．しかし，2004年の台風によりハウスに甚大な被害が発生し，収穫量が大幅に減少したので，現在は4名のみを雇用している．生産量の回復により，8名雇用体制に復帰する予定である．⑤周年栽培，周年出荷であるが，生育の早い夏場に出荷量が多くなっているのは当然である．⑥年間の出荷先割合は危険分散の意味もあり，7つの出荷先を確保している．⑦具体的な出荷形態と出荷先およびそれぞれの流通経路は図2.4のとおりである．価格設定は3つに大別される．年間固定価格，市場連動価格，セリ価格の3タイプである．数量は週間で決定する方法とセリ上場の2タイプである．荷姿は2 kg箱とバラの2タイプである．袋の印刷は3タイプある．N農園の袋，N農園の袋に福岡県の減農薬減化学肥料の認証マークを貼付した袋，量販店の袋の3タイプである．特筆すべきことは，福岡県の減農薬減化学肥料の認証を受けた後に，出荷希望が殺到していることである．この認証を受けるには福岡県病害虫防除所において農産物の残留農薬試験に合格する必要がある．量販店や生協の一部は自前の残留農薬検査セ

ンターを保有し，残留農薬のチェック体制を整備しているところもあるが，そのような量販店や生協でさえも認証を受けたN農家のチンゲン菜の取引を産地仲買業者を介して増加させている．産地仲買業者や量販店，生協の立場に立って考えると，N農家のチンゲン菜に関しては福岡県が農薬残留検査をするので，検査のコストを支払わずにアウトソーシングしているとも理解される．また，N農家は大量にチンゲン菜を生産しているので，小口の農家を巡回して集荷する必要がなく，集荷経費の削減が可能である．

　この青果物ビジネスは，農家が安全安心な農産物を大量に生産し，認証を受けると，取引業者が取引費用の削減を求めて，宣伝をしなくても自動的に集まってくることを示している．

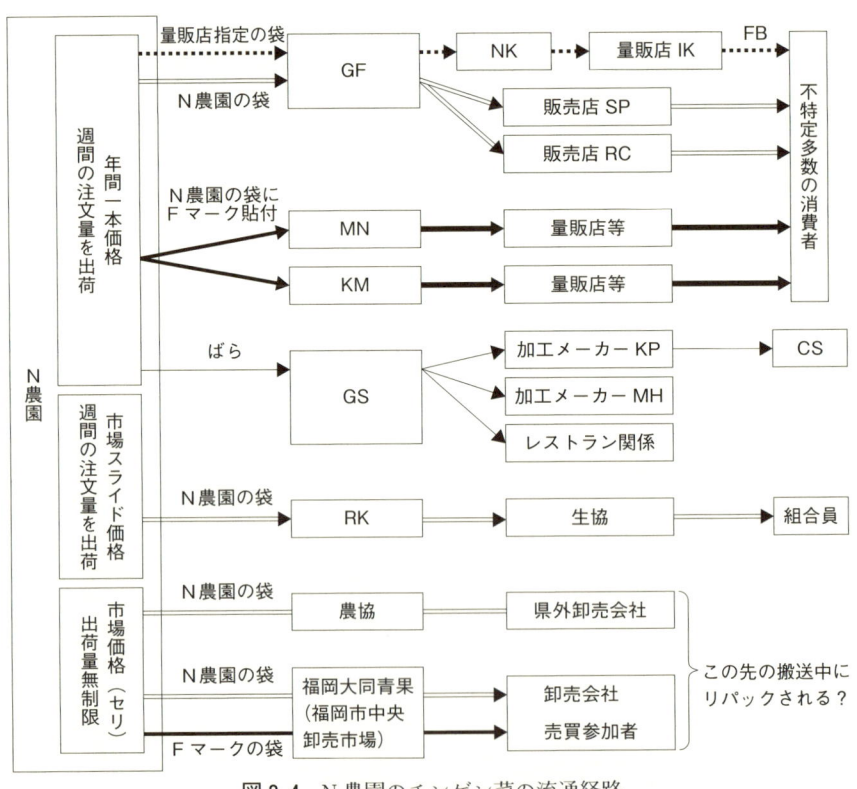

図2.4　N農園のチンゲン菜の流通経路

2.3.2 青果物の農協による直販ビジネス――高齢化と規模拡大への2正面対策――

　JAふくおか八女は「安全・安心・そして共生」をメインテーマとして現在，第2次八女広域農業振興計画に取り組んでいる．この振興計画の目標は，①「整った生産基盤で，収益性の高い農業を展開」し，②「消費者の信頼に応える安心農畜産物を生産」し，③「地域資源を生かし，都市と共生する魅力ある農村を建設」することである．

　JAふくおか八女管内は全国的ないちごの大生産地であるが，近年は産地間競争の激化等による価格の低迷のため，生産者の収益性は低下している．こうした事情を反映して，八女地域のいちご作付面積はここ数年伸び悩み，2002年には減少に転じている．また，高齢化の進展に伴い労働力の確保が困難になってきている．このためJAふくおか八女のいちご部会員も減少している．

　こうした作付面積と部会員数の減少に歯止めをかけるために，いちご農家の経営の安定，労働負担の軽減が重要な課題となっていた．JAふくおか八女では，経営の安定に対しては「とよのか」に替わる新品種「あまおう」の生産拡大や，作型・栽培技術の改良等による「高品質化」，「生産量の増大」，「安定出荷」の実現を目指し，労働負担の軽減に対しては高設栽培や小型ポット育苗などの省力化技術を導入するなど，様々な取り組みを行っている．ここでは，農協直販ビジネスの1つとして設置された「いちごパッケージセンター」を取り上げ，パッケージセンターが経営の安定，労働負担の軽減にどのような役割を果たしているのか検証する（甲斐・辰巳 2004）．

　いちごパッケージセンターは，2000年の経営構造対策事業の一環として「農畜産物集出荷貯蔵施設」として設立された．いちごパッケージセンター設立の意図には次の2つの側面があった．第1は生産者の労働軽減による高齢農家の退出防止，認定農家の育成・規模拡大という側面，第2は消費者ニーズに合った企画商品を提供するための施設としての販売戦略上の側面である．

　とくにいちご生産においては，収穫後の調整作業としてのパック詰め作業が生産者にとって多大な労働負担になっており，その作業は深夜まで及ぶことも珍しくなく，大規模農家ほどこの傾向は強くあった（パック詰め作業は栽培も含めた全作業の30％を占めている）．このためJAふくおかは，いちごの集荷については，従前の市場出荷のための集荷形態と，新たに量販店や生協への直

接販売のためのコンテナ箱による収穫箱集荷形態の2分化を図る目的で，収穫箱（コンテナ）集荷を行うモデルとしてパッケージセンターの設置を行ったのである．収穫箱集荷形態とは，パック詰め作業を行う前の状態での集荷をさし，パック詰め作業はパッケージセンターが雇用者で代行することになる．

このように，農家にとって多大な労働負担となっていたパック詰め作業をセンターが代行することで生産者の労働を軽減し，高齢農家の退出防止，規模拡大を志向する認定農家の育成につなげていくことが必要になっていた．

さらに，消費者ニーズに合った商品の企画が新たな課題として浮かび上がっていたことが背景にある．こうしたことからパッケージセンターは，企画した商品を提供するための施設として位置づけられている．生協・量販店等との取引を通じて実需者・消費者ニーズを捉え，それに合った容量・荷姿等で商品を提供することで八女の農産物の販売促進を図っているのである．調整作業としてのパック詰め作業をどこで行うかによって流通経路は図2.5のように2つに大別される．直販で扱ういちごの集荷はすべてパッケージセンターで行われる．センターでは，収穫箱集荷形態をとっているため，各農家は収穫したいちごを収穫箱のままセンターに持ち込むだけでよく，パック詰め作業はセンターが代行する．センターに持ち込まれたいちごは市場価格の85％で買い取られている．農協側は市価の15％を手数料として得ていることになるが，この15％はパック詰作業の労賃と，センターの運営に当てられている．

いちごパックセンターに出荷することによってどのような効果が発現するのであろうか．経営類型によって効果は異なるので，地域の典型的な類型につい

いちごの通常の流通経路

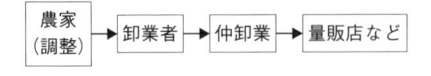

農家（調整）→卸業者→仲卸業→量販店など

いちごパッケージセンターを利用した産直の流通経路

農家→パッケージセンター（調整）→量販店など

図 2.5　いちごの調整作業と2つの流通経路

て線形計画法を用いて分析した．図2.6に示すように，3つの経営類型について労働時間を分析したところ，いちごパックセンターの設置によって各経営において約1,300時間の労働力削減効果が発現することが指摘できる．また，いちごのパック詰め作業による省力化により，いちご栽培の規模拡大が可能になり，図2.7に示すような所得向上効果も認められる．

いちごパックセンターの設置により労働力の削減効果と所得の向上効果が認められた．いちごはJAにとって有力な農産物であるが，パック詰作業に多大な労働力を必要とするために，農業労働力の高齢化に伴いいちご生産量の減少が発生する．農協がビジネスとして，いちごパックセンターを設置することに

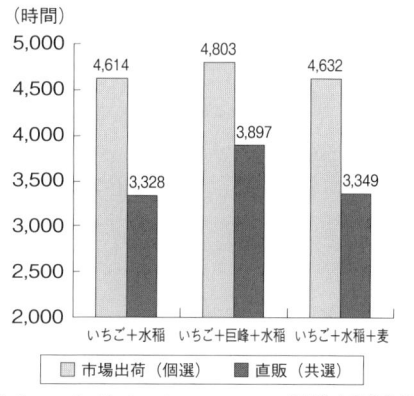

図2.6 いちごパックセンターの労働力削減効果

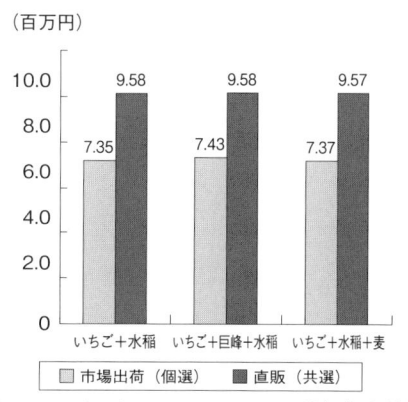

図2.7 いちごパックセンターの所得向上効果

よって，高齢農家でも生産維持が可能になり，また，規模拡大を志向する認定農家にも規模拡大の機会を可能にすることが，JA ふくおか八女の事例により検証された．

2.4 米の新たな生産と流通の再編――信頼できる高品質グループと連携した量販店への販売――

　米の消費が減少し，米価が低下するなかで，付加価値の高い米の生産，販売，加工が求められている昨今であるが，福岡県の Y 農産を営む Y 氏は福岡県が認証した減農薬減化学肥料栽培で約 8 ha のうるち米を栽培している．その他，黒米，赤米も加えて約 32 t のうるち米を生産している（森高・豊・福田・甲斐 2005）．そのうちの 60％を産地仲買業者である T 有限会社をとおして S 量販店に販売している（表 2.3）．残りの 40％をクチコミで約 100 戸の消費者に直売している．Y 農産の出荷販売方法は図 2.8 のとおりである．うるち米以外に麦（12 ha），大豆（4.5 ha），ばれいしょ（1.2 ha）を栽培し，4 ha 分のもち米を買い取り，もち，まんじゅうに加工して販売している．農業労働力は本人，父，妻，長女であり，多くの雇用者を雇っている．農産加工に常雇として 5 名，米の袋詰にパートで週 1.5 人，ばれいしょの植えつけにパートで週 9 人，ばれいしょの収穫にシルバーの方をパートで 20 人，水田の畦草刈にパートで 60 万円分（4 回×15 万円）を雇用している．2005 年産に関しては，水稲の作付面積を 12 ha に増やし，大豆，ばれいしょの作付面積は減らしている．また，つくしろまんについては作付していない．

　T 有限会社は，Y 氏が専務取締役を務める産地仲買業者機能を有する高品質

表 2.3　Y 農産の米の生産加工販売の展開過程

90 年以前	・農協系統で出荷していた． ・地域の有機栽培の研究会に参加し，有機栽培米を販売するも，農協系統出荷の中で別販売することができず，系統販売での有機栽培米の販売を断念． ・ただし，この時，親戚等へ配った（無償）有機栽培米が味で評判を得て，口コミで購入したいという直売の消費者が広がる．
1991 年	・特別栽培米として販売を開始．
1993 年	・米の出荷先を全量，農協から直売に切り替える．（平成の大凶作）
2001 年	・産地仲買人(有)T が立ち上げ．(有)T は当初量販店 2 店舗の産直コーナーで販売．
2004 年	・農産加工販売を開始．
2005 年	・(有)T が販売するインショップの店舗数が拡大（現在約 40-50）．

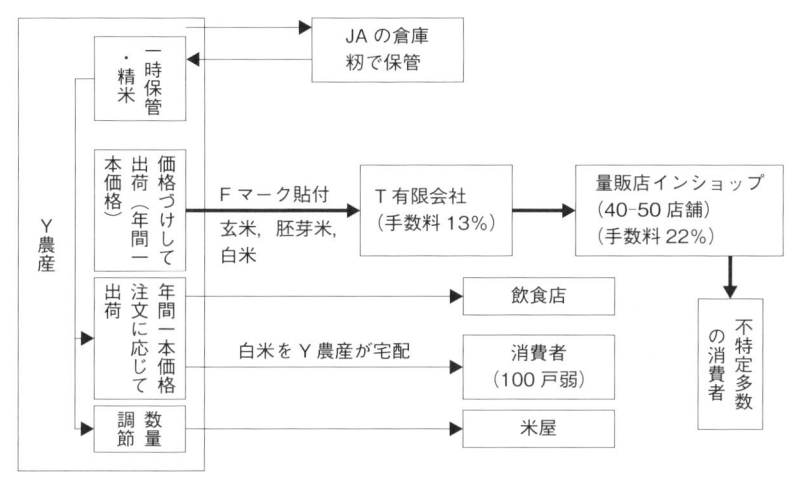

図2.8 Y農産の出荷販売方法

農産物を生産する農家グループで組織する会社である．農家から委託を受けてS量販店のインショップで農産物を販売している．現在，S量販店の約45店舗に出荷している．量販店の手数料は販売価格の22％，T有限会社の手数料は13％であり，売れ残りは農家に返品される仕組みとなっている．T有限会社は，北部九州4県の農家約700-800戸の農産物を取り扱っている．

福岡県の減農薬減化学肥料栽培認証制度で認証した生産物に貼付が許されるFマークについては，まだ認知度が低く，米袋ごとに貼付するにはコストが高くつく．しかし，S量販店からは，Fマークを付けて出してもらう方が売れやすく，望ましいという要望を受けているので，貼付して出荷している．

Y農産の年間販売額は米が約1,800万円，麦約300万円，ばれいしょ約500万円，大豆200万円，もち約2,400万円であり，順調に発展している．

2.5 花きの新たな生産と流通の再編——世界の遺伝子資源と種苗登録制度を用いて育種に活路を見出す花き鉢物経営——

花きの価格は，経済の不況により低下しており，需要が全体的に落ち込んでいる．そのような状況の中でTIUグループは，オーストラリアや南アフリカなどに行き，日本では珍しい各種の花きを持ち帰り，地元の伝統である接木，挿木の技術を生かして増産し，育種に努め，新品種を開発して，種苗登録する

ことにより販売量を伸ばしている．

　TIU グループは，①情報を共有する，②育種素材も共有する，③総合力でオリジナル商品を開発することを目的に平成7年に3人でグループを結成して研究活動を開始した（その後4人になる）．経営は個別であるが，開発と販売は共同している．

　オーストラリアから持ち帰った「レシュノルティア」という植物を「初恋草」と命名し，それを基礎に交配により新品種を開発し，種苗登録をしている．種苗登録には地元の農業改良普及員が全面的に支援してくれるので，コスト節減になっている．また日本とオーストラリアでは日射量，降水量，温度，湿度が異なるので，用土，水管理，温度管理等の条件をオーストラリアと同じにして試験を重ね栽培方法の解明に努めている．これに筑波大学や地元の農業改良普及員が協力している．新商品を開発しても短期間で普及する草き鉢物を独占的に生産し続けるためには種苗登録をすることが重要であると考え，「初恋草」だけでも31品種を出願し，その他を加えると約50品種を出願している．約3,000坪のハウスで雇用者を雇い草き鉢物を生産して，地元の農協を通して関東，関西方面に出荷している．総販売は約6,000万円で農業所得は約1,800万円である．

2.6　農産物の新たな生産と流通再編の展望——認証制度と種苗登録制度を活用した安定生産と取引費用を削減した流通再編の推進——

　全体に農産物の生産販売が低迷するなかで，認証制度や種苗登録制度を活用して，消費者に信頼できる農産物を提供する生産者や農協が増えている．量販店側も信頼できるものを取扱うことによって「取引費用の削減」に成功している．今後は，このような信頼できる生産と取引費用を削減した流通再編を強力に支援していくことが必要である．

3　韓国の国内市場対策に見る農産物ブランド化への取り組みと問題

3.1　序

　韓国では，1990年代初め頃から国産農産物の安全性や品質向上による差別化を図った施策が用意され，これまで「原産地表示（1992）」，「品質認証

(1992)」,「親環境（有機）認証（1997）」などが整備された．また，産地流通施設を拠点とする生産者の組織化，農産物のブランド化などが国産農産物の差別化を図った施策の一環として推進された．

このように国産農産物の差別化が図られた背景には，安全な食料を求める消費者ニーズへの配慮とともに，進まぬ構造調整の下，依然として縮まらない内外価格差に対する懸念が働いている．すなわち，農業経営の規模拡大や生産性向上によるコストダウンには限界を呈したまま，輸入農産物との価格競争を避けるためには，品質向上や安全性確保による国産農産物の差別化が欠かせない条件であったからである．

本節においては，政策的意図を持った国産農産物の差別化のための対策の内容を整理した後に，その成果と問題を確認している．分析にあたっては，関連施策の成果が最も現れている米市場に対象を絞った上で，いわゆるブランド米と称される米商品について，ブランドの使用者やブランド米の価格の実態を明らかにしているほか，ブランド米の生産・販売過程から見た国内市場対策の有する問題に言及している．

3.2　差別化への取組みと国内農産物市場の変化

「農業農村発展基本計画（以下，基本計画とする）」に示された国内市場対策の筋書きは，「親環境農業育成と食品の安全性に関する管理の強化」と「農産物の品質向上」により，輸入農産物と国産農産物を差別しうる食品の供給体制を整えた上，「ブランド中心の高品質農産物の流通革新」をはかっていくということである．なお，「産地流通の系列化」，「パワーブランド育成」，「デジタル流通」，「物流標準化」は，国内農産物市場における流通革新の具体的な内容をなしている[9]．以下には，基本計画が目指す国産農産物の差別化に関連づけられる政策的な取組みを概観するとともに，1990年代を通して国内農産物市場に見られる大きな変化を整理した．

3.2.1　関連制度の整備

認証制度

韓国では，UR妥結を前にして，「原産地表示制度（1991）」が設けられたほか，国産農産物の品質向上をはかるべく「農産物品質認証（1992）」制度を導

入した．翌年（1993）には，「農水産物加工食品育成及び品質管理に関する法律（以下，「品質管理法」と記す）」を制定し，品質認証に法的根拠を与えたほか，生鮮農産物の加工事業の導入が刺激された．同法には農水産物出荷の規格化や物流の標準化などに関する規定が含まれている．さらに，「親環境農業育成法（1997）」の成立に伴い，「親環境認証」が加わった．また，「農産物品質管理法」の改正（2001）により「農水産物加工産業育成法」を分離し，加工品に関する認証制度として「伝統食品品質認証制度」，「有機農産物加工品品質認証制度」などが新たに成立した．そのほかに「地理的表示制度」を導入しているほか，最近は，GAPや生産履歴追跡（トレーサビリティ）の導入を検討している等，公的機関が認定期間となる多様な認証制度の実施により，農産物または産地に対する消費者の信頼を確保することに力を注ぎいれてきた[10]．なお，農水産物流通公社，農産物品質管理院，農水産物情報支援センターなどの関連機関が国産農産物の品質向上や流通革新に大きな役割を果してきたことは注目に値する．

農産物のブランド化

韓国では，農産物のブランド化が謳われ，品目を問わず独自のネーミングや包装デザインを持つ商品開発を勧奨してきたことも国産農産物の差別化施策として注目に値する．農産物のブランド化を促進するにあたっては，ブランドづくりに必要なデザイン開発や商標・意匠の制作・登録に要される資金の一部を支援してきた．ブランドの開発は，個別経営または少数の生産者組織の範囲を超えた広域産地が共同で行えるように誘導するために，地域共同ブランドの使用に関しては，当該産地の流通拠点施設の建設に必要な資金が提供されるような仕組みとなっている．なお，韓国では個別生産者または生産者組織が有するブランドを「個別ブランド」，地方自治体または農協の有するブランドを「共同ブランド」と各々区分している．

「基本計画」においては，地域が共同で使用する共同ブランドのうち，市場での評価が高く安定的な出荷ロットを有する「パワーブランド」を育成していく旨記されている．さらに，基本計画には「全国代表ブランド（ナショナル・ブランド）」に言及し，全国の加入農家または会員農家を組織化した上，品質及び安全管理，マーケティング，輸出，需給調整までを一元的に管理していく

という方針が示されている．

3.2.2　産地における流通機能強化と農協の役割

　産地主導の農産物流通を実現するにあたっては，産地ごとに集出荷施設または生鮮農産物の1次加工施設の設置が必要であることに鑑み，それらの施設の建設に多くの資金が投入された．こうして導入された多くの集出荷施設は，出荷規格の標準化，鮮度の保持，加工による付加価値の拡大などに大きく貢献している．

　米については，産地ごとに設立されたRPC（米穀綜合処理場）が産地流通機能の強化のために設置された代表的な施設である．RPCは，農協などが産地の生産者から買い取った米を乾燥・調製するだけでなく，貯蔵，精米，包装，販売までを一貫して行う機能を有する．RPCは，契約栽培を通じてブランド米の商品開発に欠かせない品質管理のために産地生産者の組織化に深く係っているほか，販売活動においては産地主導のマーケティングを積極的に展開するにあたって重要な役割を担っている．なお，生鮮野菜や果実産地に見られる集出荷施設や加工施設についても，RPCと同様な機能が持たされ，これらの施設を中心とした産地生産者の組織化と産地マーケティングが行われている．

　国内農産物の品質向上や流通改革に果した農協の役割は大きい．農協は，上述したブランド開発や産地流通施設の設置のための政策資金の受け皿となり，品質向上や産地マーケティングに主導的な役割を果している．とりわけ，農産物ブランドの使用者として，農協が圧倒的多数を占めていることは，それだけ農協がブランド開発に積極的に取り組んでいることを裏づけている．現在（2004年），農協が登録している商標や意匠は，前者648件，後者が177件である[11]．また，産地流通施設の大部分は農協が運営主体となっている．

　以上のような農産物集出荷施設やその運営主体である農協が流通過程に果す役割を，米の流通過程を通してみると，農協が取り扱う米が米の市場流通量に占めるシェアは約45％と極めて高く，しかも小売段階において農協自らが捌く量が市場流通量の19.7％，農協運営のRPC出荷量の44.3％に及んでいることが注目される[12]．

　一方，韓国の農協は，独特な販売システムを持っているが，とりわけ農協自らが小売事業を展開していることが大きな特徴といえる．韓国の農協中央会は，

農協流通を子会社として1995年に設立した．この農協流通が運営しているハナロクラブは，首都圏地域を中心に27店舗を持つ生鮮農産物や食品の販売に特化した大型スーパーマーケットであり，類似する大型スーパーマーケットの中では国内最大の売上げを誇る[13]．さらに，農協流通の事業内容には農林水産物の集荷，貯蔵，加工，包装販売，配送が含まれている．そのために，農協流通は，ハナロクラブの販売活動から得られる消費者ニーズに関する情報を生かした産地開発やブランド商品の開発も手掛けている[14]．

3.2.3　小売業界の変化と大型量販店の台頭

韓国では，1993年の「糧穀管理法」の改正に伴い米販売業や精米事業が許可制から登録（届出）制へと変わった．これと相まって，1990年代半ば頃から大型量販店が出現した．大規模店舗におけるスケールメリットを生かしたディスカウントショップとして，イーマート，カルフル，ウォルマート，ロッテホームプルスなどが該当し，その店舗数は急速に増加した．大型量販店の食品売場における品揃えや陳列をめぐっては，適切な包装単位や高い品質を持ち，かつ消費者にアピールし易いブランド農産物の確保が求められたが，このような傾向が自ずと農産物のブランド化への刺激となったことは確かである．

3.3　ブランド農産物の生産と流通——ブランド米市場を中心に——

韓国の農林水産情報支援センターのホームページ[15]には「農産物ブランド展示館」というサイトが設けられている．そこには，ブランドを「製品の顔として，販売者の製品またはサービスを競争相手と差別化するために使用する製品名または象徴物の結合体である．具体的には，商標名，商標の標識，商号，トレードマークによって表現される」と定義づけている．韓国には，この定義どおりに，独自の商標，商品のロゴ，包装デザインを持った5,400余りの農産物商品がブランド農産物として登録されている．以下には，これらのブランド農産物のうち，うるち米のみに限定して，①ブランド数の動向，②ブランド米開発の実態，③ブランド米の価格，④ブランド米の販売実態について整理する．

3.3.1　ブランド化の現況

現在（2004年12月），農林水産情報センターにおいて，ブランド農産物として認知されている農畜産物は5,428件であるが，このうち共同ブランドが

1,206件(22.2％)，個別ブランドが4,222件(77.8％)である．これを商品別に見ると，米などの穀物が1,369件(25.2％)として最も多く，次に加工品が949件(17.5％)，果菜類(15.7％)，果実類(13.4％)，畜産物(9.5％)，特用作物(5.5％)，蔬菜類(4.3％)，林産物(3.4％)，花き類(0.8％)の順となっている．また，商品別のブランド件数の把握には共通ブランドというカテゴリが用意されているが，複数の品目が1つのブランド名を使用しているケース(223件，4.1％)がこれに該当する．ちなみに，これらのブランドは，上述のとおりに独自の商品名や包装デザインを持っていることからブランドとして認知されているものの，特許庁へ商標または意匠登録を済ましているケースは全体ブランド件数の35％(1,899件)と少ない．

3.3.2 ブランド開発の実態

ブランドの使用者

ブランドとして扱われている米は，1,036個(2004.8)であった．これらブランドの使用者とともに商標登録有無別，認証有無別を確認したのが表3.1である．ブランドの使用者には，農協が圧倒的に多く，ブランド合計の64％に

表3.1 ブランド米における商標登録・認証受けの状況

	商標登録なし			商標登録あり			総計	
	品質認証なし	品質認証あり	計	品質認証なし	品質認証あり	計		
個人	71	13	84	9	3	12	96	9.3
普及センター	1	0	1	0	0	0	1	0.1
農業会社法人	14	0	14	3	2	5	19	1.8
農協	361	95	456	122	85	207	663	64.0
農協RPC	11	1	12	1	0	1	13	1.3
農協連合	0	1	1	0	0	0	1	0.1
米穀商	18	0	18	6	1	7	25	2.4
民間RPC	55	6	61	9	2	11	72	6.9
産地連合	5	1	6	2	3	5	11	1.1
生産者組織	9	5	14	3	1	4	18	1.7
連合RPC	3	0	3	0	1	1	4	0.4
営農組合法人	22	6	28	9	0	9	37	3.6
自治体	8	1	9	2	0	2	11	1.1
精米所	60	1	61	4	0	4	65	6.3
総計	638	130	768	170	98	268	1,036	100.0

資料：韓国農産物品質管理院ホームページ(www.naqs.go.kr)に掲載されている(2004年8月現在)リストの個票を再集計したものである．なお，うるち米のみを対象としている．

おいて農協が登録者となっている．これに対して，個人の名前が登録者となっているブランド米商品は全体登録商品の1割弱となっているが，この個人使用者の中には，生産者組織も含まれていることが考えられる．なお，民間RPCのうちブランド米を出荷しているのは，全体ブランド数の7％（72件）程度と少ないものの，民間RPCの施設数が128ヵ所であることを考慮すればブランド米を出荷している非農協系のRPCも少なくない．一方，登録者名に「〇〇精米所」または企業名が記されている場合は，別途（精米所，米穀商）カウントしているものの，内容次第では民間RPCの範疇に含まれるので，非農協系の精米施設が占めるブランド使用者の割合は約13％程度であるとみて差し支えないであろう．

一方，農協や精米施設がブランド使用者となっているケースに比べて，その数は少ないものの「自治体」，「営農組合法人」，「農業会社法人」など多様なブランド使用者がいることが注目される．

商標登録および認証有無

ブランド米の中には商標登録を済ましていないものや品質認証を受けていないものが多いことが表3.1からわかる．ブランド農産物として登録されているブランド米のうち，商標登録を済ましているのが，268ブランド（27％）である．また，品質認証を有するブランド米は，全体の22％であった．さらに，「品質認証」や「商標登録」の条件を同時に満たしているブランドは，98ブランド（9.5％）に留まっている．

親環境認証米

親環境認証米は，ブランド米として使用されてはいるものの，親環境認証米の生産者のリストからは，ブランド名の確認ができなかった．そこで，親環境認証を受けた生産者または生産者団体の属性とともに認証を受けた面積から親環境認証米の実態を捉えてみた[16]．

親環境認証は個人または生産者組織が受けているケースが圧倒的に多く，認証を受けている個人または生産者組織の1件当たり登録面積や出荷（計画）数量が，比較的に小さい．なお，生産者組織として区分した組織名には「〇〇共同体」というものが多い．これらの特徴を合わせてみると，親環境認証を受けた米のうち，ブランド米として不特定多数の消費者を対象に販売される数量は

比較的少なく，どちらかといえば特定の消費者（例えば，宗教団体，地域生協など）に供給されていることが推測できる．また，親環境認証米の多くは無農薬米としての認証を受けており，有機認証米は相対的に少ない．

ブランド米におけるネーミングとデザイン

商品名に用いられる語には，産地にかかわるものとして「地名そのもの」，「当該地域に纏わる伝説や歴史・文化を象徴するもの」，「伝説や物語に登場する有名人の名前」，「交通立地的な特徴」などがあり，そのほかには「品種名」，「栽培方法の特徴を示す語：アイガモ米，タニシ米など」，「消費者の感性を燻る特定語（愛，故郷，統一，水車など）」なども使われている．このように，米の商品名が単調とりわけ地名や品種名などに限られるのではなく，多種多様な言葉が使われていることも大きな特徴といえる．

一方，米の包装紙にポリビニルが使われているケースは皆無であった．全ての包装米は，紙袋によって包装されており，一部の米には韓紙と呼ばれる高級な包装紙が使われているケースもあった．包装紙には商品ごとに独自のデザインが用いられ，複数のマークが付されている．包装紙に付しているマークには，「品質認証マーク」，「親環境認証マーク」，「自治体認証マーク」，「米穀綜合処理場マーク」，「販売元のロゴマーク」などがあった．

3.3.2　ブランド米の価格

価格幅

サンプル[17]として使用した159個のブランドの平均価格は3,358ウォン/kgであり，最も値段の高い米は6,750ウォン/kgであった．これに対して，最も値段の安い米は2,300ウォン/kgであり，最高値と最低値の差は4,450ウォン/kgと大きい．ブランドという語が持つ高級なイメージとは裏腹に，多様な価格帯の米がブランド米として販売されている実態がわかる[18]．

産地別価格

米の産地を道別に見た場合に，比較的京畿道の米の価格が相対的に高く，慶南道の米はどちらかといえば相対的に安い．とはいえ，いずれの産地についても，当該商品の産地を郡，面単位まで特定して比較すれば，同じ道内においても商品別の米価格にはばらつきが激しいことが確認できた．

包装単位別価格

ブランド米の1つの特徴は，5 kg以下の小包装米を商品として出荷しているケースが目立っているということである．韓国の米市場においては，家庭用に購入される米の多くは10-20 kg包装米が主流をなしている．ただし，今回調査した量販店やネット上に陳列されている米の大部分が，5 kg以下の包装米であった．サンプルに限って言えば，10 kg未満の包装米のサンプル平均価格（3,693ウォン/kg）は10 kg以上の包装米（2,646ウォン/kg）のそれより1,047ウォン/kg高くなっている．

認証有無別価格

サンプルを「認証米」と「認証なし米」に区分して価格差を確認してみた．まず，認証米は10 kg以上包装米として販売される商品の数が，認証なし米に比べて著しく少ないことが目につく．また，認証米の価格は総じて認証なし米より1 kg当たりの単価が約1,000ウォンほど高いことがみてとれる（図3.1）．

3.3.3　ブランド米の販売

サンプルの中には，量販店の店頭商品やインターネットで販売されている米が混ざっている．量販店で販売されている米の価格がネット販売用の米に比べて，1 kg当たり約700ウォン/kgの格差があることが確認できた．

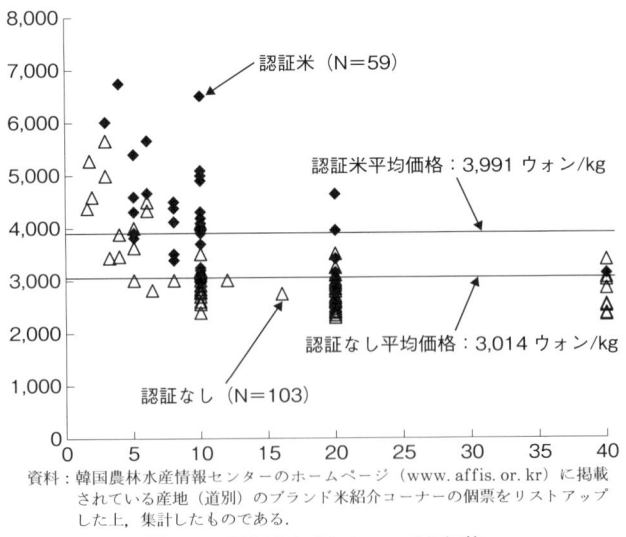

資料：韓国農林水産情報センターのホームページ（www.affis.or.kr）に掲載されている産地（道別）のブランド米紹介コーナーの個票をリストアップした上，集計したものである．

図3.1　認証有無別ブランド米価格

一方，この量販店で販売しているサンプルの61商品のうち，ブランド米として登録されている商品（10商品）や，認証を受けている米（14商品）の数は，一部に限られる．したがって，量販店と直販の小売価格差を，そのままブランド米と一般米商品との価格差と考えてよかろう．

また，不特定多数の消費者が米を購入する場所としての量販店やスーパーマーケットにおいて，ブランド米の存在は，品揃えの一角をなしている．なお，米の品揃えに関していえば，3つの売場の陳列商品に同一商品が見当たらなかったことから，価格帯，産地，ブランドの選択については，各々の量販店が他店を意識した戦略的な取組みをしていることがみてとれる（表3.2）．

3.4 RPCにおけるブランド米づくりと販売の実態

RPCは，米産地に設置される大型精米所として，1991年にモデル事業により登場した．米市場への政府介入の縮小に伴う産地流通組織の活性化とともに，米加工施設の近代化・大型化が狙いであった．RPCは，当該地域で生産された米を地域単位で集荷（買入）・加工・販売を同時に行う機能を持っているために，米の生産と販売を産地において統合する働きをする．これらのRPCには，農協系と非農協系があるが，現在（2001年）前者が施設総数（328ヵ所）の62％を占めている．農協による米の取扱量はその施設数の増加により拡大してきた．農協を経由して販売される米数量シェアが，1991年の6.1％から2003年の45％へと拡大したが，このRPCの増加に伴って実現できたといって差し支えない．

ここでは，産地や運営主体の異なる5つのRPCについて実態調査を行ったが，その結果を米の確保方法，加工過程，米商品および販売の実態について整理する（表3.3）．なお，調査を行った事例は，いずれも国内で最も規模の大きいRPCに該当する[19]．

3.4.1 米の確保方法

RPCは，米を確保するにあたって，生産者から直接購入（一般買入数量）するか，政府米の入札に参加するかという2つの選択肢を持つ．調査した事例には，政府米入札に全く依存していないRPC（Ⅰ，Ⅳ）と政府米入札による米確保割合が高いRPC（Ⅲ，Ⅴ）が各々あった．当該産地の米が比較的に高

表3.2 量販店における米商品の内訳（2004年）

	銘柄	重量単位 kg	価格 ウォン	ウォン/kg	産地	販売元	ブランド登録	品質認証	環境認証	自治体推薦	PB
E-マート	珍米 Jinmi	1.8	7,000	3,889	慶北	民間RPC					
	Ganghwa Koshihikari	10	34,000	3,400	京畿	米穀商					
	Gyongi Yoju	10	33,000	3,300	京畿	米穀商					
	Gyongi Hawson	10	28,800	2,880	京畿	米穀商					
	夢の米	3	11,800	3,933	全南	農協	○				
		7	25,500	3,643							
	Dongson 無農薬合鴨米	5	20,500	4,100	江原	農協					
	水車 GOLD	10	27,000	2,700	慶北	民間RPC	○	○			
		20	53,000	2,650	慶北	民間RPC					
	米風堂々	20	42,800	2,140	慶南	農協					
	Btongangsye 米	10	39,300	3,930	慶南	農協					
	Sanchong バタ米	10	24,300	2,430	慶南	農協		○		○	
		20	47,500	2,375	慶南	農協					
	米の皇帝	5	16,800	3,360	江原	民間RPC					
	玉米	3	13,800	4,600	全南	農協					○
	ウリ米	20	40,800	2,040	慶南	農協					
	Jirisan 無農薬米	4	15,820	3,955	慶南	農協			○		
	Cholwon 営養米	10	25,800	2,580	江原	農協					
		20	49,800	2,490							
	Jirisan 品質認証米	10	27,000	2,700	慶南	農協		○		○	
		20	53,000	2,650							
	一目ぼれ	10	39,300	3,930	全南	農協	○	○		○	
		5	20,100	4,020							
カルフール	Gyonggi 米	10	25,300	2,530	京畿	米穀商					
	Gyonggi 特米	10	26,400	2,640	京畿	民間RPC					
		20	49,900	2,495	京畿	民間RPC					
	Gyonggi 特選	20	49,700	2,485	京畿	米穀商					
	金 Saregi	10	28,500	2,850	不明	米穀商					
		20	49,990	2,500							
	Ginpo 米	10	27,100	2,710	京畿	農協					
	無農薬認証米	10	36,900	3,690	江原	農協			○		
	米 Sarang	20	42,300	2,115	忠南	米穀商					
	Angyo 清潔米	16	37,700	2,356	不明	米穀商					
	Ode 特米	10	28,300	2,830	江原	農協	○	○			
	利川特米	10	29,000	2,900	京畿	農協		○			
		10	24,400	2,440							
	Yimjin 江米	20	45,950	2,298	京畿	米穀商					
	CholwonOde 米	20	54,270	2,714	江原	農協	○	○			
	Cholwon 特米	10	26,000	2,600	江原	米穀商					
	空と地（Hanul Tang）	20	39,800	1,990	全南	民間RPC					○
		10	22,200	2,220							
ロッテ	5度Cイオン米	4	16,400	4,100	釜山	民間RPC	○	○		○	
	秋の田んぼ	4	11,500	2,875	慶南	農協連合					
	Gyonggi 特米	4	12,000	3,000	京畿	農協	○				
	故郷心満ちた米	4	11,800	2,950	全北	農協					
		2	8,400	4,200							
	朝が楽しい米	20	44,800	2,240	慶南	民間RPC	○				
	安城米	4	12,000	3,000	京畿	農協連合					
		10	26,800	2,680							
	ウリ農産物	20	42,500	2,125	慶南	民間RPC					
	利川王様票米	20	59,500	2,975	京畿	農協	○			○	
	清潔米	20	43,500	2,175	慶南	民間RPC					
	統一	4	13,500	3,375	京畿	農協		○			
	プレミアム安城びったり米	5	19,500	3,900	京畿	農協連合		○		○	

資料：2004年（1月と8月）に行った3つの量販店の米販売コーナーの商品調査（商品別の表示記載事項の確認）により整理したものである。

3 韓国の国内市場対策に見る農産物ブランド化への取り組みと問題

表3.3 事例RPCの概要

事業主体	農協系			非農協系	
事例 No.	I	II	III	IV	V
事業体名	利川農協RPC	咸陽農協RPC	洪川農協RPC	株式会社豊年農産	株式会社コンヤンRPC
営業所所在地	京畿道利川市	慶尚南道咸陽郡	江原道洪川郡	釜山市江西区	慶尚北道金川市
設立年次	1995年	1997年	1993年	1994年	1973年
米仕入数量合計(t)	9,113	11,679	4,979	15,900	22,454
うち,一般購入	2,380	9,665	900	15,000	7,864
政府米	0	300	1,579	0	5,726
契約栽培	6,733	1,714	2,500	900	3,471
受託販売	0	0	0	0	5,393
商標・意匠登録件数	なし	なし	なし	特許1件,意匠2件 商標36件※ISO9001, 9002取得,HACCP認証	商標3件,意匠4件 ※ISO9001取得
品質認証	1件(イグンニム=王様票)	1件(ファングト=黄土)	なし	1件(5度Cイオン米)	1件(ムルレバンア=水車)
取引先数 1)					
系統農協	5(45.1)	5(40)	21(90)	2(80)	—
大型量販店	3(53.1)	2(60)	0	—	1(90)
米穀商・卸売業者	1(0.5)	—	2(2)	?(20)	—
直販	?(1.4)	—	?(8%)	—	?(10)
その他	—	—	—	—	—

注:1) ( )は,販売量に占める割合を聞き取り調査より確認したものであり,正確に数えられない取引先数は?マークを用いている.

く売れるRPCにおいては,生産者に高い買入価格が提示でき,直接購入が円滑に行われる傾向が確認できた.これに対して政府米を必要とするRPCは,周辺産地の生産量を上回る取扱量を政府米によって満たしているほか,低価格戦略を持つRPCが生産者に対して価格交渉を渋っていることが理由であった.さらに,産地内の農協系RPCと非農協系RPCとの間に米確保をめぐる競争が激しい地域もあり,競争力の有無も米の確保方法に強く関連している.なお,米の確保は買い取りが基本であり,(日本のように)生産者の委託を受けて販売しその手数料を収入とするケースは稀である.

一方,いずれのRPCも契約栽培による米の確保を行っていることが注目される.契約栽培の内容としては,品種や栽培方法などの統一を図ることが主をなしている.これら契約栽培によって確保する米は,認証のとれる可能性が高く,認証米となれば高価格販売ができるからである.ちなみに,事例Iは韓国

で最も良質米産地としての知名度が高い産地に立地しており，その認知度を生かした高価格販売が行われているものの，認知度に依存した生産者の安易な品質管理の問題を呈してきた．そこで，近年は産地RPCの主導下で栽培管理を細かく規制した契約栽培を積極的に推進しているが，販売量に占める契約栽培米の割合が74％と高いことは注目に値する．

3.4.2 加工過程

RPCは，モミ状態の米を確保し，貯蔵，乾燥・調製，精米といった一連の加工過程を経て，最終的に包装米として出荷される．貯蔵に関しては，施設の能力を上回るモミの搬入によって野積みが発生するRPCがあるほか，精米や精選に関連する一部の設備が欠けているRPCもあった．こうした貯蔵および加工設備の不十分さは，年間を通したコンスタントな米の品質管理を困難とする理由の1つになる．

3.4.3 米商品および販売

どの事例においても，複数の包装米商品を販売しており，事例Ⅲを除く4つのRPCが品質認証を受けており，商標・意匠登録を済ましたRPC（Ⅳ，Ⅴ）も2ヵ所あったが，何れも非農協系RPCである．これら非農協系の2つのRPCは，系統農協の小売事業部門を互いに活用することができないために，主として大型量販店を取引先としている．出荷先との交渉に当たっては，多様な価格帯の複数の商品を用意し，小売側との間に数量および価格を事前に決める出荷契約が行われるケースが多い．

事例Ⅰ（利川農協RPC）が持つ「王様標」というブランド名は，当該産地の米がかつて宮廷に納められたこともあって，消費者の認知度や販売価格がその他の産地に比べて高く維持されている．また，事例Ⅱ（咸陽農協RPC）は，もともと米産地としての知名度が高かったわけではないが，「黄土」や「ビョンガングセ」というブランド開発に成功し，大型量販店2社に納品している．ちなみに，韓国で最大規模の量販店イーマートは，「咸陽農協RPC」の米価格が中低下であり，かつ消費者の認知度が高いことを利用して，自社名入りの包装米の生産を依頼している．農協系RPCの一部（事例Ⅲ）は，系統農協への小売店（ハナロマート）への販売量割合が高いほか，農協中央会の糧穀部への売渡が中心となっているが，このような販売行動が見られることから比較的に

3 韓国の国内市場対策に見る農産物ブランド化への取り組みと問題　　139

米の確保や販売に苦戦している RPC といってよかろう．

3.5 国内市場対策の成果と課題――ブランド米市場を中心に――
3.5.1 成果――国内市場対策の成果に関連づけて――

　かつて，韓国の米産地は，政府米買上制度，生産費が補償される政府米価格，産地収集商および民間精米所に大きく依存した米の出荷および販売体制の下，米の品質向上や販売のための努力を怠った[20]．こうした状況は，RPC の登場により大きく改善され，産地生産者との契約栽培や徹底した品質管理体制によるブランド米づくりが行われるようになった．輸入農産物との差別化を狙った認証制度や農産物ブランド化の推進が，米の品質改善や産地における販売機能の強化をもたらしている．このことは，冒頭に述べた国産農産物の差別化を図った施策が一定の成果を現していることを裏づけているといえよう．

3.5.2 問題

ブランドの乱立

　韓国におけるブランド米市場が抱える最も大きな問題は，ブランド米と称される米商品があまりにも多いということである．目下，韓国の米市場は，米商品の「戦国時代」ともいうべく，1,000 種類を超えるブランド米が市場に流通されている．各々のブランド米の販売をめぐっては，熾烈な競争が強いられている．そうした競争が続く中で，販路確保に困難を謳えるRPC が続出しており，買入れた米を売りさばけない一部の RPC の倒産が相次いでいるという調査結果がある[21]．何れは，ブランド力を発揮しえない多くの米商品が淘汰されていき，有名産地の品質の高い米として消費者に認知される一部のブランドのみが生き残ってしまうことが予想できよう．

品質管理の不徹底

　ブランド米の品質管理の不徹底さが問題となっているが，主として米の収穫後の貯蔵や精選過程に起きる問題が指摘されている．モミ状態の米を乾燥センターに持ち込むが，その際に，米選機による商品化率を測らずに入荷するRPC が多く，さらに精選過程においても，充分な工程を設けず，包装まで処理されるために品質の低下につながっているという指摘がある[22]．また，RPCの取扱量が拡大することにより，当初の貯蔵施設規模では貯蔵しきれない一部

のモミを野積みするほか，ビニルカバーだけで対応している RPC も少なくない．なお，貯蔵に関しては，必ずしも圃場または品種別の貯蔵が行われていない RPC もあって，商品の均一な品質をコンスタントに維持するにあたって問題を呈している．このように，高品質のブランド米としての内実を整えていない米であるにもかかわらず，高い価格を付したり，虚位の事実を表示したりするような出荷業者の行動がしばしば見られるために，ブランド米に対する消費者の不評を引き起こしている[23]．

高い米価

　これまで差別化を図った諸施策が今後においても有効に機能するか否かについて考えると，国内農産物の高い価格水準が大きな障害になることが予想される．本節において言及することはなかったが，韓国の国内市場対策は国産農産物の高い価格を容認した上で推進されてきた．とりわけ米価は，2004年まで政府米買上制度が維持され，WTO 農業協定履行期間中においても，政府米買上価格を持続的に引上げてきた．ブランド米の価格は，基本的にはその政府米価格を下支えにして成り立っている．とりわけ，農協系 RPC の米の買取り価格は政府米買上価格を上回ることが暗黙的な前提となっているが，その背景には取引相手が組合員であるという政治的な状況が働いている．

　幸いに，これまで MMA によって輸入してきた米は政府管理下に置かれ加工用のみに使用されたので，小売の店頭に並ぶことがなかった．ここに取り上げた国産米の差別化施策は，政府米価格を下限価格とする国産米同士の競争の中で試された．しかしながら，韓国は，一昨年（2004年12月）に WTO における米市場の追加開放をめぐる再交渉を行い，MMA を維持する代わりに，輸入数量の拡大と一部の輸入米の市販が約束された．今後においては，ブランド米の品質やイメージが，輸入米との価格差をどれほどカバーしうるかが試されることになる．

4 韓国における農産物の安全性確保システムの現状と流通対策
—— 国立農産物品質管理院とソウル市可楽洞農水産物卸売市場の安全性検査を中心として ——

4.1 はじめに

　韓国政府は消費者に安全な農産物を提供することで，国産農産物に対する信頼を確保し，生産者には品質競争力を向上させ，安定的な農家所得を確保できるように，1996年から生産段階・貯蔵段階・出荷前段階の3段階に分けて農産物に対する残留農薬検査を開始した．2002年から農産物の安全管理業務については，国家と地方自治体間の共同事務として安全管理体制が強化された．また，これまでの農業政策も農産物の増産政策から，安全かつ高品質な農産物を生産する政策へとシフトした．これらの諸政策を展開するために2003年7月に農産物の安全管理を効率的に管理する消費安全課が農林部に新設された．

　しかし，政府が農産物に対する安全管理を推進しているものの，一部の農産物から農薬残留許容基準（Maximum Residue Limits，以下MRLという）を超過して農薬成分が検出される事例が引き続き発生しており（韓国食品医薬品安全庁2005，日本財団法人日本食品化学研究振興財団ホームページ），国民は食品に対する不信・不安感を募らせている．そのため，農場から食卓までの農産物の徹底した安全管理が必要になっている．

　ここでは，まず韓国における農産物に対する安全性確保システムを検討し，事例として国立農産物品質管理院とソウル市可楽洞農水産物卸売市場の開設者であるソウル市農水産物公社における残留農薬検査の実態を明らかにする．また，残留農薬成分が最近検出された青果物と，その青果物から農薬成分が検出される要因を明らかにし，最後に，両機関の今後の課題について検討する．

4.2 韓国における農産物の安全性確保システム

　韓国における農産物に対する安全性確保は，品目別・段階別に多様な機関によって管理されている．表4.1は韓国における食品の安全管理担当機関を示したものである．MRLの制定は保健福祉部の傘下機関である食品医薬品安全庁（以下，食薬庁）が担当している．

表 4.1　韓国における主な食品安全管理担当機関と関連法律

区分		残留農薬許容基準の設定	安全性検査			
			生産段階	加工段階	流通段階	輸入段階
農産食品	農産物	食品医薬品安全庁（食品衛生法）	農林部（農薬管理法）（農産物品質管理法）	—	食品医薬品安全庁（食品衛生法）	食品医薬品安全庁（食品衛生法）
	農産加工食品	〃	—	食品医薬品安全庁（食品衛生法）	〃	〃
畜産食品	畜産物	〃	農林部（畜産物加工処理法）	—	農林部（畜産物加工処理法）	農林部（畜産物加工処理法）（家畜伝染病予防法）
	畜産加工食品	〃	—	農林部（畜産物加工処理法）	〃	〃
水産食品	水産物	〃	海洋水産部（水産物品質管理法）	—	海洋水産部（食品衛生法，委託業務）	食品医薬品安全庁（食品衛生法）
	水産加工品	〃	—	食品医薬品安全庁（食品衛生法）	食品医薬品安全庁（食品衛生法）	〃

資料：韓国農林部資料「農食品安全総合対策」より作成．

　生産段階（市場に出荷前の段階）の農産物と畜産物および畜産加工食品は農林部が担当しており，水産物は海洋水産部が担当している．流通段階の農産物と農産加工食品および水産加工食品は食薬庁が担当している．輸入品のうち畜産物と畜産加工食品は農林部が，その他の食品は食薬庁が担当している．このように安全性管理が分散していて生産から最終消費販売段階まで一貫して管理ができず，問題が起こった場合は効果的な対応が困難であるという指摘もある．畜産物の場合は，1985年に食品衛生業務一元化を名目に，と畜を除外した畜産物加工業務が保健福祉部（当時は保健社会部）に移管されたが，様々な衛生問題が発生し，1997年から農林部が生産から消費（食肉店，牛乳代理店）まで一貫して管理している（一般食堂，接客事業所は保健福祉部管轄）．しかし，畜産衛生関連業務を現在の農林部から食薬庁に再度一元化しようとする動きが見られている（韓国農民新聞2005）．

　韓国における農産物に対する安全管理行政体系をみると，図4.1に示すように，セリ前段階までは農林部が，セリ以降は保健福祉部が担当している．図4.2は生産・流通・加工・販売段階で適用される法律を示したものである．生産段階で適用される法律は農産物品質管理法と農薬管理法である．流通・加工・販売段階では主に食品衛生法が適用されるが，他にも糧穀管理法，親環境

農業育成法,農産物品質管理法などの法律が絡んでいる.図4.3は農産物に対する安全管理を担当している農林部と保健福祉部の業務を示したものである.

農産物の生産・出荷前段階での業務は農林部傘下機関の農村振興庁,農管院が担っており,市・道と市・郡(地方自治体)の農業技術センターは国の業務と共同してあたっている.一方,流通中の国産農産物や加工食品に対する安全性管理は食薬庁が全国をカバーしている.また市・道保健環境研究院は管轄

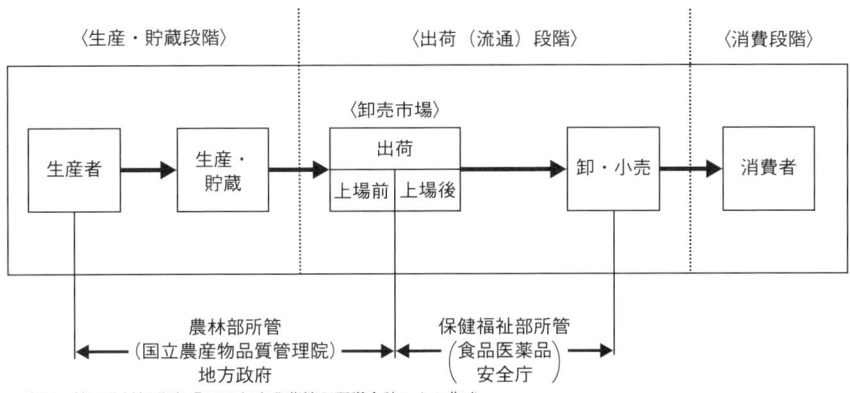

資料:韓国農村振興庁『2003年度農薬管理研讃会誌』より作成.

図4.1 韓国における段階別安全管理の流れ

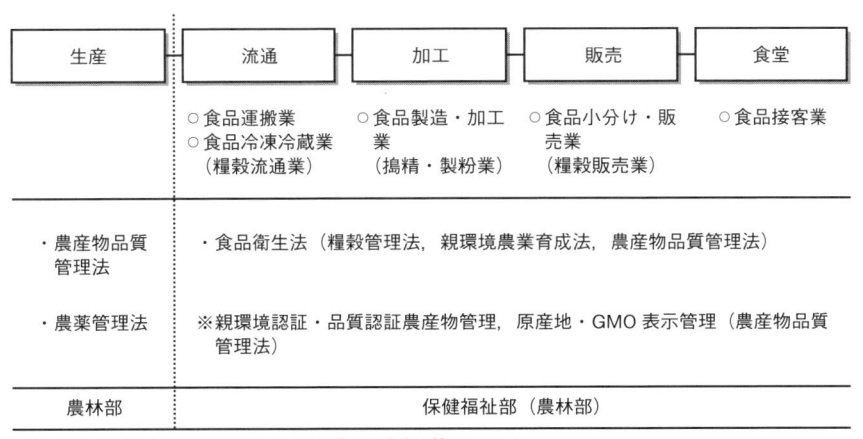

注:輸入農産物は食品衛生法により食品医薬品安全庁で管理している.
資料:韓国農林部『2001農食品安全白書』より作成.

図4.2 韓国における関連法律別農産物の安全管理体系

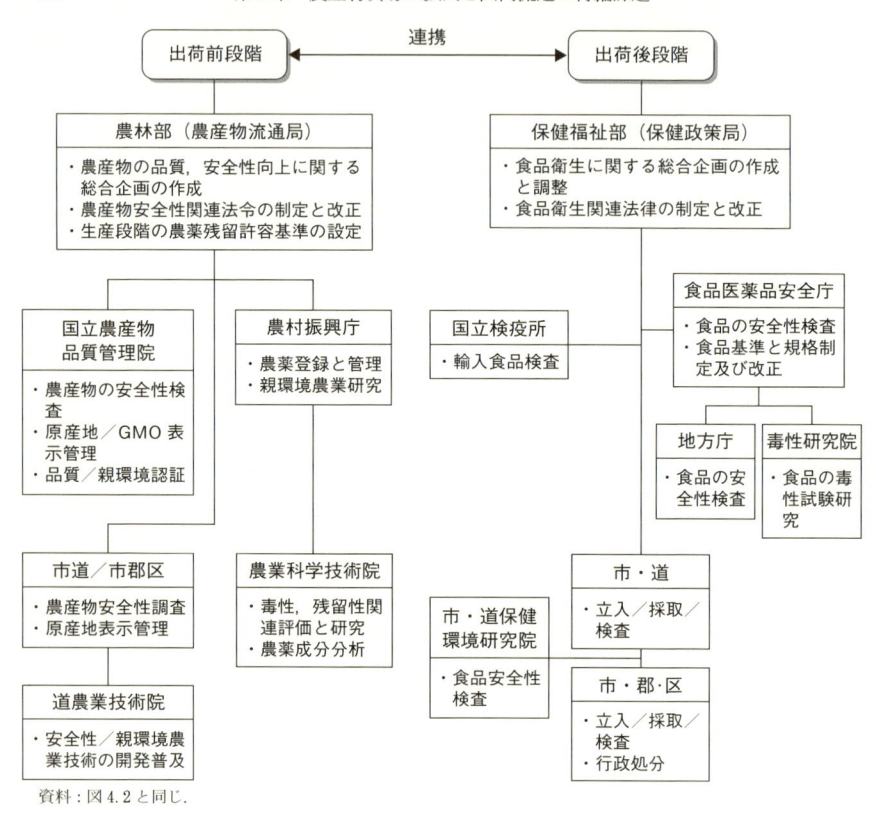

図4.3　韓国における農産物の安全管理行政体系

```
                            連携
        出荷前段階 ←――――――――→ 出荷後段階

  農林部（農産物流通局）              保健福祉部（保健政策局）
  ・農産物の品質，安全性向上に関する    ・食品衛生に関する総合企画の作成
    総合企画の作成                      と調整
  ・農産物安全性関連法令の制定と改正    ・食品衛生関連法律の制定と改正
  ・生産段階の農薬残留許容基準の設定

                                        食品医薬品安全庁
                                        ・食品の安全性検査
                                        ・食品基準と規格制
  国立農産物    農村振興庁   国立検疫所    定及び改正
  品質管理院    ・農薬登録と管理 ・輸入食品検査
  ・農産物の安全性検  ・親環境農業研究
    査                                 地方庁      毒性研究院
  ・原産地／GMO表                      ・食品の安  ・食品の毒
    示管理                               全性検査    性試験研
  ・品質／親環境認証                                  究

  市道／市郡区  農業科学技術院          市・道
  ・農産物安全性調査 ・毒性，残留性関   ・立入／採取／
  ・原産地表示管理    連評価と研究       検査
                    ・農薬成分分析  市・道保健
                                    環境研究院    市・郡・区
  道農業技術院                      ・食品安全性  ・立入／採取／
  ・安全性／親環境農                  検査          検査
    業技術の開発普及                              ・行政処分
```

資料：図4.2と同じ.

市・道の安全性検査を行っている．生産者組織の農協でも，取り扱っている農産物の安全性を確保するため，全国に圏域別に3ヵ所（首都圏，中部圏，嶺南圏）の食品安全センターを設置し，先端検査機器を用いて残留農薬検査を行っている．今後食品安全センターを5ヵ所に，拡大する予定となっている．

4.3　農管院における農産物の安全性確保状況

4.3.1　組織と安全管理体系

ここでは，農産物の生産・流通前段階の安全性管理を担当している農管院の安全性検査業務について述べる．農管院は農林部の傘下にある国家機関であり，その組織構成をみると農管院本院とその下に試験研究所（1），支院（9），出張

所 (84) が全国の市道・市郡に配置されている (韓国国立農産物品質管理院試験所ホームページ). 同機関の主な業務は農産物の安全性検査 (調査を含む), 標準規格制定, 品質認証, 農産物の原産地とGMO表示管理, 農業統計などである. 残留農薬検査は, 国の安全性検査計画によって実施する場合と希望者の申請を受け検査する場合がある. 希望者が検査を申請する場合の残留農薬検査料は依頼者が検査費用を負担する. 検査料は農薬分析方法によって異なるが, 1件当たり38,000ウォン (約3,500円) 程度である (日本の場合は1件当たり19,000円-30,000円).

4.3.2 農産物の安全性検査の目的と対象品目および有害物質

農管院の農産物に対する安全性検査は1996年8月から始まった. 農産物の安全性検査の目的は, 残留農薬検査を通じて, 不適合農産物が市場に出荷されることを出荷前段階で食い止め, 安全な農産物を生産・供給することによって, 消費者の信頼確保と国産農産物の競争力の向上および安全性確保を通じた国産農産物の輸出増大をはかることにある.

安全性検査の対象品目は, 年度別調査計画により若干異なるが, 2004年度は140品目 (穀類8品目, 野菜類87品目, 果実類19品目, その他品目26) である. なかでも, 前年度の安全性検査の結果により不適合率が高い品目, 日々の摂取量が多い, あるいは生で食べる品目, そして消費者の関心度が高い品目などを考慮し, 30品目を重点管理品目 (表4.2参照) に選定し, 重点管理している. 安全性検査対象品目に野菜の品目が多いことは, 他の食品より野菜

表4.2 重点管理品目

区分	野菜類	果実類	その他
国内用 (30品目)	エゴマの葉, サニーレタス, チナムル(山菜), せり, しし唐, にら, 春菊, 大根葉, 青ねぎ, 青唐, チャムナムル(山菜), ほうれんそう, ふき, こまつ菜, しろ菜, きゅうり, ミニトマト, セロリ, シンソン草チョ, 大豆モヤシ, チコリー, フダン草, 芥子菜(高菜), いちご, ケール, チンゲン菜	ぶどう, もも	ヒラタケ, エノキダケ
輸出用 (29品目)	パプリカ, ミニトマト, きゅうり, なす, しし唐, 青唐など	なし, りんご, メロン, いちご, スイカなど	ヒラタケなど

資料: 韓国国立農産物品質管理院資料より作成.

の消費が多いこと（1人年間約140 kg）からも窺える．また，野菜の品目が多いことは韓国の食文化と関連がある．韓国ではサニーレタス，エゴマの葉，にんにく，青唐などの野菜は生で食べる場合が多く，青汁にして摂る場合もある．例えば，多くの人は焼肉を食べる時，エゴマの葉やサニーレタスなど野菜の上に焼肉を包んで食べる慣習がある．このため，野菜に対する安全性管理が徹底的に要求されている．安全性検査対象の有害物質は146の農薬成分と1のカビ毒素（アフラトキシン），1の重金属（カドミウム）である．

4.3.3 安全性検査の手続

　野菜・果実類に対する安全性検査は，生産段階・貯蔵段階・出荷前段階に分けて検査する試料を採取する．生産段階での試料の採取は施設栽培団地や主産地の生産圃場で収穫10日前に行う．貯蔵段階では穀類，果実類，にんにく・たまねぎなどを対象として試料を採取しており，米は米穀総合処理場（RPC）で，果実は主産地の貯蔵倉庫で行っている．出荷前段階では集荷場で，卸売市場ではセリが行われる前に試料を採取する．試料採取後に速成検査（簡易検査）を行う．これは農薬に敏感に反応する生物体酵素（韓国ソウル市農水産物公社 2002）を用いて農産物に残留する農薬成分の有無を簡便かつ迅速に判別する検査方法である．速成検査の結果によりエゴマの葉，レタス，チナムル（山菜の一種），青唐，ほうれんそう，春菊など6個品目は30%以上，それ以外の品目は40%以上の阻害率（農薬成分が神経伝達酵素の活性を阻害する比率）が出た場合，農管院の精密検査施設があるところで精密検査を行う．精密検査の結果は，検査を依頼した該当出張所に通報される．農管院出張所ではMRLを超過した不適合農産物を生産した生産者に，MRLの超過内訳と不適合品の処理方法を通知する．通知を受けた農家は出荷延期（残留許容基準以下に減少する期間まで）・用途転換（分解，消失までの期間が長くて食用には出荷できないが，種子・飼料用などに使用出来ると判断する）・廃棄などいずれかの措置を取らなければならない．もし，生産者が不適合通知事項に従わない場合は，農管院が刑事告発の措置を取る．

4.3.4 安全性検査実績と残留農薬検出農産物および検出要因

　ここでは，これまで農管院が行った農産物の安全性検査実績について分析する．農管院が行った農産物の安全性検査実績は表4.3のとおりである．

検査件数は，初年度の 1996 年は 752 件と少なかったが，1998 年から速成分析を導入した結果，検査件数が毎年増加し，2004 年には 6 万件を超えた．2004 年度の検査内容を分析すると，速成検査は 40,196 件（66.4％）であり，精密検査は 20,371 件（33.6％）である．これを，さらに試料採取段階別にみると，生産段階で 45,883 件（75.8％），貯蔵段階で 730 件（1.2％），出荷前段階で 13,954 件（23.0％）である．生産段階での検査件数が多いのは，生産圃場段階で残留農薬成分を遮断しようとするためだと考えられる．

表 4.3　年度別農産物の安全性検査実績

（単位：件数）

年度	検査品目数	検査件数		
		速成検査	精密検査	全体
1996	33	—	752	752
1997	58	—	3,557	3,557
1998	80	5,036	5,571	10,607
1999	111	20,527	8,154	28,681
2000	124	31,056	11,672	42,728
2001	128	40,234	15,110	55,344
2002	134	38,999	17,011	56,010
2003	135	40,242	19,328	59,570
2004	138	40,196	20,371	60,567

資料：国立農産物品質管理院資料より作成．

資料：韓国国立農産物品質管理院資料より作成．

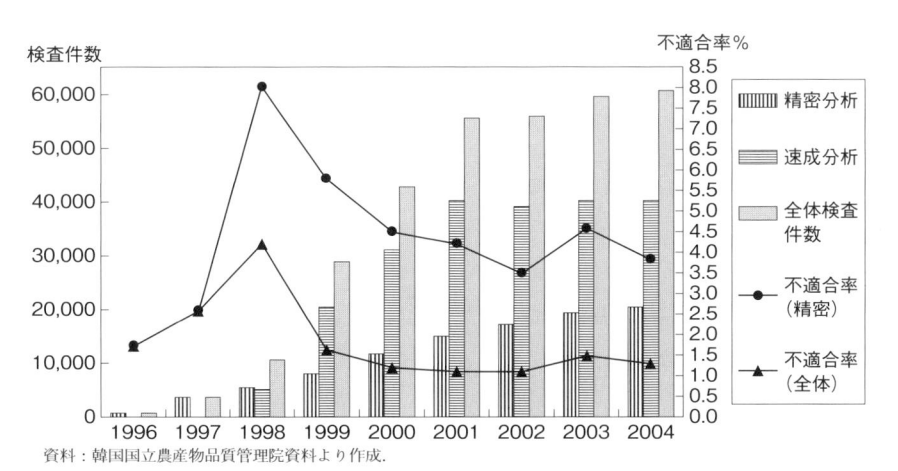

図 4.4　残留農薬検査結果における不適合率

表 4.4　年度別残留農薬基準を超えた不適合品目の順位

(単位：件数)

区分		2001 年		2002 年		2003 年		2004 年	
野菜類	①エゴマの葉	77	①エゴマの葉	59	①エゴマの葉	74	①エゴマの葉	91
	②サニーレタス	35	②チナムル（山菜）	45	②サニーレタス	30	②チナムル（山菜）	45
	③大根葉	34	③サニーレタス	36	③チナムル（山菜）	28	③にら	30
	④チナムル（山菜）	29	④しし唐	25	④せり	26	④ほうれんそう	28
	⑤ほうれんそう	28	⑤春菊	24	⑤しし唐	23	⑤サニーレタス	24
	⑥春菊	26	⑥大根葉	22	⑥にら	20	⑥白菜	23
	⑦白菜	24	⑦ほうれんそう	18	⑦春菊	20	⑦しろ菜	21
果実類	①もも	10	①りんご	8	①キウイ	14	①キウイ	14
	②キウイ	10	②キウイ	6	②りんご	9	②もも	12
	③柑橘	8	③柑橘	4	③もも	8	③りんご	9

資料：韓国国立農産物品質管理院の資料をもとに作成．

　農産物種類別に検査件数をみると，野菜類 48,489 件（80.1％），果実類 3,610 件（6.0％），穀類 5,945 件（9.8％），その他 2,523 件（4.1％）であり，野菜類の検査件数が多いのは主に野菜類（葉菜類）から残留農薬が頻繁に検出されるためである．

　次に，検査結果に対する不適合率について分析する．図 4.4 に示すように 1998 年度に精密検査での不適合率は 8.0％ であったが，2004 年度には 3.8％ へと減少している．全体検査件数に対する不適合率は 1998 年度は 4.2％ であったが，2004 年度には 1.3％ に減少していることがわかる．不適合率が減少傾向を見せている理由は，この間，政府が残留農薬検査件数を増加しながら，不適合農産物を生産した生産者に対する制裁と農薬安全使用に対する指導を持続的に展開したことによって，生産者が従来より農薬使用に注意を払うようになったからだと考えられる．

　一方，表 4.4 に示すように残留農薬が検出される主な品目は，エゴマの葉が最も多く，サニーレタス，チナムル，大根葉，しし唐，せり，ほうれんそう，春菊，ニラなどの野菜品目から主に残留農薬が検出されていることがわかる．これらの品目が不適合品とされる要因を分析すると，以下の 4 点が指摘できる．①頻繁に農薬成分が検出されるエゴマの葉などの品目は，大部分が小面積栽培作物であり，これらの品目に使用する農薬は試験費用に比べて収益が低いため，農薬製造業者は小面積栽培作物に適用する農薬の開発を避けている．なぜならば，新たな農薬開発に 10-12 年，開発費用も 500-1,000 億ウォンがかかると言

われているからである（韓国国立農産物品質管理院京畿支院2004）．このため，農家が他の作物に使用する農薬を慣行的に使用する．
②とくに，エゴマの葉は，葉の面積が広く，微細な毛があるため農薬成分が付着しやすい．
③小面積栽培作物は，収穫期間が長く，収穫期間中にも農薬を散布する場合があるため，農薬成分が残留しやすい．
④生産者が農薬安全使用基準を遵守せず，慣行的に農薬を誤用・濫用することに原因がある．

4.4　ソウル市可楽洞農水産物卸売市場における青果物の安全性確保状況

4.4.1　可楽洞農水産物卸売市場の安全性検査の実施の背景

　韓国のソウル市にある可楽洞農水産物卸売市場（以下，可楽洞市場）は，1985年6月19日に開設した国内最初の最大の公営卸売市場であり，年間約226万t（1日当たり約6,000-8,000t）の農水産物が取引されている．また，可楽洞市場は首都圏農産物流通量の約半分を取り扱っている．このように，可楽洞市場は首都圏市民に大量の食品を提供しているため，安全性確保が極めて重要な課題である．

　そこで，1995年4月にソウル市保健環境研究院（以下，保健院）が可楽洞市場内で農水産物の安全性検査業務を開始することになった．全国32ヵ所の公営卸売市場のうち精密検査を実施している市場は可楽洞市場しかない．しかし，保健院が実施している残留農薬検査は精密検査であるので，検査時間が3-4時間と長く，検体数を増やすには限界があった．また，生鮮野菜は流通期間が短く，迅速な流通が要求されるので卸売市場での検査方法としては不十分であった．そこで，可楽洞市場の開設者のソウル市農水産物公社（以下，公社）は，多量の農産物を迅速に検査ができる速成検査体制を構築し，1998年2月24日から公営卸売市場としては初めて速成検査を導入した．可楽洞市場は，公社と保健院が協力し合って安全性確保のための24時間監視体制を構築している．

4.4.2　検査対象品目と検査対象農薬成分

　速成検査の対象品目は不適合率が高いエゴマの葉，春菊，ほうれんそう，サ

表 4.5　試料採取時間

区　分	セリ品目		セリ例外品目
	1次採取	2次採取	
品　目	葉茎野菜類	唐辛子，ピーマン にら，せり等	葉茎野菜類
場　所	法人セリ場	法人セリ場	仲卸売人店舗
時　間	18：00	21：30	20：00
採取日	毎日	毎日	週2回

資料：聴き取り調査より作成．

ニーレタスなど44品目である．速成検査による検出が可能な農薬成分は，クロルピリホスなど有機リン系農薬23種とカボフランなどカーバメイト系農薬7種，合わせて30種の殺虫剤成分と，キャプタンなど殺菌剤成分15成分，合計45の農薬成分である．韓国における残留農薬速成検査は，大半は殺虫剤速成検査であるが，公社では2001年4月から国内で始めて殺菌剤速成検査も導入している．

4.4.3　残留農薬検査体系

　速成検査のための試料の採取は，セリが始まる1時間前の18時と21時30分までに行う（表4.5参照，同市場ではセリは昼夜行われている）．残留農薬検査は夜間も昼の勤務者と交代しながら24時間体制で実施されている．速成検査を含む全体の残留農薬検査の流れは，試料採取，速成検査，精密検査，事後措置の順に進行している．試料の採取から速成検査の判定までの所要時間は1時間50分程度である．速成検査の結果，陽性反応（不適合）が出た品物は流通を停止させるとともに市場内の保健院へ精密検査を依頼する．精密検査の結果，農薬成分がMRLを超え，不適合品と判断されると該当品物は廃棄処分される．不適合品を出荷した農家は可楽洞市場への出荷が1ヵ月間停止され，1年に2回のMRLを超過した出荷者は司法当局への告発措置がとられる．また，該当行政機関等（市郡，農業技術センター，単位農協）に不適合出荷者を通報し，農薬の安全な使用指導を要請する．そして，全国の公営卸売市場に不適合品出荷の事実を通報し，該当出荷者による他の卸売市場への出荷を制限する．さらに，不適合出荷者は公社のホームページに掲載される．

　なお，公社では可楽洞市場へ出荷する生産者のために出荷前に速成検査を依頼すると，無料で残留農薬検査を行うサービスをしている．

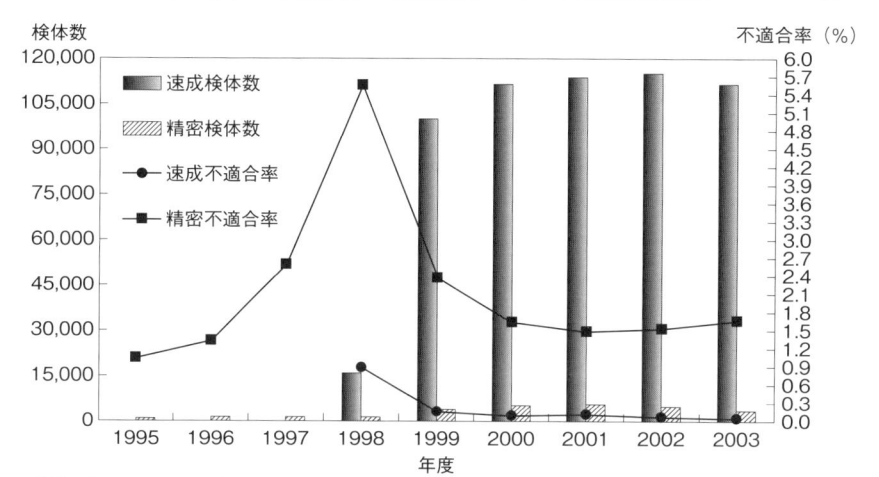

図4.5 可楽洞市場農水産物卸売市場における残留農薬検査の実績

資料：韓国ソウル市農水産物公社『2004年卸売市場統計資料集』より作成．

4.4.4 残留農薬検査の実績

　公社が行っている速成検査は，1日495件であり，図4.5は可楽洞市場における年度別の安全性検査実績を示したものである．速成検査実績は，検査初年度（1998年）の検査件数は1万5,750件であったが，1999年に10万31件，2000年に11万1,709件，2003年に11万1,742件，2004年の検査目標（計画）11万件で毎年11万件以上の検査を実施している．速成検査の不適合率は検査初年度の1998年には0.89％と高かったが，2003年度には0.05％で検査件数が増えたにもかかわらず不適合率は減少していることがわかる．

　精密検査実績は，検査が始まった1995年の検査件数は666件と少なかったが，毎年検査件数が増加し，2001年には5,635件とピークを迎え，2003年には3,744件と減少している．精密検査件数が減少している理由は，速成検査で不適合率が減少しているからであると考えられる．精密検査の結果による不適合率をみると，1995年には1.05％を示していたが，1998年には5.55％まで増加し，最大となったが，それ以後は減少に転じており，2003年には1.66％まで減少した．

4.5 むすび

韓国における残留農薬検査は，生で食べる野菜が多いため，野菜を中心として実施されている．農管院は主に生産段階での残留農薬検査を実施し，年間6万件の残留農薬検査を行っている．不適合率は1998年の4.2%から2004年には1.3%に減少しているものの，残留農薬検査で農薬成分が多く検出される農産物はエゴマの葉，サニーレタス，にら，ほうれんそうなどである．その理由は，これらの品目が小面積栽培作物であり，該当農産物に使用する登録農薬が少なく，農家が他作物に使用する農薬を散布するためである．また，検出される農薬成分は農薬残留許容基準が低く設定されているため，農家が農薬使用基準を遵守せずに，使用することによって頻繁に残留農薬問題が発生している．農管院の残留農薬検査の特徴は，生産段階で適用する農薬残留許容基準を新たに設け，生産段階で残留農薬を遮断するシステムを運営していることである．

一方，ソウル市農水産物公社が卸売市場で行う残留農薬検査は，年間11万件であるが，不適合率は1998年の1.24%から2003年には0.11%に減少している．公社の残留農薬検査で多く検出される品目は農管院の検査と同様にエゴマの葉，春菊，サニーレタス，ほうれんそうである．公社が行う安全性確保システムは，国立保健環境院と結びついて24時間の監視体制を構築することである．速成検査結果を公社ホームページに掲示するなど残留農薬検査を強化することによって不適合率が減少していると考えられる．

韓国の消費者団体が消費者1,388人を対象とした意識調査をみると，農産物を購入する際，何を最も考慮するかの質問に，価格14.3%，味17.5%，安全性57.8%と回答した（韓国農民新聞［2005年4月15日］）．このように消費者は安全性に対する関心が高いことがわかる．なによりも重要なことは，生産者自らが安全農産物を生産し，消費者に提供しなければならないという使命感を持って生産に臨むことである．政府も，不適合農産物を出荷した農家は逆追跡調査を通して事後管理を強化し，農家に対する指導・教育等を徹底的に行わなければならない．

5 中国における食糧・農産物流通の改革

5.1 中国における食糧流通制度の改革
5.1.1 食糧流通制度改革の展開[24]

　中国では1953年に実施された統一買付け・統一販売制度（「統購統銷」）によって，農民からの食糧買付け，食糧流通・加工，都市での食糧配給など食糧流通にかかわるすべての部門は国家によって独占されてきた．政府は食糧流通部門に対して経営諸経費を補助し，食糧価格の逆ざやを補填してきた．ただし財政補助金支出は，1978年時点では財政支出の1％程度にとどまっていた．1979年に食糧買付け価格が大幅に引き上げられたこと，そして1982-84年の3年連続の食糧大幅増産と相まって，食糧買付け価格と販売価格の逆ざやが大幅に拡大し，1984年には国家財政支出の10.5％を占め，大きな財政負担となったのである．そして1985年に食糧流通改革が始まり，統一買付け制度が廃止され，食糧の契約買付け制度が導入されたのである．その背景には，都市住民への食糧配給制度を維持しつつ，政府によって計画的に食糧買付け量を削減することで，食糧に対する逆ざや補填支出を抑制し，協議買付けなどの自由市場流通部分を増加させるという政策目標が存在していた．

　食糧買付け価格の実質的な引き下げと，収益性の高い野菜・果物などの商品作物の流通自由化によって農民の食糧生産インセンティブが低下し，1985年の食糧生産は2,820万tの大幅な減産となり，前年比6.9％も減少したのである．そのため，食糧の市場価格が急騰して契約買付け価格を上回るようになり，契約買付けは実質的に義務供出となったのである．こうして，政府が食糧流通の一部を行政的な手段を用いて直接管理することによって都市住民への食糧の安定供給を確保し，残りの部分は市場流通に委ねるという食糧の複線型流通システム（「双軌制」）が1986年に成立したのである．

　その後，食糧契約買付け価格は徐々に引き上げられたとはいえ，その引き上げ幅は小さく，協議買付け価格よりも低かった．そして契約買付け量が減少するにつれて，市場価格に近い協議価格での買付け量が増加した．1987年の国営食糧部門の食糧配給量は6,523万tで，その販売量9,191万tの約7割にとどまり，契約買付け量5,692万tを大幅に上回っていた．そのため，国営食糧

部門は契約価格よりも高い協議価格で購入した食糧を安価な配給価格で提供するようになり，食糧による財政負担が増加した．

1980年代後半に停滞していた食糧生産は1990年から再び増産に転じ，食糧の市場価格が大幅に下落し，政府による契約買付け難は解消したが，逆に農民の食糧販売難が問題になった．この販売難を解消するために，1990年に政府は米，小麦，とうもろこしについて，市場価格よりも高い保護価格で無制限買付けを実施した．また，市場需給を間接的にコントロールするために，食糧備蓄局（1990年9月）と食糧卸売市場（1990年10月以降）を設立した．保護価格による無制限買付けを実施したため，食糧買付けにおける逆ざや負担は再び増加した．この財政負担を軽減させるため，政府は1991年5月と1992年4月の2回に分けて都市住民に対する食糧配給価格を大幅に（引き上げ率140％）引き上げた．さらに，政府は都市住民に対して，配給制度を数量的には保留するが価格は自由化し，それと同時に，農民に対して一定規模の食糧買付けを継続するがその契約買付け価格は安価な公定価格ではなく，自由市場価格にするという政策（「保量放価」）を実施した．

40年にも及んだ都市住民に対する食糧配給制度は，1993年以降順次廃止されたが，「保量放価」政策による市場価格での食糧買付けと販売は，政府の思惑どおりには進まなかった．1993年11月に広東省の米価急上昇を契機に，全国の食糧価格は急騰した．そのため，1994年に義務供出としての買付けが復活し，契約買付け価格も市場価格に依拠することができなくなった．食糧価格の上昇は1995まで続いていたため，契約買付け価格の引き上げが何回にも実施されたが，その価格水準は依然として市場価格に準じる協議買付け価格を下回っていた．また，市場価格の高騰は食糧価格補填額の削減に貢献し，食糧による財政負担を縮小させたのである．さらに，1994，95年のような食糧価格高騰を発生することを防ぎ，省内での食糧需給の均衡化と食糧市場の安定化を目的に，省長食糧責任制（「米袋子省長負責制」）が1995年から正式に導入された．

食糧価格の上昇などの原因で，一時低迷していた食糧生産は1995年から再び増加に転じ，1996年には中国歴史上初めて食糧生産量が5億tを超えた．1997年には若干生産量が減少したが，1998年には再び生産量が5億tを回復

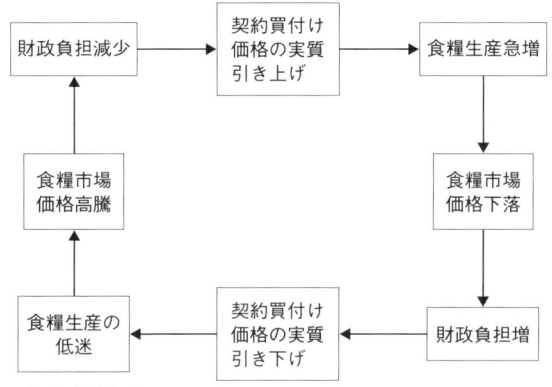

5　中国における食糧・農産物流通の改革　　155

```
財政負担減少 → 契約買付け      → 食糧生産急増
              価格の実質
              引き上げ
    ↑                                ↓
食糧市場                         食糧市場
価格高騰                         価格下落
    ↑                                ↓
食糧生産の ← 契約買付け      ← 財政負担増
低迷         価格の実質
             引き下げ
```

出所：筆者作成．

図 5.1　中国における食糧流通政策調整の「悪循環」

している．そのため，1994，95年に高騰していた食糧価格は1996年から急落した．1997年ごろに契約買付け価格は協議買付け価格（市場価格）とほぼ同じ水準になり，1998年以降は市場価格を上回る逆転現象が発生している．その結果，一方では農民の食糧販売難が再び発生した．それを解消するため，契約買付け価格の水準を参考に決めた保護価格による無制限買付けが実施され，全国の食糧備蓄は前例がない水準にまで増加した．他方では食糧による価格逆ざやや，在庫補助金などの財政負担が再び急増した．

このように，中国食糧流通制度の改革は市場経済への転換を目指しているとはいえ，何回もの挫折ないし後退があり，うまく進まなかった．改革の動向は主に2つの要因に左右されていたと思われる．1つは食糧による財政負担の削減である．今ひとつは食糧過格高騰を防ぐことである．食糧生産量が急増した局面では，食糧市場価格が下落し，財政負担増が問題の中心となり，政策調整は財政負担の削減を主な目的とする．食糧生産が低迷している局面では，食糧市場価格が高騰する恐れがあり，政策調整は食糧需給と価格の安定化を主な目的とする．しかし，2つの局面に対する主な調節手段は同じく契約買付け価格と規模を変化させることである．そして，改革過程では図5.1に示されたような「悪循環」が見られる．そのような「悪循環」を解消することは中国食糧流通制度改革を成功させる鍵ともいえよう．1998年実施した食糧流通制度の改革はその「悪循環」を解消するための試みである．

5.1.2 1998年改革の内容とその問題点

1998年食糧流通改革の内容は「四つの分離と一つの完全化」(「四分開，一完善」)と「三つの政策と一つの改革」(「三項政策，一項改革」)にまとめられている．「四つの分離と一つの完全化」とは，食糧流通における政府（政策）と企業（経営）の分離，中央政府と地方政府の責任の分離，備蓄と経営の分離，新旧の債務勘定の分離，そして食糧価格決定における市場メカニズムの強化である．「三つの政策と一つの改革」とは，農民の余剰食糧の保護価格による無制限買付け，国有食糧企業の順ざや食糧販売，食糧買付け資金の他目的への流用禁止，そして国有食糧企業の改革である．

1998年ごろ中国の食糧事情は相対的過剰局面であるため，政策調整の直接目的は農民の食糧販売難の解消と食糧財政負担の軽減である．保護価格による無制限買付け政策の実施によって，農民の食糧販売難は一応解消されたが，食糧財政負担の軽減という目的は達成されなかった．無制限買付け保護価格は市場価格よりも高い水準にあり，また都市住民に対する食糧販売価格はすでに自由化されたため市場メカニズムによって決定されるので，市場メカニズムによって国有食糧企業の順ざや食糧販売することには無理があった．そのため，政府は農村部での食糧買付けは国有食糧企業の独占とし，私営商人や非国有食糧企業の農村・農家からの直接買付けを厳禁し，県以上の食糧市場からの購入を義務づけた．それには国有食糧企業による独占を利用して都市住民に対する食糧販売市場の供給を抑制し，食糧販売市場価格を人為的に上昇させ，国有食糧企業の順ざや販売条件を作り出す思惑があった．しかし，実際には広大な農村を臨機応変に走りまわる膨大な私営商人や，村々に存在する小規模な精米所・製粉所の活動を完全に規制することは不可能であった．国有食糧企業の順ざや販売に必要な市場価格状況はできてこなかった．一方では都市住民に対する食糧販売価格は買付け保護価格よりも低い水準にあり，他方では無制限買付けするために国有食糧企業の在庫食糧が急増したため，価格逆ざや，在庫保存補助と資金占用利息補助などで構成される食糧関係財政支出は軽減されたどころか，むしろ改革以前よりも増加したのである．

その原因として，食糧流通補助政策に問題があると指摘された．食糧流通部門に対する補助は効率が低くて，保護価格による補助の相当部分は食糧生産農

家の利益になっていなかった．食糧補助の効率を向上させるためには，食糧補助方式を改革する必要があった．また，保護価格での買付けをする場合，国有食糧企業は実際に食糧補助政策を実施する主体であるため，国有食糧企業の市場化改革ができなかった．政府による食糧補助政策の実施と国有食糧企業の経営活動が明確に分離することは，国有食糧企業改革の前提になっている．新たな食糧流通制度改革はまさに1998年改革の問題点を意識しながら進められてきた．

5.1.3 食糧流通制度改革の新たな展開

このように，1998年食糧流通改革は期待どおりの成果が挙げられなかった．改革の理念からいえば，1998年食糧流通改革は市場指向的ものよりもむしろ計画指向的なものであった．そのため，新たな食糧流通制度改革はまず理念を転換し，食糧流通の市場化を目標とした．改革の主な内容は次のようにまとめられる．

第1は食糧買付けの完全市場化である．2001年3月，浙江省は国務院の指示に従って，改革実験として食糧買付けを完全に市場化した．同年7月，国務院は『食糧流通制度改革をいっそう深化させることに関する意見』を公表した．それを受け，広東省，北京市，天津市，上海市，江蘇省，福建省，海南省などの経済発展が進む沿海部の食糧消費地について，食糧買付け価格が完全に市場化された．それと同時にそれらの地域には，省長食糧責任制にもとづいて食糧供給の保障と食糧市場の安定化に努めることが求められた．食糧生産と消費がほぼ均衡である省のなかで，広西省，雲南省，重慶市，青海省では2002年4月から，貴州省では2003年4月から食糧買付けの完全市場化改革が実施された．2004年に入ると，食糧主産地である地域でも食糧補助政策の調整につれて，食糧買付けが市場メカニズムに従うようになった．

食糧買付けの完全市場化は計画経済時代に確立した制度の枠組みを徹底的廃止したことを意味する．それによって，国有食糧企業を改革する条件を作りだした．また，食糧需給の安定化を確保するために，買付け制度を替わる仕組みが求められる．

第2は食糧補助政策の調整であり，いわゆる「補助金を直接農民に支給する政策の実施」（「直接補貼」）である．食糧補助改革の実験は2002年から，安徽

省の全域と吉林省，河南省，江西省，湖南省，内モンゴル自治区などの一部で開始された．実験の結果を受け，2004年3月から国務院の決定に従って全国範囲で実行された．

　食糧買付けの完全市場化と同時に，国有食糧企業の買付け行動に対する補助が廃止され，食糧補助金は国有食糧企業を通せず農民に直接支給するようになった．食糧補助金の支給対象作物は米，小麦，とうもろこしであり，対象地域は食糧主産地の省（自治区）とほかの省（市，自治区）で主産地と認定された市，県である．補助の資金源は食糧リスク基金であり，2004年には116億元の補助金が全国29の省（市，自治区）の農家に直接支給された．補助金の配分には，農業税の納税基準耕地面積による方式，農業税の納税基準平年産出量による方式と食糧作付面積による方式の3つがある．具体的配分方法は次のとおりである．まず，県（市）を単位として，その県（市）における3年から5年間に国有食糧企業による保護価格買付け量を算出し，補助対象となる食糧量をその算出量の7割になるように確定する．次に，農業税の納税基準耕地面積（あるいは農業税の納税基準平年産出量，あるいは食糧作付面積）によって，各農家における補助対象になる食糧量が算出される．第3に，市場価格と保護価格との差を基準に単位当たり食糧の補助単価を省（市，自治区）で統一的に確定する．第4に，各農家の補助対象になる食糧量に補助単価を乗じて，各農家が受けられる補助金の額を算出する．各農家への補助金支払いは農業税の徴収と同時に実施し，農業税の一部にあてることもできるが，先に補助金を農家に支払い，その後農業税を徴収することもできる．農業税が廃止された地域では農家に直接支払う．

　安徽省における2003年の食糧補助を例に見てみよう．1998年から2002年まで国有食糧企業による保護価格買付け量をベースに計算した補助対象となる食糧量は620万tである．市場価格と保護価格の差で計算した単位当たり食糧の補助単価は小麦で110元/t，中晩熟米（籾ベース）で90元/tである．全省で支払った補助金額は6億元である．単位耕地面積当たりの補助金は，食糧商品率が高い地域で25元/ムー，商品率が低い地域で2.75元/ムー（実際には財政によって最低5元/ムーまで補足する），平均では約10元/ムーである．それは決して十分な補助とはいえない．各農家までの補助金配分では，農業税納税

基準耕地面積，または農業税納税基準平年産出，または前二者それぞれ50％にすることという3つの方式で実行された．また，原則として直接農業税に当たることをしないように指導しているが，実際には実施機構は郷鎮財政所であるため，農民は1つの窓口から補助金を受け取ってすぐ隣の窓口で農業税を納入するようなやり方がほとんどであった．

このように，2004年に中国の食糧補助政策は国有食糧企業を仲介とする保護価格買付け方式から農家への直接支払い方式に転換された．しかし食糧補助政策としては，なお2つの問題点が残されている．1つは政策実施による目標のずれである．農業税納税基準耕地面積あるいは基準平年産出量による補助金配分では，実際に食糧を生産していない農家は補助金を受け取れる一方，農業税納税基準面積以外の耕地（例えば経営権利を土地転入することによって得られた耕地）で食糧を生産している農家は逆に補助金を受け取れない．もう1つは政策実施のコストである．耕地面積当たりの補助金額はかなり低い一方，2億を超える農家に対して補助金を支払う行政コストは非常に高い．

第3は国有食糧企業の改革である．食糧補助政策の調整は国有食糧企業の改革条件を作り出した．新たな食糧補助政策の実施につれて，国有食糧企業の改革も全国的に展開されている．その改革の目標は財産権利の明確化などを通じて，市場メカニズムに従って自主経営をする現代企業規則に合致する食糧経営企業の確立である．「旧在庫食糧の処理，旧債務勘定の完成，旧職員の安置」という「三つの旧制度から生じた問題」（「三老問題」）をうまく解決することは，国有食糧企業改革がうまく進めるかどうかを左右するキーポイントになっている．

1998年食糧改革に問題があって，国有食糧企業の食糧在庫量は2002年ごろにピークを迎えた．その後，政府は陳化糧の処理政策を打ち出して食糧の在庫処理を奨励したため，食糧量の在庫量は2002年から減少する傾向にあった．また，中国の食糧市場価格は2003年10月から上昇傾向に転じて，国有食糧企業は食糧販売を促進した．そのため，旧在庫食糧の処理にはとくに大きな問題はないと思われる．旧債務勘定については，中央政府の政策に従って，まずは旧債務を政策的なものと経営的なものに分けられ，政策的なものは県あるいは県以上の食糧管理行政部門によって処理されるが，経営的なものは企業資産と

一緒に県を単位として新たに設立された食糧買付け企業に分離し，資産処理または経営所得によって処理される．

　国有食糧企業改革に関して，最も大きな問題は旧職員の分流である．2004年に中国有食糧企業の職員数は改革による分流などの原因ですでに38.8万人が減少され，減少率は18.9％であったが，年末にはまだ166万人を超える職員がいる．旧職員の分流に関する改革コストは，改革によって転職あるいは退職しなければならない旧職員に対して支払うべき転職金と退職金，そして失業保険，年金など社会福祉にかかわる支出である．食糧リスク基金の一部がそれに使用できるが，経営業績が良くない食糧主産地地域の国有食糧企業改革にとっては，なお不足部分が大きい．

5.2　中国における農産物卸売市場の新展開

　中国では野菜，果物，水産物などの農産物は食糧よりいち早く市場化されたため，食糧流通とは違って，卸売市場を中心とした流通システムが形成されてきた．そして，この節では中国浙江省と山東省での卸売市場調査資料を利用して，中国における農産物卸売市場の特徴，機能とその問題点などを明らかにする．

5.2.1　農産物卸売市場の形成

　中国農産物卸売市場は，1980年代のはじめごろに生まれ，産地市場の新興から産地市場・消費地市場の並行発展に，民間自発形成から政府推進建設に至る過程を経過した．具体的に言えば，4つの段階に分けられる．

(1)1970年代末から1984年までの自発萌芽段階

　中国改革の初期段階で，食糧などの主な主食農産物については計画買付けが続き，計画買付け任務を達成してからは自由市場で販売することが許可された．また，野菜や果物などの一部農産物の自由販売がいち早く許された．その販売ルートは再開された自由市場（「集賢市場」）である．比較優位性を持つ一部の伝統産地において，さっそく専業農家が多く出現し，長距離輸送・販売も盛んになり，民間卸売取引を交通の便利な自由市場に集中的に行うようになったため，一部の自由市場は卸売市場に転向し，最初の中国卸売市場が誕生した．全体から見ると，この時期の卸売市場はまだ自発萌芽段階に置かれ，市場の数が

限られ，売り出される農産物の種類も政策によって制約されていた．

(2) 1985年から1980年代末までの急速増加段階

　1985年に農産物流通体制改革が加速され，新興の卸売市場は国家商業卸売ネットワークのかわりものとして認められ，綿花など政府が計画買付けを続けていた数少ない農産物を除けば，ほとんどの農産物が新興卸売市場で取引できるようになり，卸売市場は農産物流通の主たるルートとなった．それで，産地卸売市場の数が急増すると同時に，消費地卸売市場も登場し，中国における農産物卸売市場システムの雛型がまさにこの時期で形成されたのである．

(3) 1990年代はじめから1995年までの過度発展段階

　1990年代のはじめごろ，中国では一時厳しいインフレ状態に陥った．その主な原因は農産物供給不足にあると政府が考え，卸売市場などを設立して農産物流通を改善することによって農産物の供給を促進させようと決定した．1980年代末から実施された「野菜供給保障プロジェクト」(「菜藍子工程」)を契機に，各地に農産物卸売市場を創設することを要求した．これを背景に，一部の地方政府は「投資する者が利益を獲得できる」という方針で，農産物卸売市場の設立を促進した．そこで，全国各地に卸売市場創設ブームが現れ，農産物卸売市場の数は1989年の1,313個から1995年の3,517個に増え，ほぼ2倍までに増加した．そのなかで，「野菜供給保障プロジェクト」の影響を受け，消費地卸売市場が次第に産地卸売市場に替わって，中国における農産物卸売市場の発展をリードするようになった．

(4) 1996年からの政策調整と安定発展段階

　1996年前後，中国農産物市場は転換を迎え，いくつかの農産物は過剰状態が表れてきた．過剰供給は地方保護主義を刺激し，地域間流通に設けた人為的な障害は農産物卸売市場に大きな影響を与え，その発展スピードを落とした．これを契機に，政府は卸売市場について政策調整を行った．第1に，市場創設と管理との分離が実行された．1995年に工商行政管理局と自ら創設した市場との分離を要求した．このような分離は1996年に概ね完了した．第2に，市場登録・年間検査制度が強化された．定めた条件に満たない卸売市場（例えば，6ヵ月以上休業し，1年以上取引のない市場など）を取消し，市場の合理的配置を促進した．第3に，市場秩序を整頓し，法律違反行動に罰を加え，地方保

表5.1 2002年中国における農産物卸売市場の現状

	市場数	交易額 (億元)	1市場当た り交易額 (万元)	交易量 (t)	1市場当た り交易量 (t)
農産物卸売市場合計	4,150	3,461	8,339		
うち：野菜	1,410	1,218	8,641	78,090,633	55,385
果物	761	581	7,639	15,913,927	20,910
水産物	347	449	12,948	3,783,309	10,903
肉類	273	279	10,225	2,846,004	10,426
食糧	662	328	4,958	12,778,166	19,304
食用油	16	7	4,190	122,150	7,634
子豚	200	53	2,649	497,083	2,485
その他	481	545	11,327		

出所：中国商務部『中国農村市場システム建設研究報告』の表2に基づいて計算．

護に繋がる政策を取り消した．第4に，工商行政管理の下部機構を調整し，省局による直接コントロールを行い，地方政府による干渉を減少した．

　そして，1998年から，中国における農産物卸売市場は安定的発展段階に入った．市場の数はやや減少したが，1市場当たりの規模は拡大した．表5.1に示したように，2002年の農産物卸売市場の数は4,150であり，1999年より100近く減少した．そのなかで，野菜や果物などの卸売市場が最も多く，全体の52％を占める．続いて食糧と食用油卸売市場が16％，水産物と畜産物卸売市場が15％を占める．

　農産物卸売市場の交易規模は拡大してきた．表5.1に示したように，2002年に農産物卸売市場の交易額は3,461億元で，1999年の2,715億元より，27％の増加となっている．交易額の構成からみると，交易額が最も大きい品類は野菜であり，その交易額は1,218億元で，卸売市場総交易額の35％を占める．続いて，果物（交易額581億元，占める比率17％），水産物（交易額449億元，占める比率13％），食糧（交易額328億元，占める比率9％）などの順位になっている．野菜や果物などの農産物の卸売市場経由率はすでに60％を超え，山東省などの主産地では80％まで達している．

　1市場当たりの卸売市場交易規模が拡大してきた．2002年に1市場当たり平均交易額は8,339万元であり，それは1999年の6,490万元より28％の増加である．農産物品類の平均価格が高いほど，その品類農産物卸売市場の交易規模

も相対的大きい．2002年のデータについてみると，水産物と畜産物卸売市場の平均取引額は1億元を超え，全卸売市場の平均取引額よりもはるかに大きい．それに対して，食糧卸売市場の平均取引額は4,958億元にすぎず，全卸売市場平均取引額の約半分に相当する．

5.2.2 中国農産物卸売市場の特徴

中国の農産物卸売市場は，日本や韓国などの公益的な市場とは違い，企業として成長してきた．ここでは浙江省と山東省での卸売市場調査資料を利用して，まずその企業としての特徴をまとめてみよう．

第1に，多様な設立者と関する企業ガバナンスの混乱である．調査資料によれば，中国における農産物卸売市場の設立者は次の4種類に分けられる．第1は国有商業部門である．具体的には，国有食糧部門が設立した食糧卸売市場（例えば，杭州食糧と食用油卸売市場），国有野菜流通会社あるいは果物流通会社が設立した卸売市場（例えば杭州艮山門果物卸売市場，杭州野菜流通会社第2子会社卸売市場），国有商業企業が設立した卸売市場（例えば山東銀座聖洋農産物物流センター，浙江農都農産物卸売市場）などが含まれている．第2は政府工商行政管理部門である．例えば，山東省魯中果物卸売市場，魯中野菜卸売市場，寿光野菜卸売市場などは，すべて政府工商行政管理部門によって設立された市場である．1995年中央政府の「市場の行政管理と経営活動との分離」政策調整に応じて，政府工商行政管理部門が投資した資産は国有資産管理部門に移転され，形式上工商行政管理部門は卸売市場の経営活動に関与しないようになったが，実際に卸売市場に駐在している工商行政管理所は依然市場経営活動を管理して利益の一部を獲得している．第3は郷鎮と村集団組織である．例えば，杭州筧橋野菜卸売市場は最初筧橋鎮の投資によって設立されたもので，済南市七里堡野菜総合卸売市場は七里堡居民委員会（設立当時は七里堡村）によって設立されたものである．第4は個人企業である．

このように，中国における農産物卸売市場は投資設立者が様々あったとはいえ，企業として設立されたという設立目的は同じである．しかし，歴史的な原因で，山東銀座聖洋農産物物流センター，浙江農都農産物卸売市場など最近に設立した一部の市場を除けば，現代企業ルールに従う企業ガバナンスはまだ確立されていなかった．とくに山東省にある多くの卸売市場はまだ企業財産権を

明確化することを中心とする企業制度改造が待たされている.

第2は，低参入障壁による低水準の市場施設整備である．中国農産物卸売市場における総合的な建設計画が欠けており，建設規範標準もないため，市場の数が多くて，小規模でかつ低水準の施設整備などの特徴を有している.

(1)大規模の農産物卸売市場はあるが，小規模の農産物卸売市場も大量存在している．調査対象となった農産物卸売市場は農業部の指定市場とはいえ，その大部の敷地面積は200ムーに満たない．とくに杭州筧橋野菜卸売市場，杭州艮山門果物卸売市場は40ムーにも満たない．多くの都市では，多数の小規模卸売市場が限られた卸売取引業務を奪いあい，激しい競争が生じた.

(2)取引ホームと露天あるいはテント式取引場は，中国農産物卸売市場の主な取引場所である．調査において，山東寿光野菜卸売市場等の少数の市場以外に，大部分の農産物卸売市場はテント式取引場を中心にしている．多雨の沿海地域を中心に調査するため，露天取引場はあまり見られないが，テント式の取引場も非常に簡単である.

(3)相当部分の小規模農産物卸売市場は，都市規模の拡大に伴って，市内に位置している．施設の粗末・交通の混乱・衛生環境の不潔などが原因で，これらの市場は都市の「醜い所」となっている.

第3に，低組織化につながる小規模の業者の存在である.

(1)取引業者の組織化程度が低い．販売業者は，主に販売代理農家と農民個人である．杭州糧油卸売市場の販売業者が食糧加工企業である以外に，そのほかの農産物卸売市場の販売業者が主に販売代理農家と農民個人であり，とくに販売代理農家は一般的に70%を超えた比重を持つ．このことから，中国農産物販売における組織化程度が非常に低いことがわかる．購入業者の分類が複雑で，卸売業者以外に，かなりの小売業者と団体消費者が存在している．つまり，中国の卸売市場は卸売取引以外に，小売の機能も持っている．この状況は自由市場から生まれた市内消費地卸売市場に集中し，山東済南七里堡野菜総合卸売市場がその代表の1つといえる.

(2)農産物の広域流通が一応形成した．外地業者は相当なシェアを占めている．その地域分布は農産物卸売市場の性質とかかわり，調査対象が主に消費地卸売市場であることで，外地販売業者のシェアは外地購入業者のシェアより著しく

大きい．産地卸売市場から発展して集散地卸売市場となった山東寿光野菜卸売市場では，外地購入業者が購入業者全体の80％以上を占めると同時に，外地販売業者も販売業者全体35％を占め，「全国から仕入れ，全国へと販売する」という局面をほぼ形成された．

(3)業者の規模が小さい．前に述べた業者の組織化程度が低いにかかわって，調査対象となった卸売市場では業者の規模が小さい．年間取引額が1,000万元を超えた業者は，販売業者と購入業者に問わず，いずれの比重も業者全体の20％を超えていない．大部分の業者の年間取引額が100万元から1,000万元までの間にあり，これは個人あるいは家庭経営に適した取引規模である．

5.2.3 中国農産物卸売市場の機能分析

第1に，低料金競争による市場の「高効率」運営である．中国農産物卸売市場は，主に以下のような手段を利用し，利潤を獲得する．

(1)取引場賃貸料金を徴収する．固定取引場所が必要とする農産物，例えば，食糧・食用油・副食・水産物などに対して，賃貸料金を徴収する．具体的には，固定徴収標準により1年1回徴収；取引場の入札募集による1年（あるいは半年）1回徴収；順位選択に対する入札募集徴収などの徴収方式がある．

(2)取引手続き料金を徴収する．固定取引場所が必要でない品種，例えば野菜・果物などを徴収対象としている．具体的には，取引額による一定の比率で手続き料金の徴収；車両・品種による異なる入場料金の徴収；手続き料金を預け取引額による決算；手続き料金・入場金の同時徴収などの徴収方式がある．一般的に，徴収する料金は取引額の2-4％であり，個別市場では2％を下回る場合もあった．

(3)施設が比較的整備されている農産物卸売市場では，農産物卸売業務の赤字を埋めるために，他の業務の増収に努める．

このように，各農産物卸売市場において，利潤を稼ぐ方式が決して同じではない．同じ料金種類を採用しても，具体的な徴収方式が異なっており，いろいろな工夫がなされている．農産物業者としての参入障壁が非常に低いため，業者間の競争は異常に激しく，利潤率が低い．つまり，卸売市場は，このような低い利潤率に直面している業者に対して，主に賃貸料金または入場料金などを徴収する方式で，自らの利益を獲得している．そこで，農産物卸売市場は料金

単価を引き上げて各業者から得る利潤を高めるか，それとも料金単価を低めてより多い業者を集めるかという「両難選択」に直面している．農産物卸売市場における現行の料金単価水準はまさにこのような関係を比較判断してから決定された「均衡」選択である．

このように，中国における農産物卸売市場と業者の利潤率は一般的に6％以下であると推計される．また，卸売市場の料金率も一般的には取引額の2-4％に相当するもので，日本，韓国および中国台湾のそれよりも低い．低コストで農産物の卸売を実現したという意味では，中国農産物卸売市場は決して低効率ではなく，むしろ高い効率を持っているといえよう．激しい競争に直面している卸売市場間にとって，粗末な施設などは逆に市場支出減少の基礎となり，低料金で業者を集める有力な手段として使われている．これは現在多くの卸売市場が自ら進級改造意欲がない原因の1つとなっている．

第2に，卸売市場の公益機能が顕著に乏しいことである．

(1)価格発見と情報公表の機能が乏しい．農産物流通調整過程において，農産物卸売市場の価格信号は非常に重要な役割を果たしている．しかしながら，中国農産物卸売市場は，この機能がまだ不完全である．そのため，農産物卸売市場を利用し流通調整を行い，消費を引導する機能が果たされていない．調査対象となった農産物卸売市場はすべて農業部の指定市場であるため，価格情報の採集と報告をすべて行っているが，大部分の市場価格は無作為で市場から採集したため，卸売価格の変化しやすい野菜・果物・水産物などの生鮮農産物に対して，採集価格は正確性が保証されない．また，調査した農産物卸売市場は少数がHPかスクリーンにより早速価格情報を公表する以外に，一般的には価格公表をしていない．

(2)食品品質安全管理の機能が乏しい．調査対象となった農産物卸売市場では，農産物品質検査機構がほとんどあるとはいえ，依然以下の問題が存在する．まず，検査設備・技術の制限で，検査結果は取引が終わる前に完了できず，結果によってコントロールできるのは同じ出所の農産物のみであり，検査対象としての農産物に対する直接コントロールができない．次に，検査の高コストと検査員の不足が原因で，無作為抽出検査の比率が低く，限られた取引対象しかコントロールできない．最後に，農産物卸売市場は法律を執行する機能がないた

め，検査によって発見した問題農産物に対する処理もよりよい効果が得られない．しかも，農産物卸売市場外取引が存在する限り，厳しい検査は農産物取引が市場外流通に転向させ，1つの地域にとっては，卸売市場の厳しいコントロールは社会的には農産物品質安全がより悪い状態に追い込まれる可能性がある．

5.2.4 中国農産物卸売市場の問題点とその対策

第1は，農産物卸売市場の用地取得にかかわる問題である．農産物卸売市場の創設は土地を取得せざるを得ない．大部分の農産物卸売市場は，都市周辺に位置し，地価が高く，また地価値上げは巨大な潜在可能性を持っている．中国では，農産物卸売市場の用地基準・取得手続きに対する明確な政策規定がない．そのため大部分の農産物卸売市場は問題を抱えている．

(1)土地取得の手続き問題：農産物卸売市場用地は，商業用地か工業用地として取得する際に，入札募集の手続きがある．入札募集する前，予定土地にもとづき，設計提案を準備する必要がある．もし失敗したら，すべての設計が無効になり，高いコストを支払らわなければならない．

(2)用地類型にかかわる問題：一般の商業用地とすれば，地価が異常に高く，土地取得コストが非常に大きい[25]．しかし，農産物卸売市場はショッピングセンターのように多層開発建設ができず，一般的に1階しか建てられない．そのため，土地利用率が低く，商業用地地価から計算すれば，卸売市場の地価コストは驚くほど高く，企業経営が成立できない．その上，市内緑地比率に対する要求の制限を受け，農産物卸売市場の建設はさらに難しくなる．

(3)土地取得の審査に関する問題：農産物卸売市場の建設用地を取得することは容易ではない．企業型卸売市場，例えば杭州筧橋の場合，移転用地を取得するのに3年近く要した．杭州糧油は新しい場所に移転したが，用地は一時的な借地である．済南七里堡は建設用地許可を取得し，魯中果物は罰金を支払って用地権を取得したが，義烏農貿城などいまだに土地の問題を抱えている市場も多い．

第2に，農産物卸売市場にかかわる課税問題である．農産物卸売市場および流通業者に対して，現行政策どおりに課税すれば，農産物卸売市場の経営は厳しい状況に陥る．したがって，農産物卸売市場や流通業者の「税金逃れ」行為は，せざるを得ない手段である．これが誰でも知っている直面しなければなら

ない事実である．現在一般的に，交易額や利潤額とは関係ない一定の額で税金を徴収するようになっている（「定額税」）．

このように，中国における農産物卸売市場は，明確でない政策環境において，曖昧な経営対策を採っている．つまり，政府が農産物卸売市場の公益性を配慮して政策を策定しない限り，卸売市場は用地取得と課税において「曖昧な経営」を通して，自らその損失を補うのである．普通の企業のように経営すれば，多くの農産物卸売市場は赤字で運営できないはずである．現在農産物卸売市場正常利益の相当部分には，明確でない政策環境に適応する「曖昧な経営」の結果で，企業利潤よりはむしろ土地利得あるいは税金逃れである．

農産物卸売市場の公益性は確かに存在する．この点について，中国農業部は「農業情報と農産物市場システムに関する建設計画」に，「農業情報と農産物市場システム建設は，公益性と基礎性のある事業であるため，政府は優先的に支持する事業として，公共財政による支持を実施して，その快速発展を図るべきである」と示した．しかしながら，農産物卸売市場の公益性は，いまだ具体的に農産物卸売市場にかかわる政策，とくに用地取得・課税等の政策に反映されていない．この状況において，農産物卸売市場の改革を遂行すれば，農産物卸売市場の管理水準を高めるが，それと同時に，農産物卸売市場運営状況が透明化され，「曖昧な経営」の成立基礎を揺るがしかねない．このことが農産物卸売市場自らが改革できない主な原因である．

以上の問題に対して，次のような対策が必要である．

第1に，農産物卸売市場の公益性を正確に認識する．「農産物卸売市場法」の立法を通じて，この公益性を具体的な政策に反映させる．今のところ，少なくとも3つの側面から農産物卸売市場の公益性を配慮する必要がある．(1)農産物卸売市場に対する特別土地利用制度，(2)農産物卸売市場に対する特別優遇課税制度，(3)政府は公共サービスにかかわる農産物卸売市場の食品安全検査・価格情報公表などのプロジェクトを確実に支持する責任を担う．

第2に，農産物卸売市場の進級改造を促進する過程において，行政命令などの強制方式を採らず，原因を分析し，具体項目に対する財政支援以外に，農産物卸売市場における「曖昧な経営」の根源を取り除き，明確な政策環境を提供する．

第3に，流通業者と卸売市場の競争を確保する前提に過度競争を避ける．流通業者の組織化程度を高めるため，大規模な農産物流通企業の形成を推進させる政策をたてると同時に，農産物卸売市場に関する参入障壁基準を設ける．

第4に，農産物卸売市場の体制改革・現代企業制度の導入を促進する．このようにして，長期的な発展戦略を考えさせ，内部管理制度を立て直し，管理層の素質を高めさせる．

6 WTO体制下の農産物貿易拡大と台湾農業の再編課題

6.1 はじめに

台湾は2002年1月にWTO第144番目のメンバーとなった．しかし，WTOへの加盟により関税削減と市場開放が求められ，台湾は海外の安価な農産物に直面することとなった．その上，両岸の経済と貿易の関係はより開放的になり，同質性の高いしかも低コストの大陸の農産物が，台湾の農業に衝撃を与えた．しかし一方は国内の産業の構造調整に従って，技術・空間・風土の特色と地方およびレジャーの特色により優位性を持つ農業は，市場の開放の影響を受けず，恵国待遇を享受し，公平・合理的で・安全な条件の下で国際市場に浸透することができる（范2002）．そのため，WTOに加盟する台湾の経済のグローバル化が進行するなかで，台湾農業の転換点であった．

6.2 WTO加盟による措置

6.2.1 関税削減承諾

WTO加盟後に承諾する輸入の農産物と畜産物および水産物については，その平均税率は2001年の20.02％から次第に12.9％に引き下げて，全体の税率は日本（10.3％）・韓国（15.8％）両国の中間に位置することとした（國際合作處2001）．2002年に大部分の農産物の関税率引き下げを実現したが，137のセンシティブ品目については2004年まで延期することととなった．そして，WTO加盟によって1,021品目の農産物の関税率を引き下げることとなった．

6.2.2 農産物の市場開放に関する承諾事項

1) 輸入開放

WTO加盟後に，りんご，リュウガン，ぶどう，もも，するめいかなど18

品目の農産物，水産物については，輸入制限措置を廃止して，関税（大部分の農産物は 20%-40%）措置のみとすることとなった．

2) 関税割当量

落花生をはじめとする 22 品目の農産物，水産物については，従来の輸入制限から関税割当量方式に変更された．割当量内の輸入については，従来の半分という低い関税を課し，割当量は国内消費量の 4％ から開始して 8％（あるいはさらに高い砂糖のように 41％ になったものもある）にまで増加する．割当量以外の輸入に関しては，「十分に国内外の価格の格差を反映する」高さの関税を課している．しかし割当量は年々増加しなければならない．例えばなしの割当量は 1 年目 4,900 t，2 年目 7,350 t，3 年目 9,800 t と増加し，さばなどの 3 品目の水産物については 2005 年から 2008 年までに割当の措置を廃止して，全面的に輸入自由化することとなった．

3) 輸入制限

米は台湾の最も重要な農作物の 1 つであるため，WTO 加盟時に日本と同様に，制限輸入の特別措置を採用した．しかし 2003 年から関税割当量制を新たに採用した．割当量は 144,720 t であり，割当量以外については重量課税で，米に 45 元/kg，米製品に 49 元/kg を課すこととなった．

6.2.3 国内の農業支持の削減

WTO 農業協定の規定に従って，農産物あるいは生産要素に対して付与する補助金は，緑色の条項（Green Box）の範囲内の補助金の以外のもの，生産と貿易を歪めるものは，農業総支持（AMS）の計算の中に組み入れて，次第に農業支持を削減していかなければならない．台湾は農産品に関する補助金を支給しており，米や雑穀の価格保証，砂糖の契作価格保証，田の転作補助金，たばこ，醸造酒用ぶどう，および小麦の契作価格保証，夏季の野菜の価格格差の買付補助金などが含まれる．補助削減の基準時期（1990-1992 年の平均）の AMS はおよそ 177 億元である．台湾はすでに WTO 農業協定に従って 2000 年に AMS を 20％ 削減することを承諾しており，およそ 35 億元の金額を削減する予定である．補助金の削減方式に関しては，水田と畑の輪作の制度などによって調整することができる．

6.2.4 特別防衛措置（SSG）の採用

台湾はWTO加盟の交渉の中で15項目のセンシティブ農産物を確保しており，防衛措置を採用することができる．つまり，これらの農産物はその年の輸入量が基準の数量を上回っている場合，あるいは輸入価格が基準価格より10％以上より低い場合，直ちに関税を3分の1追加することができる．

6.2.5 輸出補助政策の不採用

台湾は現在輸出補助金を支出しておらず，またWTO加盟後にも輸出補助金を支出することはない．農業政策は関連している補助措置については，例えば市場価格支持は（保証価格の買付け・契約の保証価格の買付け・稲作轉作の保証價格）・投入要素の補助金とその他に関連している補助金等については，削減，場合によっては廃止する．

6.2.6 国レベルの検疫と検査標準の制定

台湾は検疫および検査の標準を制定している．科学的な証拠によって，国際標準を参考にして，しかもWTOの食品衛生の検査および動植物の検疫の規定に従ってリスク評価を行う．それ以外には，検査および検疫の措置の過程は，透明化の原則を守り，法令については，規定に基づいて，関連機関とWTO加盟国に知らせている．

6.3 WTO加盟直後の交渉と協定――自由貿易協定（FTA）の進展とその問題――

2002年2月から台湾はWTO加盟国とともに正式に新しいラウンドの農業交渉を展開している．しかし，各加盟国の農業交渉に関する意見の差があまりに大きいため，予定していた2003年3月末での農業合意を実現することができなかった．しかし2004年の7月31日に新しいラウンドの農業交渉に関して初歩的な合意を形成し，将来に向けた補助金と関税の削減方法の基礎を確立した（商業訊息快報2004）．

今回のWTO農業交渉は台湾に次のような影響を与えた（林2004）．

国内の農業補助金については，台湾は休耕補助面積を早めに増加したため，米の買付けの補助金の金額を減らした．したがって，今回の農業の補助金の議題は台湾に対して大きな影響を与えることはない．

輸出補助金については，台湾がWTOに参加した時に実施しないことを承諾したため，輸出補助金の議題は台湾に対して直接の影響は少ない．一方，農産物の国際市場価格が正常化するならば，台湾の農産物が相対的な競争力を持ち，農産物の輸出の拡大が期待され，国内産業にとっても有益である．

市場開放については，各国がセンシティブ農産物（米など）を選定して，弾力的な対応を行うことができることは，台湾にとって極めて重要である．しかし農業交渉では，センシティブ農産物については，関税の割当量の増加，および割当量と関税の両者の組合せの方式がある．これに対して，将来の交渉時に，台湾に有利な組合せの方式の実現に努力して，台湾のセンシティブ農産物の発展を図ることが必要となる．

新加盟国への特別配慮に関して，台湾は新加盟国に必要な弾力的な特別措置を与えられている．例えば，譲歩を小幅にする権利や比較的長い「調整期限」を有している．さらに，台湾は積極的に各国との農業交渉を行う以外にも，立場の近い加盟国，例えばスイス，ノルウェー，韓国，日本などと同盟を結んでG10グループを設立し，2004年閣僚会議においては国内の支持と市場の開放などの議題に対して共同で取り組んでいる．今回台湾は農業交渉において，特別措置のメカニズムを作り上げるべきだと主張していた（林2003）．

それ以外にも，2国あるいは多国間の多角的な協定を通して，地域内の貿易自由化を深めることができる．台湾は現在，積極的に日本，米国，ニュージーランド，シンガポール，パナマのなどの国と自由貿易協定に関する交渉を行っており，すでにパナマと関税削減，原産地の規則，およびサービス業の市場開放などの協議を完了し，2003年8月21日に台湾とパナマ自由貿易の協定に署名した（陳ら2003）．

台湾とパナマの間は長距離運送のため，パナマの主要な農産物が台湾のセンシティブ農産物と衝突する可能性は小さい．しかし注意する必要があるのは中南米などの国がパナマを通して中継輸送する，あるいはパナマが中南米の安価の原料加工を利用した後に台湾に輸出することを防がなければならない（周2003）．

2003年5月，台湾はオーストラリアとの第8期の2国間の経済，貿易に関する会議を行い，双方が「協力覚書」を実行する．その中では，塩漬け卵の輸

出，発酵乳の国家標準などの修正と台湾における果物の関税および割当管理の問題，ばれいしょの線虫類の検疫，オーストラリアにおける牛肉と生鮮ニンジンの輸入等の検疫に関する協議を行い，すでに初歩的な合意が成立した（農業委員會2002）．2003年，アメリカ，ベトナム，ドイツ，フィリピン，タイ，イスラエル，パラグアイなどの国と，2国間の農業協力に関する会議を行った．また，2005年6月5日-10日には，米国ロサンゼルスにおいて台湾とグアテマラとの自由貿易協定に関する協議を行い，貿易市場規定とプログラム，サービスと投資，法規と検疫についての交渉を行った（農業委員會2005a）．

6.4 WTO加盟後の農産物栽培面積と国際貿易の変化

6.4.1 WTO加盟の農業全体に対する影響

第1に，農産物の輸入量年々増加に伴って，国内の農産物の価格が下落し，生産高の減少によって農業生産額が減少した．WTO加盟の前後で台湾全体の農業総生産額の変化は加盟した後3年間平均（2002から2004年までの3年間平均）の農業総生産額は基準3年間平均（1999から2001年までの3年間平均）より約1.18%，約43.43億元減らした．そのうち農産物の生産額は7.06%，116.9億元減少したが，畜産物・水産物・林産物の生産額は全て増加があり，その増加額はそれぞれ13.6億・58億および1.7億で，増加割合はそれぞ

表6.1 1999-2004年農業総生産額の変化

（単位：百万元，万ha，万人，%）

	農業総生産額	農産物	畜産物	水産物	林産物	農地面積	農業従業者
1999	391,481	170,524	129,930	90,437	591	85.5	77.6
2000	363,791	165,214	107,579	90,729	269	85.1	74.0
2001	352,690	160,759	101,205	90,128	597	84.9	70.6
1999-2001平均	369,321	165,499	112,905	90,431	486	85.2	74.1
2002	350,478	151,853	105,199	92,563	863	84.7	70.9
2003	357,935	147,275	112,592	97,438	580	84.4	69.6
2004	386,521	162,301	124,996	98,700	524	83.6	64.2
2002-2004平均	364,978	153,810	114,262	96,234	655	84.2	68.2
平均の差額	−4,343	−11,689	1,357	5,803	169	−1	−5.9
増減率	−1.18	−7.06	1.20	6.42	34.77	−1.17	−7.96

資料：「2004年農業統計年報」より作成．

れ1.2％・6.42％・24.77％であった．農産物生産額が減少した主な原因は国内の市場価格の下落である．しかしWTO加盟前後の農産物の生産額をみると，2004年の農業生産額は3,865億元で，2003年の7.9％より増加し，WTOへの加盟直前の2001年と比較しても9.6％増加しており，全体の農業生産額がなお小幅に増加していることが明らかとなった．さらに，そのうち農産物が生産額の41.99％の割合を占め最大であり，その次に畜産品32.34％，水産品25.54％，林産物0.14％という順になる（表6.1）．

第2に，農業部門の労働力の流失に伴って，農家人口が農業を離れ転業することによって失業率が高くなるということである．加盟直前の3年間（1999-2001年）の平均値を基準とすると，加盟直後の3年間の農業労働者数の平均値は5.9万人，7.96％の減少であり，その上年々減少傾向にある．2004年に農業の就業人口は64.2万人であって，2003年の69.6万人より，約5.4万人を減少している（表6.1）．

第3は農地面積の変化である．WTO加盟直後の3年間平均の農地面積は84.2万haで，基準3年間（1999-2001年）平均より1.17％，約1万ha減少した（表6.1）．

第4は栽培面積と休耕面積の変化である．台湾はこの最近10年間で総耕地面積が約4万ha減少しているが，作物の総栽培面積は1995年の104万haか

表6.2 最近10年の台湾地区の耕地の総面積および休耕面積

(単位：千ha)

年度	耕地の総面積	作物栽培の総面積	長期作物の栽培面積	イネの栽培面積	休耕する面積
1995	873	1,036	357	363	62
1996	872	998	353	348	73
1997	865	995	345	364	64
1998	859	957	355	358	84
1999	855	931	335	353	110
2000	851	904	331	340	130
2001	849	877	321	334	136
2002	847	850	318	307	167
2003	844	797	312	272	196
2004	836	737	300	238	240

注：1．作物栽培の総面積＝当年度短期作物の総栽培面積＋長期作物の総栽培面積．
　　2．休耕面積＝第一期の休耕面積＋第二期の休耕面積．
資料：「2004年農業統計年報」，「2004年農業統計要覽」より作成．

表 6.3　イネ栽培面積ともみの産地価格

(単位：千 ha)

年度	イネの栽培面積	イネの収穫面積	もみの産地の農場価格	白米の小売価格
1995	363,499	363,479	18.81	34.4
1996	347,989	347,762	19.91	36.00
1997	364,278	364,212	17.95	33.80
1998	358,405	357,687	18.72	34.00
1999	353,122	353,065	19.66	35.70
2000	339,949	339,601	18.13	33.20
2001	332,183	331,619	18.28	32.80
2002	307,037	306,840	18.80	33.95
2003	272,128	272,124	16.06	29.36
2004	237,351	237,015	18.70	32.91

資料:「2004年農業統計年報」,「2004年農業統計要覧」より作成.

表 6.4　WTO加盟前後における台湾の農林水畜産物輸出入総量の変化

(単位：万 t, %)

項目	農林水畜産物輸出の総量	農産物	畜産物	水産物	林産物	農林水畜産物輸入の総量	農産物	畜産物	水産物	林産物	貿易総量の差額
1999	1,596	847	204	412	133	1,827	1,220	102	44	462	−231
2000	1,682	858	211	479	133	1,832	1,252	89	46	446	−150
2001	1,742	912	193	511	127	1,755	1,272	76	42	364	−13
1999-2001 平均	1,673	872	203	467	131	1,805	1,248	89	44	424	−132
2002	1,727	824	213	580	110	1,821	1,301	86	39	395	−94
2003	1,693	813	214	567	99	1,848	1,290	90	38	431	−155
2004	1,689	811	206	558	114	1,859	1,272	91	39	458	−170
2002-2004 平均	1,703	816	211	568	108	1,843	1,287	89	38	428	−140
平均の差額	30	−56	8	101	−23	38	39	0	−6	4	−8
増減率	1.79	−6.42	3.94	21.63	−17.56	2.11	3.13	0.00	−13.64	0.94	6.06

資料:「2004年貿易統計月報」,「2004年農業統計年報」より作成.

ら2004年の74万ha, つまり約30万ha減少し, とくにWTO加盟以後2004年までに約14万haも減少してきた. さらに, 稲の栽培面積と休耕面積が大きく変化している. 休耕面積は1995年の約6万haから2004年の約24万haまで増加している. つまり約18万haも増加して, 総栽培面積はここ10年で約12万ha減少し, とくにWTO加盟以後その変化の趨勢は次第に激しくなっている (表6.2). 一方, もみの産地価格と白米の小売価格は不安定な状態になっており, WTO加盟直後の2003年には歴史的に最も低い価格になった

(表 6.3).

6.4.2 農産物貿易の変化

　農産物貿易の変化を見ると，輸入の成長率が輸出の成長率より大幅に高くなっている．

　まず，WTO 加盟によって，農産物の輸入の管制をゆるめ，輸入関税を引き下げて，農業の境界内の補助金を削減して，国外の低コストと高品質の農産物の競争に直面することとなった（表 6.4，表 6.5）．

　WTO 加盟直前 3 年間（1999-2001 年）の平均値を基準とするならば，加盟後の 3 年間（2002-2004 年）の農林水畜産物の総括的な輸入量の平均値は 1,843 万 t 増加して，2.11％ 増加した，輸入総価値は加盟直前の 3 年間の平均値の 73.6 億ドルから加盟直後 3 年間の平均値の 79.1 億ドルになり，7.47％ 増加した．輸入農林水畜産物については，水産物の輸入（13.6％ 減少）が減少することがあった以外に，農産物と林産物の輸入の増加率はそれぞれ 3.13％，0.94％ であったが，畜産物の輸入量はあまり増加していない．WTO 加盟後 3 年目（2004 年）の農林水畜産物輸入量は 1,859 万 t であり，加盟直前の 2001 年より 5.9％ 増加して，輸入総価値が 88.6 億ドルで，2003 年より 13.9％ 増加した．また加盟前 1 年に比べて 29.3％ 増加した．輸入農産物の中で，穀類が 13 億ドル，15.5％ 増加して，材木その他製品が 11 億ドル，29.1％ 増加

表 6.5　WTO 加盟前後における台湾の農産物輸出入総額の変化

（単位：億ドル，％）

項目	農林水畜産物の輸出総額	農産物	畜産物	水産物	林産物	農林水畜産物の輸入総額	農産物	畜産物	水産物	林産物	貿易総価値の差額
1999	31.0	7.2	12.3	10.2	1.3	76.3	42.4	16.5	6.0	11.4	−43.1
2000	32.8	6.9	12.5	12.1	1.3	75.9	42.4	16.0	6.0	11.6	−38.2
2001	30.3	6.6	11.2	11.4	1.1	68.5	40.6	14.5	5.0	8.3	−42.2
1999-2001 平均	31.4	6.9	12.0	11.2	1.2	73.6	41.8	15.7	5.6	10.4	−39.3
2002	31.5	6.5	11.6	12.3	1.1	70.8	41.2	15.4	5.0	9.2	−45.4
2003	32.4	6.9	11.1	13.1	1.2	77.8	45.8	16.8	5.0	10.2	−53.1
2004	35.5	7.1	11.6	15.4	1.5	88.6	52.0	18.1	5.3	13.2	−46.0
2002-2004 平均	33.1	6.8	11.4	13.6	1.3	79.1	46.4	16.8	5.1	10.9	−43.1
平均の差額	1.7	−0.1	−0.6	2.4	0.1	5.5	4.6	1.1	−0.5	0.5	−3.8
増減率	5.41	−1.45	−5.00	21.43	8.33	7.47	11.00	7.01	−8.93	4.81	9.67

資料：「2004 年貿易統計月報」，「2004 年農業統計年報」より作成．

している．

　一方，国内の産業の構造調整および他国の市場開放によって，一部の農林水畜産物の輸出量と輸出総額はやや増加した．（表6.4，表6.5）WTO加盟直前3年間（1999-2001年）の平均値の1,673万tを基準にするならば，加盟後の3年間（2002-2004年）の農林水畜産物の総輸出量の平均値が1,703万tで1.79％増加している．農林水畜産物輸出量は加盟直前の3年間平均値の31.4億ドルから加盟直後の3年間平均値は33.1億ドルになって5.41％増加している．輸出農林水畜産物の構成は，畜産物と水産物の輸出量は全て増加があって，それぞれ3.94％と21.63％増加して，比較的に農産物と林産物の輸出量の下降幅は6.42％・17.56％ある，農産物と畜産物の輸出総額はそれぞれ0.1億ドル（1.45％）・0.6億ドル（5％）下がって，別の水産物の輸出額の増幅は21.43％で，2.4億ドル増加して，林産物の増幅は8.33％で，0.1億ドル増加する．それ以外に，加盟3年目（2004年）の農産物の輸出総額は35.5億ドルであって，2003年より9.6％増加して，またWTO加盟直前の2001年より17.2％増加した．

　しかしながら，貿易赤字は次第に拡大している．1974年以降，台湾の農産物貿易は黒字から赤字に変わって，1996年から輸入額が輸出額の1.6倍ぐらいで安定的に維持されている．農業委員会の農林水畜産物の貿易輸出額を比較してみると，農産物の貿易赤字は加盟直前3年間（1999-2001年）の平均値の39.3億ドルが加盟直後3年間の43.1億ドルになり，基準年より3.8億ドル，9.67％を増加している．つまりWTO加盟後，国内外の農産物の流通はさらに順調であり，農産物は輸出額において明らかに成長している．しかしながら，台湾の貿易赤字の拡大も著しくなった（表6.4，表6.5）．

　また，台湾の中国大陸への依存度は中国大陸の台湾に対する依存度よりも大きい．そのため，両岸の直接貿易は台湾の農業発展に対して直接衝撃を与えることになる．両岸が加盟した後に，両岸の生活習慣，地理の位置には近く，しかも中国大陸の農業の生産コストと価格は低く，台湾の関税削減や地区制限の解除などよって，両岸の農産物貿易の赤字が拡大して，台湾の農業と畜産業の生産額，所得，労働力需要はすべて下落することになる．とくに相対的に競争力がない農産物，例えば，飼料のとうもろこし，落花生，砂糖，にんにくのな

ど作物や豚肉，牛肉などは極めて大きい衝撃を受けるかもしれない（許 2002）．台湾農業委員会の資料によれば（表6.6），加盟直前の台湾が大陸から輸入した農産物の3年間総平均値の2.9億ドルを基準にするならば，加盟直後3年間の平均値は4.3億ドルに跳ね上がっており，48.27％増加して，さらにそれが年々増加傾向にある．一方，台湾から大陸に対しての輸出農産物は，加盟直後の3年間平均輸出額の1.8億ドルであり，加盟直前3年間の平均値0.4億ドルよりも1.4億ドルに増加した．2004年の台湾と大陸の農産物の貿易赤字は2.5億ドルに達しており，加盟直前の2000年の2.1億ドルよりも4,000万ドル増加した．

そして，WTO加盟後の台湾における農産物価格に対する影響についてである．台湾が加盟した現在，国内の農産物価格の変動はすでに生じている．輸入農産物が国内の農産物にもたらした衝撃は，2001-2002年の間の米と果物において著しいものであった．その主な原因は稲作は農家数が多く，果樹は長期の作物で生産を調整するのに時間を要するためである．センシティブ農産物において，関税割当量に関する農産物の輸入数量が増加する状況を反映して，輸入価格は低下している．もとの制限地区の輸入農産物種類，輸入の数量も増加傾向を呈して，輸入の価格は下げている．非センシティブ農産物の全体の輸入状況が加盟直前と比較すれば明らかではないことに影響され，価格，生産高が全

表6.6 台湾の大陸との農産物輸出入の変化

（単位：億ドル）

項目	台湾から大陸への農産物輸出総額	台湾の大陸からの農産物輸入総額	貿易赤字
1999	0.4	2.8	-2.4
2000	0.5	3.2	-2.7
2001	0.5	2.6	-2.1
1999-2001 平均	0.4	2.9	-2.4
2002	0.7	3.7	-3.0
2003	1.8	4.1	-2.3
2004	2.9	5.0	-2.1
2002-2004 平均	1.8	4.2	-2.5
平均の差額	0.4	1.3	-0.1

資料：「2004年農業貿易統計要覽」より作成．

て変動し合って，しかも変動の幅は大きくなく，さらに半数の農産物も同様の水準に維持された（農業委員會，2005b）．

　WTO加盟後に，国内の農業の発展は国際の新しい経済と貿易の秩序と環境に直面する下で，台湾の農業中央政府機関である農業委員会はかつて「産業の構造調整によって産業の競争力を上昇させて，経済の規模による効率化と技術による効率化を発揮する；精緻農業とレジャー農業の発展によって，農業の競争力を向上させる；農業の情報体系を構築して，情報力を向上させて，精確に国内外の情報を把握する；センシティブ農産物の短期の価格安定措置を実施する；動植物防疫を実行することで損なわれる輸入の救済対策などを強化して，農業への衝撃を最低レベルにまで低下させることを期待する」という対応宣言を提起した（國際合作處2001，廖2002）．しかし，問題が厳しくなるのはこれからなのである．

注
1) 1985年9月22日のG5「プラザ合意」によって，同年の「1ドル=238円」から1995年の「1ドル=98円」へと円高が急速に進展した．当然，輸入価格は大幅に低下し，輸入物の価格が国産物を著しく下回ったが，このことが輸入量急増の主因であった．詳細については藤島（1997）を参照．
2) 加工果実の輸入量がこれまでで最大であった2001年を例にみると，加工品全体の輸入量333万tのうち約240万t，7割強が果汁であった．ちなみに，同年の輸入果汁の製品数量は32万tであった．
3) ここでの「加工向け数量（生鮮数量）」は，「野菜生産出荷統計」（農林水産省統計部）から「指定産地」物の加工向け出荷比率を算出し，それを28品目（「野菜生産出荷統計」の29品目のうちばれいしょを除く）の合計出荷量に乗じて求めた．したがって，「生食向け」として卸売市場等に出荷された後に加工に向けられた分は含まれていないため，実際の数量よりも少ない．なお，国内の加工場の生産高には国産青果物を原料とする物だけでなく，輸入生鮮品や輸入加工品を原料とする物が含まれるため，この生産高から国産青果物の加工向け出荷量を推計することはできない．
4) ここでの値は3ヵ年移動平均値であるが，単年度値でみると1983年と1986年の時が最も高く，89.0％であった．
5) ここでの市場経由量も3ヵ年移動平均値であるが，単年度値でみると，これまでの最大値は1986年の1,297万t，1985年から2002年までの最小値は2002年の1,137万tである．
6) 1972年に国内のみかん生産量が300万tを超え，価格が大暴落したことをきっかけに政府と産地は国産みかん等の加工に力を入れたが，そのことが市場経由率・市場経由量の低下・減少につながった．ただし，国産果実の場合，その後，加工の推進よりも，生産量の減少による需給調整の方が重視され，今日に至っている．
7) 1985年の単年度値は81.4％，2001年のそれは54.1％であった．
8) 1987年の単年度値は729万t，2001年は531万tであった．

9) （韓国）農林部「農業農村発展基本計画」，2004.12，pp.35-45.
10) 韓国の農産物認証制度についてはKim, Sung-Yong,「農産物表示制の現況と改善方向」『季刊農政研究』2004.夏，農政研究センター，pp.89-120.
11) 韓国農業協同組合中央会『農協年鑑』2004，p.195.
12) 李哉汯「韓国における農業経営を取り巻く環境の変化と今後の課題」『農業問題研究』第56号，2006，p.4の図3を参照．
13) 農協流通の売上は，1995年の1,023億ウォンから2004年の18,943億ウォンへと拡大しており，この売上に占める生鮮食品の割合は約88%である．また，ソウル市内のヤンジェ店やチャンドング店は単一売場としては6年連続売上実績1位，2位をマークしている（農協流通のヒアリング調査による）．
14) 例えば，有機認証農産物のうちに「アチムマウル（朝の村）」という単一ブランドを作った上で，系列売場のみで販売しているほか，PB商品（「ハナガドック」）を開発し単位農協から集荷した同商品を自社（ハナロクラブ）とともに大手の量販店に卸している．（株）農協流通「主要業務運営現況」2005.
15) 韓国農林水産情報支援センターのホームページはhttp://www.afmc.co.krである．
16) 李哉汯，上掲論文，p.15の表5および表6を参照．
17) ここに使用する159品のブランド米は韓国農林水産情報支援センターのブランド展示館に出品されたものであり，全て国立農産物品質管理院のブランド農産物に登録されているものである．
18) 李哉汯，上掲論文，p.15の図4を参照．
19) 2004年に行った調査であり，その結果の詳細は，李哉汯，上掲論文，p.17の表7に示している．
20) かつて韓国では，政府米はモミ状態で集荷され検査を受けるために精米後の商品価値が考慮されていなかった．また，政府米は小規模精米業によって購入され，委託商人などを通じて消費者に渡る．さらに，長らく増産政策を維持しながらIR系の多収性品目（統一米）を奨励してきたこともあって食味を重視した品種選びへのインセンティブが弱かったといえる．こうした仕組みの下で，生産者は米の販売を意識した米づくりより収穫量を重視した米づくりに心がけてきた経緯がある．金秉鐸『韓国の米政策』ハンウル出版社，2004，pp.232-295.
21) 195ヵ所のRPCを調査したParkの研究結果によると，2000年において赤字決算となったRPCは全体の53.8%である．Park, Dongyu「国内における米生産及び需要の展望」『新しい千年，よい米，新たな始まり』（韓米会叢書第10巻），韓国米研究会，2001，155頁．
22) この点に関しては，韓国農民新聞主催「消費地市場変化と高品質米生産のための技術戦略セミナ報告資料」所収論文を参照されたい．また，RPCのポストハーベスト過程における精選工程の不実さについては，韓国農村経済研究院『米穀綜合処理場経営改善及び中長期発展モデル開発』C2001-28，2001を参照されたい．
23) 例えば，「消費者市民の集い」の調査結果（1月18日）によると，全国6,667ヵ所の店舗で販売されている4,289個の包装米のうち，15.8%が何らかの義務規定を守っていない．また，同調査によると，包装米の等級においても，ほとんどが最上位と表示されており，これに対する消費者団体の不信感が強まったという．とくに，生産者が恣意的に行っている等級判定及および表示について，消費者団体からの疑問が示された．
24) この部分については宝剣（2003）によるところが大きい．
25) 工業用地としても，地価は決して低くない．

参考文献

1節

藤島廣二（1997）『輸入野菜300万t時代』家の光協会.

2節

甲斐諭・辰己雄一（2004）『JAふくおか八女イチゴパックセンターの評価――農協産直の線形計画分析と今後の課題――』pp.1-90.

甲斐諭（2004）「東アジアからの農産物輸入急増と国内流通再編の課題」,『日本流通学会第18回全国大会報告要旨集』pp.13-19.

甲斐諭（2005a）「アジアの野菜と世界のBSE――食の外部化・国際化と検疫の重要性――」,『平成16年度　第7回　日本検疫医学会学術大会　抄録集』日本検疫医学会, p.9.

甲斐諭（2005b）「農産物ビジネスの変化と展開方向」,『農産物流通の新たな展開』農産物流通技術研究会編流通システム研究センター, pp.12-18.

森高正博・豊智行・福田晋・甲斐諭（2005）「特別栽培農産物取引における契約行動の分析」, 日本農業市場学会大会個別報告資料.

4節

韓国国立農産物品質管理院京畿支院（2004年6月）『安全農産物生産便覧』.

韓国国立農産物品質管理院試験所ホームページ.

韓国食品医薬品安全庁（2005年7月）『食品の農薬残留許容基準』.

日本財団法人日本食品化学研究振興財団ホームページ http://www.ffcr.or.jp.

韓国農民新聞（2005年1月28日）.

韓国農民新聞（2005年4月15日）.

韓国ソウル市農水産物公社（2002）『残留農薬速成検査マニュアル』.

5節

宝剣久俊（2003）「中国における食糧流通政策の変遷と農家経営への影響」, 高根務編『アフリカとアジアの農産物流通』アジア研究所, pp.27-85.

聶振邦主編（2004, 2005）『中国食糧発展報告』（2004年版, 2005年版）, 経済管理出版社.

中国商務部（2004）「中国農村市場システム建設研究報告」.

張玉香「農産物卸売市場の進級改造を加速進めよう」,『農民日報』2005年1月4日.

李澤華「わが国農産物卸売市場の現状, 問題および対策」,『中国農村経済』2002年第6号.

小林康平, 甲斐諭, 福井清一, 浅見淳之, 管沼圭輔（1995）『変貌する農産物流通システム』, 農文協.

曽寅初（2004）「わが国食糧直接補助改革の基本理念について」,『現代商貿工業』2004年第9号.

曽寅初（2005）「わが国農産物市場システム建設に関する研究」，中国人民大学農業与農村発展学院，2005年1月．

6節

周妙芳（2003）「臺巴自由貿易協定農產品之市場開放措施」，『農政與農情』137，pp. 62-64.
林家榮（2003）「WTO 坎昆部長會議農業談判情形」，『農政與農情』136，p. 6.
林家榮（2004）「WTO 7月套案農業談判架構共識及其對國內農業之影響」，『農政與農情』147，pp. 42-45.
范振宗（2002）「行政院農業委員會業務報告」，『農政與農情』124，p. 6.
商業訊息快報（2004）因應杜哈回合通過 台灣農業政策須適當調整 2004/8/24．http://www.tcoc.com.tw/newslist/004500/4578.htm
國際合作處（2001）「加入 WTO 農業總體因應對策」，『農政與農情』111，pp. 36-43.
許玉雪（2002）加入 WTO 後兩岸農業交流對台灣農業之影響，第五屆全球經濟分析會議，兩岸永續發展之經濟分析研討會．
陳吉仲，孫金華，吳佳勳，張靜貞，徐世勳（2003）「「台美自由貿易協定」的洽簽對我國農漁產業影響之研究」，『農業與經濟』30，pp. 27-62.
陳耀勳（2002）「加入 WTO 後台灣農業之轉型發展」，『農政與農情』125，p. 53.
楊豐碩（1997）「加入 WTO 對國內農業發展之影響及其因應」，『經濟情勢暨評論』3(2)，pp. 1-18.
農業委員會（2002）農委會 91 年年報．http://bulletin.coa.gov.tw/view.php?catid=6098
農業委員會（2005a）94 年 6 月份農委會重要措施．http://bulletin.coa.gov.tw/view.php?catid=8754
農業委員會（2005b）農產品受進口損害救助制度．http://www.coa.gov.tw/file/12/48/48_17.ppt#15
農業統計年報（2004）台灣行政院農業委員會．
農業統計要覽（2004）台灣行政院農業委員會．
農業貿易統計要覽（2004）台灣行政院農業委員會．
廖安定（2002）『臺灣農業發展願景與作法座談會實錄』pp. 12-27，傅祖壇主編，孫運璿基金會，臺北市．

第4章　産地・担い手の再編と新たな競争戦略
——食の連携に対応した新たな産地戦略——

1　北東アジアにおける経済連携進展下の新たな産地戦略

1.1　はじめに

　不特定多数の生産者と消費者が会合するのが卸売市場であるが，国境をまたいで行われる農産物貿易ではこうした意味の卸売市場は存在しないので，輸出業者と輸入業者の相対取引で行われるのが普通である．生産された農産物は輸出業者の手によって1ヵ所に集められ，必要な手続きを経た上でマスとなって国境を通過する．

　集荷される農産物も生産されたものであれば何でもよいわけではなく，輸入業者による定時，定量，定規格の要求を満たすものでなければならない．このため，貿易業務に付随する取引費用の最小化は自由な参入・退出が保証される市場取引（スポット取引）では達成することができず，売り手と買い手の間の契約を通じた継続的取引によって達成される．

　一般に，こうした継続的取引では，生産の局面では生産契約が，販売の局面では販売契約が取り結ばれる．北東アジアの農産物貿易もその事情はまったく同じであり，穀物，野菜，果樹，花き，食肉のいずれをとっても，生産から販売に至るまでの各段階においてそれぞれの主体が対立ではなく調整によって結びつけられるような契約取引が主流をなしている．

　継続的取引の一種としての契約取引は生産の集中化とグローバル化が相互に関係しながら進行している．いまや国境を越えた産地間競争は価格や数量，規格のみならず，環境や食品の安全性をめぐっても展開されている．どの産地・国が競争力を持つかはこうしたハードルをいかに効率よくクリアーするかにかかっている．

　本節では，こうした形で展開されている国際的な産地間競争において，産地（輸出国）側がどのような方法で競争力を確保しているかを明らかにしたい．

具体的には，現在は口蹄疫のため中断されている日韓豚肉貿易を取り上げ，日韓の生産費格差（価格要因）と韓国輸出企業（豚肉パッカー）の産地戦略（非価格要因）を論じる．

1.2 競争力確保のための垂直的調整[1)]

通常，垂直的統合とは，所有権の統合によって生産から販売までの諸段階をカバーする組織内取引のことを指している．これに対して，垂直的調整（Vertical Coordination）とは，生産から販売までの諸段階に存在する独立した主体間を契約で結びつける継続的取引のことを指している．

以上の区分は，生産や販売において隣接する複数の段階を個人または企業体が所有している状態を垂直的統合（組織内取引）と呼び，そうではなく主として契約にもとづく取引がなされている場合を垂直的調整（ないしは継続的取引）と呼ぶことと対応している[2)]．

一般に，販売契約とは売り手（生産者）と買い手（流通業者）の間の口頭もしくは文書で結ばれる契約を指しており，この契約では収穫前に価格や販路についての取り決めがなされることが普通である．この場合，契約対象となる農産物が生産されている段階では所有権は生産者のもとに留まっているため，生産者が生産にかかる最終決定権を保持している．このためリスクに関しても生産者が全面的に負うことになるが，価格変動リスクに関しては生産者と流通業者が共同で負担することもありうるとされる．

これに対して，生産契約とは委託者（生産者）と受託者（作業従事者）の間の口頭もしくは文書で結ばれる契約を指しており，その受託者が実施する作業内容やコスト負担，役割分担についての取り決めがなされる．基本的に，受託者は一定の手数料と引き替えに決められたマニュアルに従って役務を実行することになるため，リスクを負うことはないとされる．

このような契約取引が導入されてきた理由は，スポット取引をベースとする市場取引を選択した場合に追加的コストが発生するためとされている．そして，その追加的コストは，限定された合理性（bounded rationality），財やサービスの品質特殊性に起因する情報の非対称性，投資の特殊取引性，取引に内在する特殊的性質などよって発生すると考えられている．

組織内取引は以上のような追加的コストを削減するための1つの工夫であるが，実は組織内取引を選んだ場合も内部調整に時間がかかってしまい，必ずしも効率的ではないとされている．このような事態を回避するため，所有権を変更せず，独立した個人または企業体が契約による継続的取引を導入することで取引コストを削減する努力がなされている．この種の取引様式は垂直的調整と呼ばれているが，国境を越えた農産物貿易ではこの種の調整いかんが商品の競争力を決定している．

これまでは低廉な価格，したがって低廉な生産コストが国境を越えた競争力の確保には不可欠な要素とみなされてきた．しかし，それだけでは競争優位の状態を長期的に保持することはできない．情報の果たす役割が大きくなるにつれて，ポジションによるパワー，すなわち自らの位置するポジションの有利性を活用しながら，生産から販売までの諸段階を対立から調整へと展開させることが重要となっている．垂直的調整とは契約の当事者間の対立関係を解消し，双方にとって有益な結果が得られるようにするための取り組みである．

問題は，その垂直的調整の主体が誰であり，何をめぐってどのように調整するのかという点にある．それは，結局，国境を越える際の荷主と荷受け，すなわち輸出業者と輸入業者の利害関係のあり方に帰着するものと思われる．ただし，輸出業務を生産者自身が担う場合にはその生産者が，また輸入業務を実需者（スーパーマーケットや食品製造業者）が担う場合にはその実需者が垂直的調整の主体になることはいうまでもない．

1.3 日本の豚肉市場をめぐる経済的リンケージ

1.3.1 日本，韓国，アメリカ，デンマークの豚肉パッカーのポジショニング

日本の農産物輸入（2004年）で金額トップを占めるのは豚肉である．金額にして約47.4億ドル，数量にして87.3万tである[3]．その国別内訳はデンマークが14.4億ドル（30.5％），アメリカが14.3億ドル（30.1％），カナダが10.2億ドル（21.6％）である．この3ヵ国の合計シェアは81.2％にのぼる．

豚肉の輸入状況を国別にみると，デンマークは冷凍品に特化し，ハム・ベーコンの原料として使われることが多い．また，アメリカは冷蔵品と冷凍品が金額ベースでほぼ半々を占め，主として業務用，小売用として流通している．カ

ナダもアメリカとよく似た製品構造を持っているが,冷凍品が冷蔵品の4倍の金額に達している.これに対して,韓国は豚コレラ,口蹄疫の発生によって現在は輸入がストップしているが,口蹄疫発生以前の1999年には海外向け豚肉10万tのうちの8割強を日本に輸出していたという実績がある.

　以上から,日本の豚肉市場をめぐっては,韓国,アメリカ,デンマーク,カナダが潜在的な主要プレーヤーとみなすことができる.しかし,そこでみられる非常に奇妙な現象は,韓国は日本と同様の加工型畜産(アメリカからの輸入穀物による豚肉生産)の構造を持っているにもかかわらず,日本への輸出国となっているという点である.それはなぜか.まずこの点から明らかにしたい.

1.3.2　日韓の生産費格差の要因分析

(1)　生産費格差の要因分解に関する恒等式

　日本と韓国の生産費格差の要因分析を行うに当たって,以下のような恒等式を想定した[4].それによれば生産費格差は次のように要因分解される.

　　　　生産費格差＝実質投入比率(技術要因)×価格比率(価格要因)

　この恒等式を使うと,豚肉生産費のうちで主要な部分を占める飼料費と労働費の費用格差について,それが実質投入比率(技術要因)によるものか,あるいは価格比率(価格要因)によるものかを明らかにすることができる.すなわち,この費用格差は

　　　　飼料費格差＝実質投入比率(農場要求率)×価格比率(飼料価格)
　　　　労働費格差＝実質投入比率(労働係数)×価格比率(労働賃金率)

に分解することができる.

(2)　飼料費の価格比率の推計

　品目別の価格比は韓国での入手資料をもとに推計された.その結果を表1.1に示したが,日本基準の価格比(b)は成畜用配合飼料0.71,子畜用配合飼料0.51,乳脂脱(人工乳)0.28である[5].また,飼料費全体の価格比率を求めるために必要とされる品目別ウエイトは,日本の生産費調査(『豚肉生産費』のうちの「肥育豚1頭当たり流通飼料の使用数量と価額」)に従った.飼料費の価格比率はこれらの加重平均から0.63と算出された[6].

(3)　労働費の価格比率の推計

　日本と韓国の生産費調査から,家族労働と雇用労働の1時間当たり賃金率を

表1.1 飼料費の価格比率の推計

区 分	購入額 (円)	ウエイト a	価格比 b	価格比率 a×b
成畜用配合	7,927	46.5	0.71	0.33
子畜用配合	6,161	36.1	0.51	0.18
乳脂脱	1,315	7.7	0.28	0.02
その他	1,655	9.7	1.00	0.10
合計	17,058	100.0		0.63

注:購入額は農林水産省「畜産物生産費」2002年版の肥育豚1頭当たり飼料購入額による.また,その他は穀物(主としてとうもろこし),植物性かす類(主として大豆油かす)を含む.

表1.2 日本と韓国の生産費格差の要因分析

	日本の 生産費の 構成比 (%)	豚肉生産費 (円)		名目費用 比率 b/a	実質投入 比率	価格比率
		日 本 2,000頭以上 a	韓 国 2,000頭以上 b			
素畜費	3.9	15	5	0.37		
飼料費	62.3	233	151	0.65	1.02	0.63
その他経常費	15.2	57	30	0.53		
資本費	10.3	38	30	0.79		
労働費	10.6	40	19	0.49	1.14	0.43
(うち家族)	6.1	23	4	0.19	0.49	0.39
(うち雇用)	4.5	17	15	0.90	1.87	0.48
費用合計	102.2	383	236	0.62		
副産物収入	2.2	8	1	0.10		
生産費	100.0	375	235	0.63		

求めたところ,日本は1,588円,1,315円,韓国は627円,628円と算出された.この結果,日本基準の価格比率は家族労働0.39,雇用労働0.48となった.

また,家族労働と雇用労働を複合した労働費の価格比率は,以上の価格比率と家族労働・雇用労働の生産費構成比(日本の生産費構成比を使用)の加重平均から0.43と算出された.

(4) 実質投入比率の推計

表1.2に示すように,飼料費と労働費の実質投入比率は名目費用比率を価格比率で割ることによって求められた.その結果,飼料費の実質投入比率は1.02,労働費の実質投入比率は家族労働0.49,雇用労働1.87,家族・雇用労

働の合計労働 1.14 と算出された．

(5) 生産費格差の主たる要因

飼料費の実質投入比率（農場要求率）は 1.02 で，日本の方が 2 ポイント高いものの，日本と韓国の間で大差のないことがわかる．一方，飼料価格の比率は 0.63 で，韓国は日本よりも 37 ポイントも安い飼料を使っていることがわかる．このことから，飼料費の差はほぼ飼料価格の差によるものと結論づけられる．これを恒等式で表せば，それぞれの項について，日本＝1.00 として

$$\underset{0.65}{\text{韓国の飼料費}} = \underset{1.02}{\text{韓国の農場要求率}} \times \underset{0.63}{\text{韓国の飼料価格}}$$

となる．

一方，労働費については，雇用労働と家族労働を合計した実質投入比率は 1.14 で，韓国の方が日本よりも 14 ポイント高くなっていることがわかる．いいかえれば，豚肉 1 kg を作るのに必要な労働時間は韓国の方が 14％ 高いことが判明した．一方，賃金率の比率は 0.43 で，韓国では日本よりも 57 ポイントも安い労働力を使っている．以上の分析結果から，両国間における労働費の格差は韓国の低賃金労働によるものであると結論づけられる．これも恒等式で表せば

$$\underset{0.49}{\text{韓国の労働費}} = \underset{1.14}{\text{韓国の労働係数}} \times \underset{0.43}{\text{韓国の賃金率}}$$

となる．

(6) 本推計の意味

生産費に占める飼料費と労働費のウエイトの合計は 72.9％ なので，日本と韓国の豚肉生産費の違いはほぼこの 2 費目によって説明できる．そして，本推計の結果，両国間の生産費格差を生み出す主要な要因は実質投入比率（技術要因）ではなく，価格比率（価格要因）であることが明らかとなった．すなわち，生産費構成比で 62.3％ を占める飼料費で，韓国の飼料価格は日本のそれの 63％（37 ポイントの格差）に留まっており，また生産費構成比で 10.6％ を占める労働費で，韓国の賃金率は日本のそれの 43％（57 ポイントの格差）に留まっている．いいかえれば，飼料と労働の低廉性が韓国産豚肉の価格競争力を生み出している．

表1.3 名目費用比率の格差に関する国際比較

区　分	名目費用比率	実質投入比率	価格比率
飼料費			
日　本	1.00	1.00	1.00
韓　国	0.65	1.02	0.63
アメリカ	0.41	0.95	0.43
デンマーク	0.57	0.87	0.65
労働費			
日　本	1.00	1.00	1.00
韓　国	0.49	1.14	0.43
アメリカ	1.10	0.84	1.31
デンマーク	0.55	0.31	1.80

現実的な問題としては，同じアメリカ産の飼料穀物（とうもろこし，大豆）を使っていながら，日韓両国でなぜこのような価格差が出てくるかが問題である．原料費や海上輸送費には大差がないと思われるので，それ以外の費用，例えば制度（港湾荷役手数料や飼料の価格変動準備金など），品質（大きさ，色など），品質管理，内国輸送費，加工賃，手数料，決済条件などにこうした価格差を生み出す原因が隠されていると考えなければならない．

1.3.3　日本，韓国，アメリカ，デンマーク間の生産費格差とその格差をもたらす要因

では，国際的にみて日本と韓国の養豚経営はいったいどのような水準に位置づけられるのであろうか．このことを，日本を基準とする韓国，アメリカ，デンマークの相対水準を示したのが表1.3である[7]．

この表の上段（飼料費）からもわかるように，飼料費の名目費用比率は，アメリカ（0.41）が一番低く，次いでデンマーク（0.57），韓国（0.65），日本（1.00）の順となっている．また，こうした結果をもたらしている価格比率についても，アメリカ（0.43）が一番低く，次いで韓国（0.63），デンマーク（0.65），日本（1.00）の順となっている．

この比較のなかで注目すべき事実は，実質的投入比率（農場要求率）に関して日本と明確な格差がみられるのはデンマーク（0.87）だけであり，アメリカ（0.95）と韓国（1.02）は日本とほぼ同等であるという点である．このことは養豚生産のシステム化という点ではデンマークが突出した存在として位置づけられ，アメリカはデンマークよりも技術的に遅れていることを表している．わが国の養豚経営が学ぶべきものは，アメリカではなくデンマークにあると考え

なければならない.

　次に労働費についてであるが，この名目費用比率は，韓国（0.49）が一番低く，次いでデンマーク（0.55），日本（1.00），アメリカ（1.10）の順となっている．また，この結果をもたらしている価格比率については，韓国（0.43）が一番低く，次いで日本（1.00），アメリカ（1.31），デンマーク（1.80）の順となっている．

　こうした比較のなかで注目すべき事実は，デンマークの価格比率（1.80）が一番高いにもかかわらず，これを相殺して余りあるほどの実質投入比率（0.31）の低さのために，名目費用比率ではデンマークは日本の55％に留まっているという点である．これに対して，アメリカの実質投入比率（0.84）は日本（1.00）と韓国（1.14）よりも優れてはいるが，デンマークと比較するとはるかに劣っており，その結果として名目費用比率は日本のそれの10％増になっていることがわかる．この分析結果に従えば，飼料費の実質投入比率（農場要求率）と同様に，飼養管理（労働投入）という点についても，わが国の養豚経営が学ぶべきものはアメリカではなくデンマークにあると考えなければならない．

　以上の結果から，われわれは改めてデンマークの養豚経営の先進性に注目しなければならないが，デンマークの養豚技術の高さは，①斉一性の優れた枝肉生産，②合理的な畜舎の利用，③ウィークリー養豚の確立，④組織的な衛生指導，⑤AIによる生産性の向上，⑥低い農場要求率，⑦インセンティブのある給与制度による労働意欲の向上，の7つに要約することができる．

1.3.4　日韓の経済的リンケージの可能性

(1) 豚肉輸出企業・大象（デサン）農場の概要

　豚肉輸入国の日本にとって，技術は輸出国と比べて遜色ないのに，飼料と労働，そして各種生産資材の価格が高いために競争力を失っているのは残念な結果といえよう．しかし，この現象は豚肉のみならず，多くの農産物についても当てはまると思われる．そういうなかで，日本と韓国はお互いが相互利益を獲得できるような貿易パートナーとして位置づけられないだろうか．この点を論じるのが以下の課題である．

　この目的のために，われわれは1999年当時に日本へ豚肉輸出を行っていた

大象（デサン）農場（Daesang Farm）の現地調査を実施した．この農場は韓国最大級の養豚インテグレーターで，その業務範囲は種豚改良から飼料生産，コンサルティング，飼育，と畜，加工，販売まで広がっている．

デサン農場の本社はソウルの南東約10kmの京畿道城南（ソンナム）にある．従業員は約300人で，年間のと畜頭数は65-70万頭にのぼる．と畜頭数のうち，生産契約（インテグレーション）によるものがおよそ23万頭（35%），販売契約（と畜契約）によるものがおよそ44万頭（65%）である．

デサン農場では陰城（ウンソン）工場と国内2ヵ所のと畜工場を借り上げて処理されている．陰城工場では皮はぎ方式が採用されているが，この方式が採用された理由は対日輸出を目指したためである．皮はぎ方式を採用しているのは韓国全体でも陰城工場を含めて3ヵ所だけで，その他の工場はすべて湯はぎ方式を採用している．このことから現在でも対日輸出に直ちに応じられるパッカーはそれほど多くないことがわかる．

デサン農場の生産契約は，デサン農場が子豚と飼料を供給し，傘下農場が豚舎と労働を提供するというシェアクロッピング方式によるもので，傘下農場へは肥育成績に応じた委託料が支払われる．

一方，販売契約は，陰城工場に出荷され，と畜された肉豚をデサン農場が買い取るというものである．この方式では等級や体重によって買い取り価格が定められ，出荷される肉豚の品種や飼料にはこだわらないとされる（デサン農場からの購入が義務づけられていない）．出荷者側からすると，事前の契約にもとづいて肉豚をと畜工場へ出荷することだけが義務づけられており，生産契約よりも自由度が大きい．

販売契約のもとでデサン農場から出荷者へ支払われる肉豚代金は，と畜料金等（と畜料，検査料，格付料，と畜税など）を差し引いた肉豚代金（内臓込み）という性格を持つために，そこではと畜にいくらかかるかという費用概念は存在しない．支払われる肉豚代金がそのまま農家の手取り収入となる．この方式はデンマークの協同組合形式のと畜会社（DS）と同一である．

(2) 日本への輸出実績

かつて，デサン農場の対日輸出はチルドで1日7t（1コンテナ），年間300日，合計2,100tという実績を持っていた．輸出額は99年度で5,000万ドル

に達したが，その70％は住友物産へ，残りの30％は日本ハムへ販売されたものである．

当時の部位別出荷量は，1日7tのうち，ロース3t（43％），ヒレ0.7t（10％），モモ1.6t（23％），カタ1.0t（14％），カタロース0.7t（10％）という構成比であった．明らかにロース，ヒレの構成比が高い．この理由はロースとヒレが日本の需要部位であるのに対し，韓国では不需要部位となっているためである．つまり，韓国と日本の豚肉需要は競合ではなく，補完の関係に立っている．ここではモモも輸出されているが，これは差額関税をゼロにするために日本ハムが調整用として輸入したことによる．

デサン農場にとっての対日輸出のメリットは韓国の需要部位であるバラとのバランスがとれることである．たとえ日本のバイヤーに買い叩かれても，韓国でロース，ヒレを売るよりも有利に販売できるため，住友物産，日本ハムに売ったとされる．その意味で，デサン農場は今も日本と友好関係を結べると考えている．

しかし，そのデメリットは対日輸出がストップしたことで発生した．日本に売れなくなって国内での売り先確保に困難を来したからである．今から振り返ってみるとデサン農場自身の取り組みとして不需要部位（ロース，ヒレ）の需要開発が手薄であったという反省がある．こうした反省を踏まえて，それ以降は積極的に国内需要開発を行い，市場の拡大に努力している．そして，その努力はある程度実を結びつつある（例えば，ロースカツが子供たちに受けている）．今後は対日輸出の再開如何にかかわらず，バランスのとれた国内の需要開発が重要と考えており，不需要部位の市場拡大に取り組むとしている．

(3) 継続的取引の主役たち

以上でみてきたように，韓国では不需要部位であるが，日本では需要部位となっているヒレやロースを輸出することは日韓両国にとってメリットがある．こうした結合生産の原理による貿易関係の成立はそれほど珍しいことではなく，ブロイラーをめぐっての日本（需要部位がモモ）とアメリカ（需要部位がムネ），牛肉をめぐっての日本（需要部位がバラ，タン）とアメリカ（特別の需要部位を持たない）の関係においてもみられることである．そして，こうした形の相互利益の追求は，世界の食肉事情に精通した専門家たち（総合商社や大

手パッカーたち）によって推進されている．

(4) 豚肉生産にみる共通の問題点

　アメリカの豚肉産地の移動（アイオワ州，イリノイ州を中心とするコーンベルト地帯から，ノースカロライナ州を中心とする南東部，オクラホマ州を中心とする南西部，ワイオミング州やユタ州を中心とする西部山岳地域への移動）を例に引くまでもなく，日本と韓国においても糞尿処理（環境負荷）が大きな問題としてクローズアップされている．糞尿処理能力ないしは住民運動の高まりから考えて，日韓両国ではこれ以上の増産（畜舎の新設）は不可能とされている．

　養豚経営者に対するヒアリング調査によれば，韓国の生産者たちも糞尿処理費の増嵩に頭を悩ませている．産廃業者に依頼すると糞尿処理費は1t当たりで1万8,000ウォン（1,800円）にのぼるとされる．また，素堀の糞尿槽は水質汚濁防止のためにすでに禁止されており，多くの生産者がコンクリート製のスラリータンクを建設している．こうした事情を考えると，豚肉を通じた日韓の経済的リンケージの強化は限定的であると結論づけられるであろう．

1.4　むすび

　畜産物のみならず穀物，野菜，果樹，花きの分野においても，生産契約や販売契約による継続的取引は国境を越えた産地戦略の中核をなしている．日本を緊密な貿易パートナーとしたい韓国と中国にとって，何をどのように売っていくかの明確化は喫緊の課題である．今後，この両国で品質の向上や流通網の整備が進めば，アメリカをはじめとする既存の輸出国にとっても大きな脅威となることは間違いない．

　ただし，北東アジアの農産物貿易の進展に関していくつかの懸念がある．その第1は韓国，中国における国内需要の増大である．とくに経済発展の著しい中国でどれだけの輸出余力が残されているかが問題となる．その第2は賃金率の上昇である．とくに日本に対する貿易上の競争力を低賃金で支えている韓国では，この問題が今後大きくのしかかってくるものと思われる．その第3は国際的な貿易ルールの遵守である．これには糞尿処理（環境問題），残留農薬（コーデックス），知的財産権（品種許諾権）などの問題がからんでくるが，公

正で公平なルールの適用が望まれることはいうまでもない．

　それにもかかわらず，韓国，中国にとって，巨大な消費市場を持つ日本との距離の近接性は大きな強みである．とくに鮮度が重視される生鮮品においては絶対の強みである．海上輸送を高速フェリー（トラックのまま）で渡れるようになると，日本の国内産地そのものが潰れかねないという危険性をはらんでいる．

2　米の消費・購買行動にかかわる日・中・韓比較
　　――日本米の市場開拓可能性を意識して――

2.1　はじめに
2.1.1　中国・韓国の米消費を巡る問題

　日本・中国・韓国などの東アジア諸国における米を巡る状況は変わりつつある．韓国では2004年末に国際貿易交渉の場で，9ヵ国との2国間・多国間協議を経て，米貿易の関税化をさらに猶予する合意を得た．その合意には，関税化猶予のほかに，輸入義務数量の拡大，国家貿易の維持，輸入米の一部の市販，特定輸出国（中国・米国・タイ・豪州）からの輸入割当の確約といった事項も含まれ，そのため今後，韓国では輸入米増加や国内米価の下落が必至と見られている．他方，日本では農林水産物・食品の輸出促進に力を注ぎ始めており，中国への米輸出に向けた政府間の調整に入っているとも伝えられる．

　こうした中，本稿では中国・韓国における米市場の性格の一端を探るために，米の消費・購買行動に関する共通のアンケート調査を実施し，両国を比較検討しようとする．加えて，日本米を中国人・韓国人に試食させ，その反応を探った．なお，米の消費・購買行動に関する近年の調査研究は，中国についてはわずかであり，例えば犾（2002）がある．また，日本食品・農産物輸出促進政策の一環として行われた日本貿易振興機構（2005）による上海での調査事業がある．一方，韓国についてはいくつか見られるようになってきており，韓国農村経済研究院（KREI）（2003）や韓国農村振興庁（2003）が代表的である．このように各国市場のみを対象としたものは確かにあるものの，日本・中国・韓国の米市場を横断的に見ようとした米消費・購買行動に関する調査研究は見られない．

ところで近年，アジア諸国での米消費の減退が指摘されており，その主要因は経済発展に伴う所得向上や食生活の変化などが挙げられている．日本は周知のこと，中国・韓国でも同様にこのような米消費減退の傾向が見られるとされる（伊東2003，銭2003，茅野2005など）．供給量ベースの数値（FAOSTAT 2004・精米換算）であるが，2001年での日本・中国・韓国の米の消費量水準を比較すると，中国（86.4 kg／年・人）と韓国（83.5 kg／年・人）は同水準にあり，日本の水準（58.5 kg／年・人）を5割程度上回っている．

このような米消費に関する量的な変化に加えて，質的な変化も見られるようになってきているという指摘がある．中国では，高品質米の需要の高まりやジャポニカ米の需要増大が指摘されている（銭2003，犾2002）．また，韓国では，品質や環境保全的生産などを基準とする農産物認証制度を中心とする米のブランド化の進展が著しい（李2008）．

2.1.2 共通アンケート調査の実施概要

中国と韓国における米の消費実態を把握するために，米の消費形態・購入形態と米の評価ポイントに関する調査項目を検討し，中国人と韓国人に対して共通アンケート調査を行った．加えて，中国人と韓国人に対して日本米を試食してもらい，その感想や評価を尋ねる食味テストも試みた．なお，この日本米の食味テストの試料は，加工米飯の一種である無菌包装米飯（佐藤食品工業株式会社の「サトウのごはん・新潟産コシヒカリ100％」（200 g・定価170円））を用いた．食味について日本米としての代表性に難があるかもしれないが，味の均一性とテスト実施の便宜性を考慮したのが，この試料を用いた理由である．各国における調査の実施概況は以下の通りである．

中国については，富裕層主婦を含む上海市の一般家庭世帯員および上海大学の教員・学生を対象に，2004年7-8月および2005年3月に実施した．配布数318，回収数301，回収率95％であった．以下の分析では回収された301サンプルを用いている．また，日本米の食味テストは，回答した301人のうち18人に対して実施した．

韓国については，ソウル市近郊の一般家庭の世帯員および全国の農業者と食品関連事業者を対象に，2004年8月および2005年3月に実施した．配布数89，回収数72，回収率81％であった．以下の分析では，回収された72サンプル

を用いている．また，日本米の食味テストは，すべての回答者である72人に対して実施した．なお，以下の分析では不明および無回答を除外した集計数値を用いている．

2.2 共通アンケート調査の結果
2.2.1 回答者のプロフィール

中国：性別では男性76％，女性25％，年齢層では20歳代53％，30歳代26％，10歳代9％，40歳代6％，50歳代5％，職業カテゴリーでは，給与労働者（公務員および会社員）・自営業77％，農業8％，主婦・パート（その他）・学生16％，世帯年間所得（元）では5万以下78％，5-10万15％，10万以上6％，日本滞在経験では，なし91％，短期（1ヵ月未満）4％，長期（1ヵ月以上）6％，という内訳であった．

韓国：性別では男性61％，女性39％，年齢層では40歳代38％，30歳代30％，50歳代16％，20歳代13％，60歳代5％，職業カテゴリーでは，給与労働者（公務員および会社員）・自営業51％，農業29％，主婦・パート（その他）・学生20％，世帯年間所得（ウォン）では2,000万以下15％，2,000-4,000万32％，4,000万以上53％，日本滞在経験では，なし73％，短期（1ヵ月未満）14％，長期（1ヵ月以上）13％，という内訳であった．

2.2.2 米の消費形態

炊事の頻度：韓国では7割近くが「いつも」と答えているのに対し，中国では「時々」と「ほとんどしない」とを合わせると6割近くに達している．それに加え，米飯をよく食べる場所についてみると，韓国では7割が「自宅」としているのに対し，中国ではそれは6割にとどまり，そのかわりに4割がレストランや食堂などの外食となっており，中国での外食文化の広がりがうかがわれる．

1日当たりの米飯食事回数：「3回」すなわち毎食欠かさずとするのが，韓国では約6割に上るのに対して，中国では半数をやや下回り「2回」と答えたのと同程度である．中国では米だけでなく小麦も主食とし，とくに朝食では点心を食する食習慣があるためである．ただし，1回での食事での米飯の分量についてみると，韓国では「1杯」だけとするのが8割を越えているのに対して，

中国では3割以下にとどまり，その代わりに「2杯」とするのが半数以上を占める．さらに，中国では「3杯以上」とするのが2割もみられ，韓国と比べて量的には少ないわけではないと見られる．

2.2.3 米の購入形態

米の種類：両国ともにジャポニカ米が支配的である．中国でもインディカ米がわずか2%程度に留まっているのは意外であったものの，香り米が1割以上としているのが特徴的である．上海ではかつてはインディカ米が主流であったが，近年，米のニーズが多様化し，ジャポニカ米や香り米へと消費者ニーズが移行するようになったことが背景にあると見られる．

購入場所：中国では米穀店（実態は総合食料品店が多い）とスーパーマーケットの二者が中心となっており，それぞれ5割弱を占めているのに対して，韓国ではスーパーマーケットと地方からの発送がそれぞれ4割程度を占め，米穀店としているのは1割程度に過ぎない．地方からの発送とは主に，親類・知人からの仕送り品であると考えられ，韓国ではそのような習慣がよく見られる．いずれにしろ両国ともスーパーマーケットが米購入場所の1つの柱であり，その背景には近年における大型店舗の展開など小売業態の変化や米流通の多様化があると考えられる．

1回当たりの購入量：中国では5斤（＝2.5 kg）以下が最も多く（52%），次いで20斤（＝10 kg）が30%，10斤（＝5 kg）が15%と続く．これを見る限り，5斤（＝2.5 kg）以下という少ない量と20斤（＝10 kg）というのが中国での標準的な1回当たり購入量のようであるが，5斤以下での購入は米穀店で多く見られるのに対して，スーパーマーケットでは20斤が多く見られる．これは，米穀店には在来市場における量り売りの販売形態が未だ広く見られるのに対して，スーパーマーケットでは比較的容量の大きい包装によって販売されているためである．他方，韓国では20 kgが最も多く（63%），次いで10 kg（15%），40 kg（10%）と続く．韓国での標準的な1回当たり購入量は20 kgであり，20 kg入り米袋が小売店の店頭でよく見かけられる．

両国を比較すると，中国より韓国のほうが1回当たり購入量の多い傾向は明らかである．これは，先に見た米飯の消費形態の違いや店頭での米の荷姿などといった販売形態の違いが影響していると考えられる．また，購入量の違いに

は世帯員数も関係している可能性がある．中国では政策的条件により核家族化の傾向が強い．本データからは韓国では同居状態にある家族人数が韓国では平均値3.8人に対して，中国では平均値3.4人と若干少ない．それゆえ，中国の方が1度の購入量が少ないのかもしれない．

購入価格帯：中国では10斤（＝5 kg）当たり10-20元が最も多く（54％），次いで20-30元（23％）となっており，10斤当たり20元前後が一般的な価格水準であると見られる．ただ，30元以上の価格帯も16％見られる．米の種類別では，ジャポニカ米の価格帯は10-20元が中心であるのに対して，30元以上の価格帯の米には香り米が比較的多く見られる．ちなみに日本貿易振興機構（2005）によれば上海における米の店頭価格は中国産一般米で15-25元のほか，中国産あきたこまちで45元，大連米で56元，タイ産香り米で30元あるいは60元（いずれも10斤当たり・2003年）である．他方，韓国では20 kg当たり4万-4万5,000ウォンが最も多く（36％），次に4万5,000-5万ウォン（29％）であり，4万5,000ウォンが標準的な価格水準と見られる．ちなみに韓国農林部『糧政資料』によれば消費者価格は4万6,800ウォン（精米20 kg当たり平均・2002年）である．

さらに年間世帯所得別に購入する米の価格帯をみると，所得階層が高いほど価格帯が高くなる傾向が見られる．中国では，年間世帯所得階層5万元未満と5-10万元では，10-30元が購入価格帯の中心であるのに対して，所得階層10万元以上では10-30元に加えて，40-50元といった高価格帯も見られる．他方，韓国でも同様の傾向が見られ，所得階層2,000万ウォン未満では3万-3万5,000ウォンあるいは4万-4万5,000ウォンの価格帯で多くが見られるに対して，2,000-4,000万ウォン層では3万5,000-4万5,000ウォンの価格帯に集中し，さらに4,000万ウォン以上層では4万-5万ウォンの価格帯に集中している傾向が見られる．

銘柄と購入場所の選択：銘柄は両国とも「時々変える」がちょうど半分を占め，「いつも決まっていない」と合わせると7割が固定的でない選択をしている．また，購入場所は中国，韓国で「いつも同じ」が各々35％，25％，「時々変える」が31％，45％，「いつも決まっていない」が34％，30％とばらついている．いずれにしろ銘柄と場所の選択については，両国間で類似した傾向が

2.2.4 米の評価ポイント

ここでは，米に対する評価について，米を購入する際に何を重視するか，また米の食味に関して何を重視するか，について比較検討する．評価の方法は，各項目毎に重要度に応じて5段階で答えてもらい最高を5点，最低1点として得点化した．

米購入時の判断基準：図2.1に見るように，中国では価格，味，精米年月日が重視されている一方で，産地，銘柄，栽培方法はとくには重視されていない傾向がある．他方，韓国では味，精米年月日，栽培方法が重視され，また価格も比較的重視されている一方で，産地や銘柄はとくに重視されていない傾向がある．両国を比較すると，産地と銘柄は両国において共通して重要なポイントではないようである．しかしながら，中国では価格を重視する傾向が若干強いようであり，韓国では栽培方法を重視する傾向が明確である．また，銘柄・産地を気にしない傾向は先に述べたような銘柄を固定的に選択しない購入形態と関係しているとみられる．

年間世帯所得階層別米購入時の判断基準：図2.2，図2.3で見るように，所得階層によって違いが見られる項目がある．中国・韓国ともに所得階層が低いほど，価格を重視する傾向がある．反対に栽培方法については，両国ともに所得階層が高いほど重視する傾向がある．それ以外の項目については，韓国では所得階層による大きな違いは見られないが，中国では所得階層が高いほど産地

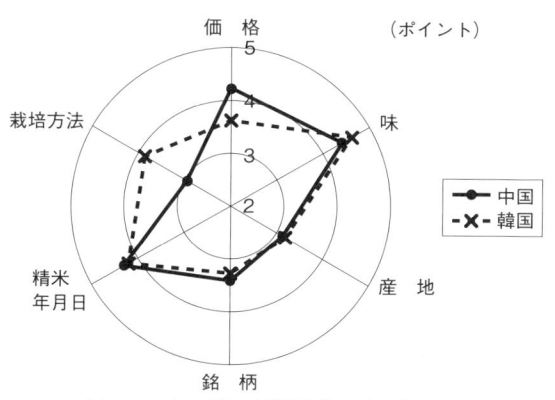

図2.1 米の購入判断基準の中・韓比較

第4章 産地・担い手の再編と新たな競争戦略

と銘柄を重視する傾向が明確である．

米食味の判断要素：図2.4に見るように，中国ではつやと香りが重視されている一方で，甘さ，粘り，ぱさぱさ感，歯ごたえはとくに重視されているわけではない傾向にある．他方，韓国では粘りと歯ごたえがとくに重視され，また，つや，香り，甘さも重視される一方で，ぱさぱさ感はとくに重視されているわけではない傾向にある（ここで，ぱさぱさ感とは粘り気が少ないという意味のことでインディカ米の特徴を表現しようとしたものである．なお，韓国の回答者からは意味がわからないという意見があった）．両国を比較すると，つやは両国において共通して重要なポイントであるものの，それ以外の項目では両国

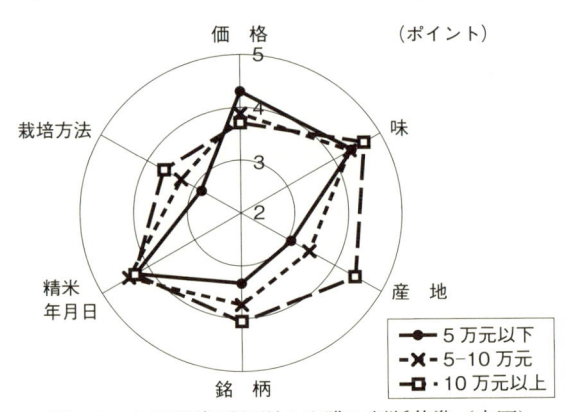

図2.2　年間世帯所得別の米購入判断基準（中国）

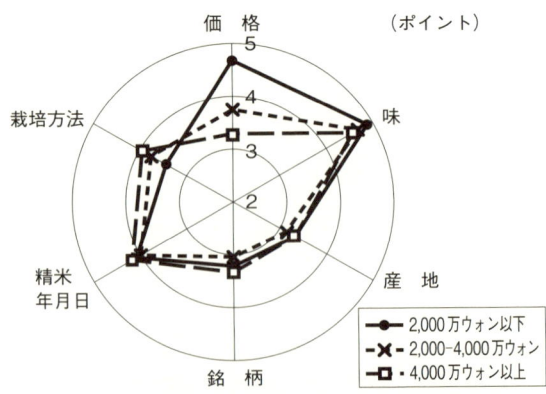

図2.3　年間世帯所得別の米購入判断基準（韓国）

間での違いが見られる．韓国では粘りや歯ごたえなど多くの項目において重視度が高い傾向が明確であるが，香りについてだけは中国でのほうがより重視される傾向にある．

2.2.5 日本米の食味評価

試食をさせた日本米に対する食味評価を両国で比較すると，すべての評価項目（つや，香り，甘さ，粘り，ぱさぱさ感，歯ごたえ）について中国の評価点が韓国のそれを上回り，総合評価（各項目評価点の平均値）でも中国では5ポイント満点中4.4ポイントの得点を挙げ，韓国での評価点（3.4ポイント）より高い結果となった．

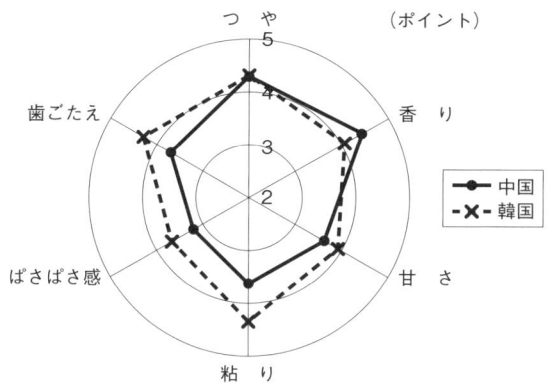

図2.4 米の食味判断要素の中・韓比較

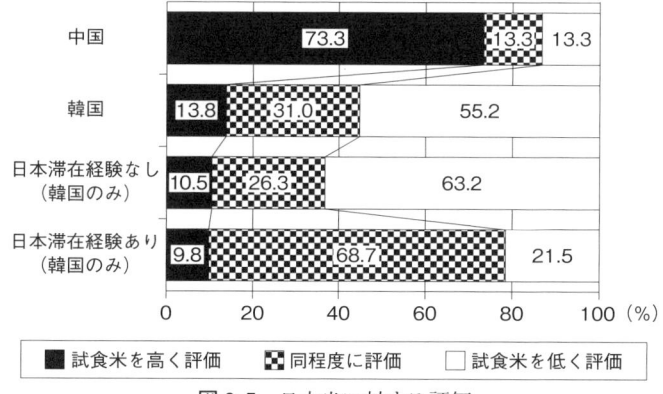

図2.5 日本米に対する評価

あわせて日本米の評価価格帯と普段購入している米の価格帯とを比較すると（図2.5），日本米を高く評価する割合が，中国では73％にも上るのに対して，韓国では14％にとどまった．韓国では日本米を同程度に評価する割合が31％あるものの，大半は低く評価するという厳しい結果となった．この試食米に関していえば，中国と韓国とでは対照的な結果となり，日本米に対する中国での評価は高かったといえよう．また，被験者の日本滞在の経験の違いによって，日本米に対する評価の違いが韓国においてのみ明瞭に表れ，滞在経験があるとそれほど悪い評価を下さなかったようである．

2.3　米の消費・購買行動の3国比較

　ここまで中国と韓国を対象に見てきたが，さらに韓国での代表的な既存調査および日本の類似の調査を比較可能な形で整理し（表2.1），日本・中国・韓国の3国について比較すると次のようになる．

　購入形態：1回当たり購入量が日本では10 kg以下および21 kg以上が中心であるが，中国では5 kg以下あるいはせいぜい10 kgが中心であり，韓国では11-20 kgが中心となっており，各国間で違いがある．入手先については，いずれの国でもスーパーマーケット等が1つの柱であり，この点は共通しているものの，日本では米生産者からの直接取引や縁故米も一定割合が見られ，また韓国でも縁故米の類が広く見られるのに対して，日・韓でそれほど大きな割合を示していない米穀店（実際は総合食料品店）が中国ではスーパーマーケットと同程度に主要な購入先となっている．以上のことは，各国間における米の販売形態や商品形態の違いを反映したものであると考えられる．

　銘柄の選択：日本では概ね固定的な選択をしているのに対して，中国・韓国では「時々変える」や「いつも決まっていない」を合わせると6-7割が銘柄に関して流動的な選択をしており，日本と中・韓とで対照をなす．後に触れるように，産地や品種・銘柄に対するこだわりの違いと関係している．

　購入時の判断基準：各調査で項目が異なることが多く，また調査方法も異なるため単純な比較は難しい．そこで各項目間での相対的な順番でいえば，日本では①食味，②産地・品種，③安全性，④価格の順で重視されているが，中国では①価格，②精米年月日，③食味の順で重視され，また韓国では①食味，②

2 米の消費・購買行動にかかわる日・中・韓比較

表 2.1 調査結果の比較

(単位：%)

	対象国	中　　国		韓　国	日　本
調査概要	調査名	本研究		米消費形態分析	食糧消費モニター調査
	実施主体	筆者ら		KREI	食糧庁
	実施年	2004/05 年	2004/05 年	2003 年	2002 年（第1回）
	サンプル数	301	72	首都圏 610 世帯	1,292
1回当たりの購入量	5 kg 以下	66	9	1	24
	6-10 kg	30	15	12	38
	11-20 kg	3	63	80	13
	21 kg 以上	0	14	6	25
入手先	スーパーマーケット	} 45	} 40	39	28
	農　協			18	5
	生　協			—	11
	米穀専門店	47	11	21	10
	直接取引	} 8	} 37	} 22	20
	縁故米（仕送り品）				20
	その他		12		6
銘柄の選択	同　じ	31	29	42	77
	時々変える	50	50	51	23
	不　定	19	21	7	
購入時の最留意点[3]	食　味	25	45	45	32
	産　地	7	3	—	} 26
	品種（銘柄）	7	4	—	
	安全性	—	—	21	18
	価　格	31	11	27	18
	精米年月日	26	25	—	3
	販売店	—	—	—	2
	栽培方法	5	12	—	—
	その他	—	—	—	71
合　計		100	100	100	100

注 1）四捨五入の関係で構成比の合計が 100 にならないところがある．
注 2）—は調査項目に設定がないことを示す．
注 3）各サンプルごとに項目間を相対比較し最も重要度が高いものを最留意点と見なした．ただし，最も重要度が高い項目が複数ある場合は，その項目数で按分しウェイトを付けて評価した．その上で全体が 100 になるように調整した．ただし，日本は原データのまま．

価格あるいは精米年月日，③安全性あるいは栽培方法の順で重視されている．どの国でも食味や価格は重要視される基準であるが，産地・品種に関する嗜好は日本で顕著である一方，中国や韓国では精米年月日を重視する傾向があり，この点は日本と中・韓で対照的な結果となった．精米年月日は新鮮さへのこだわりであると考えられるが，日本ではこの点については店頭で販売される品質基準としてわざわざそれを確認するまでもなく当然と思っていると理解してもよかろう．それよりも，産地・品種が米の品質を決定づける重要なファクターであると考えている．日本人は銘柄にこだわり，同じ銘柄を継続して購入する傾向があるといえよう．

なお，安全性を重視する傾向は日本と韓国で確認できたが，残念ながら調査設計上，中国では確認できなかった．ただ実態から言えば，中国では「緑色食品」への注目が高まっており，安全性を重視する農産物への志向がないわけではない．また韓国では品質や環境保全的生産などを基準とする農産物認証制度を中心とする米のブランド化の進展が近年見られるという実態もあり，それは栽培方法や安全性を重視する調査結果と合致する．

2.4 まとめ

本節では中国・韓国間で米の消費・購買行動に関して比較検討を行い，さらに日本との比較も試みたが，各国の共通性や相違点があらわれ，国際比較が一定程度可能であった．ここでは中国といっても所得や生活水準の高い上海に対象を限定したが，それが日・韓と比較しうる条件となったとみている．また，米の消費行動の点で，中国や韓国で所得階層によって嗜好性の違いがあることが示唆された．

最後に，日本米の輸出に関して若干触れておこう．本研究では両国の人々に対して日本米を試食させた結果，とくに中国で食味に関して高い評価を得た．その理由はにわかには明らかでないが，日本人との食味の嗜好の類似性のほかに日本製品・食品に対するイメージの高さがあると考えられる．富裕層を含む年間世帯所得10万元以上の高所得者層では産地・銘柄にもこだわり平均的な姿とは異なるものの日本と類似した評価基準を有する傾向も見られ，日本米を受け入れる可能性が高い消費者のタイプがいることが示唆される．上海では

「あきたこまち」など中国産だが日本の品種の米が一定の人気を得ており，日本米のイメージがよいといわれる．こうした上海の消費者の意識が日本米の評価の高さに一定の影響を与えていると見ることもできよう．

韓国について韓国農村経済研究院（2003）によれば，輸入米に対して約半数の消費者が購入したい意向があるとしている．そうした傾向は低所得者層で強いため，輸入米が国内米より低価格であるという前提に立っていると思われる．ただし，こうした輸入米を購入したい意向のうち2割弱程度は輸入米に対して価格にこだわらず品質を重視するという意向を示しており，価格が高い輸入米であっても高品質な米を求める消費者が一定程度いるとされ，また相当数の消費者が輸入米の品質水準に敏感に反応することが予測されている．また，米の価格に関しては現状では日・韓間でそれほど大きな開きがあるわけではない（米の小売価格水準（20 kg当たり）は，日本では6,000-7,000円を中心に6,000円から8,000円までの価格幅，韓国では4,500円程度を中心に4,000円から5,000円の価格幅となっている．ただし，出典は表2.1と同じで，1ウォン＝0.1円で換算）．いずれにしろ，このような指摘を踏まえながら，米に対する消費者の意識を探っていくことも今後の研究として必要ではないであろうか．

3　韓国における地域農業クラスター政策の展開

3.1　はじめに

クラスター理論は1990年代初，M. ポーター（1997）が国家競争力と産業クラスターの関係を明らかにし，またスタンフォード大学を中心としたベンチャー企業の設立と企業間の連携を通じたシリコンバレーの成功事例が紹介されてから急速に普及している．OECDの報告によると，2003年現在，イギリスでは168ヵ所，アメリカは153ヵ所，フランスは96ヵ所，イタリアは73ヵ所など各国では多数のクラスターが活発に活動しているという．クラスター理論がWTO体制を基盤とした世界化にはそれほど影響を与えていないのにもかかわらず，最近これほど注目を浴びているのは競争優位の確保という側面からその重要性が浮び上がってきたことと，空間的範囲が主に地域をベースにしているということが重要な要因として挙げられる．韓国では「参与政府」が積極的に

表明した国家均衡発展という国政運営の方針に従い国家均衡発展委員会を中心に地域革新体系（Regional Innovation System, RIS）の構築を通じた地域の均衡発展を推進しており，これらを効率的に達成しうる戦略の一環として産業クラスター政策が論議されてきた．農業部門では，このような産業全体の動きをも受けて，「農業・農村総合対策」（2004.2）の3つの柱である農業政策，所得政策，農村政策の効果的な推進のために地域農業の発展が強調され，地域農業の発展を成し遂げる成長動力として地域農業クラスターが提示されたのである．

3.2 韓国における地域農業クラスターの展開
3.2.1 農業分野クラスターの特徴

最近，クラスターが強調されてきた理由は，競争優位の確保が容易であること，そして空間的範囲が地域単位で論議されていることであると述べてきた．また，韓国の農業部門においては，WTO/DDA農業協定の進展，FTAの推進などで地域農業を基礎にした競争力の向上が重要な問題として取り上げられてきている．地域農業がこのように再び注目を浴びることにはいくつかの理由が提示されうる．

まず，競争力構造の変化による地域農業の必要性である．開放化の進展に伴って国家全体を単位とした品目別競争力の確保という戦略よりは地域単位の特色を生かした競争戦略の方がより効果的であるという認識の拡散がそれである．例えば，米の場合，国レベルで生産費を比べてみると，中国よりは約6倍，アメリカよりは約3倍高く，価格競争力では相当の差で劣位の状態にあると判断できる．しかし，「イチョン王様印米」などのように地域別の特色を生かし，また，独自のブランド・マーケティングを通じて市場開放化の中でも十分生きていけるような力を身に付けている地域も現れてきている．

次に，多様な消費者ニーズへの対応が容易である点が挙げられる．経済成長に伴い消費者のニーズは量的な側面よりは質的側面を強調し，品質，健康，伝統など多様化してきている．このような消費者のニーズに合わせること，そのものが競争優位に繋がる事になり，地域別の特色を生かした農産物の生産と，地域農業資源を活用したマーケティングなどを通じて消費者のニーズに十分対

応できるということが地域農業の強みとして取り上げられている．

以上のように地域農業に対する関心が再び高まり，地域段階で行われている組織化を強めて，農業以外の産業までも含む形で地域活性化を図るという動きがいくつかの地域で現れてきた．このような地域の動きを政策的に支援するということが地域農業クラスター政策である．

一般の産業分野だけではなく農業分野においてもクラスター理論に類似した体系は古くから存在していたと考えられる．韓国では1970年代から活発に組織された作目班などをはじめとした生産組織，そして品目別の主産地，特産団地などは地域産業クラスターとしての発展段階から見ると初歩的な形態の産業集積地と見なすことができる．そして，この中のいくつかは相当の水準まで出来上がった産業クラスターを形成した事例も存在すると考えられる[8]．このような事例は韓国農林部（2004）が提示している地域農業クラスターの基本モデルから比べてみると不完全な形を見せている．基本モデルでは地域革新体系（Regional Innovation System，RIS）に基盤を置いた完璧な形の地域農業クラスターを提示しているが，現実的な側面を考慮すると不完全な形を取るのが一般的といえる．

すなわち，地域農業クラスターの事例として取り上げられている「寶城の緑茶」などのケースを生産チェーンに従って見ると，加工および販売部門との連係は比較的に強く見られるが，生産資材などの投入部門との連係は未だ弱い実情である．また，畜産部門に良く見られる系列化の場合は投入部門との連係も相対的に強く見られているが，観光産業のように同一産業の分類から見ると異質的な分野との連係は弱い．農業分野で見られるこのような系列化のように川上から川下にわたる前後方産業との垂直的な結合，または生産者（団体）の間の水平的な結合およびネットワークの形成はクラスターの基本的な構造を構築するものであって，生産チェーンに基づいた生産性の向上および効率性の追求による結果として表れたものである．

このように農業分野のクラスターは品目的な特性や生産構造における特性によって発展過程も異なり，多様な類型が表れて一般の産業分野クラスターと比べていくつかの特徴的な側面を見せている．まず，基礎単位[9]のクラスターにおいて良く現れる特徴であり，クラスターを構成する生産主体間の協調が強く

現れるという点である．クラスターの一般的な特徴を一言でいうと競争と協調といえようが，ここで競争とは同一の業種（品目）に関連した主体の間で表れる現象である．また，協調とは当該業種（品目）を支える金融や制度，社会的なインフラなどとの間で現れるのが一般的といえる．しかし，農業分野，とくに基礎単位の地域農業クラスターの生成過程では同一品目と関連した生産者（団体）の間の協調関係がもっとも重要な要因として提示されている[10]．例えば，「安城事業連合」のように米，なしなどの同一品目を生産する管内農協および生産主体は相互間に競争体系を構築するよりは1つの販売組織を構成し，この組織を通じて経済的な効率性を高めている．また，新環境農業[11]を中心とした牙山，槐山などの地域でも生産主体間の競争関係より協調関係をクラスター構築において重要な要因としている事例の中の1つとして提示できる．

　競争関係は革新を通じた持続的な競争優位の確保のためにも重要な要因であり，協調関係を重要視して形成される基礎単位地域農業クラスターの成長，発展を妨害する要因として作用しうる．このような問題を解決するためには高品質の商品の生産者に対するインセンティブの提供，サーブブランド構築を通じた二重的構造のブランド運営などによって生産主体間の競争意識を高める方案などが考えられる．

　次に，広域単位の地域農業クラスターでは一般の産業分野クラスターに比べて農業生産上の特性によって地理的範囲が相対的に広くなりうるという点である．すなわち，クラスターは地理的接近性が強調されているが，農業生産は土地を重要な生産要素として利用しており，単位面積当たり生産量は限定される．したがって，一定地域に集積して大量の生産物を生産するというのは物理的に不可能になる場合が多く，地理的範囲は相対的に広くなる．例えば，緑茶を中心とした寶城，河東，済卅地域を含む広域単位クラスターの構想において各地域別に茶の生産に適した土地面積は制限的になるしかない．このような場合は，クラスターの集積効果の発揮，対面接触（face to face）による情報の交流や拡散は難しくなりうるが，最近の情報通信技術の発達はこの問題を解決する水準にまで到達しており，適切な方法を取ることによっては克服できる問題であると判断できる．

3.2.2　地域農業クラスターの基本モデルと推進方向

(ア)　地域農業クラスター政策の基本方向

　地域農業クラスター政策推進上の基本方向について農林部は次の4つを提示している．

　第1に，地域農業活性化および地方農政の自律性を強化するように推進する．地域特性を反映した差別化された戦略品目について集中的な育成・支援を行い当該品目の発展だけではなく，地域農業全体の活力を増進する方向に政策は推進すべきである．また，補助金予算の包括的な支援を通じて地方自治体の事業推進に対する自律性と責任性を拡大させ，これを通じた地方農政の革新能力の増大は地域の均衡発展のための基礎となる．

　第2に，地域農業の成長のための動力を支援して農業発展を主導する．地域単位の農業生産組織を育成・強化し，また，前後方に関連する産業とのネットワークを強化することによって得られる規模の経済と範囲の経済は個別農家単位の専業農の育成による限界を克服できる．また，行政と研究開発機関との機能を有機的に連携させて得られるシナジー効果は地域農業の持続的な競争優位確保を可能にする．

　第3に，地域および品目的に持っている特性と核心主体の育成与件などを考慮して段階的に推進する．地域農業クラスター政策は地域で全く新たな品目や分野を対象にするのではなく，ある程度の競争優位と専門化を確保できる基盤を形成した部分を対象としており，これを強化する次元で接近する必要がある．すなわち，地域別特性を反映した差別化を推進しており，このための核心主体の活動と構成主体間のネットワークが形成されたところから優先的に支援し，他の地域の自発的な革新活動を誘導するように推進すべきである．また，成功したクラスターをモデルに拡散できるように予備地区などを選定して与件を考慮しながら段階的に支援を行う必要がある．

　第4に，国家均衡発展計画と調和できるように推進する．国家均衡発展委員会を中心に推進されている国家均衡発展計画には農村地域が「落後地域」と規定されており，「落後地域」の自立基盤を造成するという形で農山漁村の地域革新体系の構築および地域資源の開発と活用を通じた地域経済活性化が提示されている．したがって，今まで農業政策を推進しながら蓄積されてきた経験と

知識を活用し，農業部門が持っている多様性と特性を反映した政策が展開されるように農林部からも積極的に参加し，他産業との衡平性および地域的調和を成し遂げるように推進する必要がある．

以上のように地域農業クラスター政策推進上の基本方向について述べてきたが，地域農業クラスターの乱立を防止し，効果的に政策を推進するためにはいくつかの基準が設けられる必要がある．すなわち，地域別・品目的特性を反映できるように多様性を許容しながら，①主導的な主体が確実に参加しており，また，主体の自発的参与が行われているのか否か（自発性），②地域農業の革新を主導できる品目（群），または，農産業分野を中心に設定しているのか否か（革新性），③産・学・研・官のネットワークが形成されており，クラスターを中心とした協調体系が確保されているのか否か（結集性），④地域に住む農業人の所得増大と地域農業の発展に寄与しているのか否か（代表性）が地域農業クラスター選定における基本原則として検討されなければならない．

(ｲ) 基本モデル

クラスターに対する定義は多様に行われてきており，ポーターは「特定分野において相互競争関係にありながら協力している企業，専門化した供給者，サービス供給者，関連産業および関連機関などが地理的に集中されている一種の産業共同体」として定義している．

韓国においては，まず，産業資源部の産業クラスターについての定義を見ると「産業クラスターは，一定地域で産業発展と関連した革新主体が機能的連携と空間的集積を果たし，産業生産体系を中心に科学技術体系および企業支援体系が効率的に接合された集合体」としている．また，農林部では，地域農業クラスターについて「一定地域に特化された農産物の生産・流通・加工などと関連する主体を中心に産・学・官が有機的なネットワークを形成し，可用資源の最適な利用を通じて地域農業を革新する農産業結集体」と定義している．

地域農業クラスターは前節でも述べたように農業が持っている品目的な多様性とともに地域的な生産条件の差などによって多様な類型のクラスターが存在しうる．したがって，一般的な形態の基本モデルを提示することは相当困難である．ここでは，農林部で提示している地域農業クラスターの基本モデルを取り上げてみることにする（図3.1）．

モデルで提示されている「農産業革新中央審議会」は，農林部長官を委員長として産・学・研・官の専門家および担当者によって構成され，クラスターの基本方向および戦略を立てることと，地域農業クラスターの最終選定および指定を審議・議決する役割を担っている．「農産業クラスター事業団」は実際のクラスター事業の実施主体であり，クラスターを構成する主体の参加を誘導し，クラスターの事業計画を立てることに加えて事業を申請する役割をも担当する．事業団は地域の自律的な意思によって法人の形態をとることも，または委員会の形態をとることも可能である．

(ウ) 推進主体の形態

農産業クラスター事業団が取りうるいくつかの組織形態について整理してみたのが表3.1であり，政策的な予算（補助金）を直接執行できるのか否かを中心に，地域でクラスター事業団を構成するにあたっての情報を提供するという形で提示されている．

法人形態をとる場合は政府の事業と関連する補助金を直接執行できることによって自律性が拡大されるが，設立のための手続きが難しく，基本財産の処分

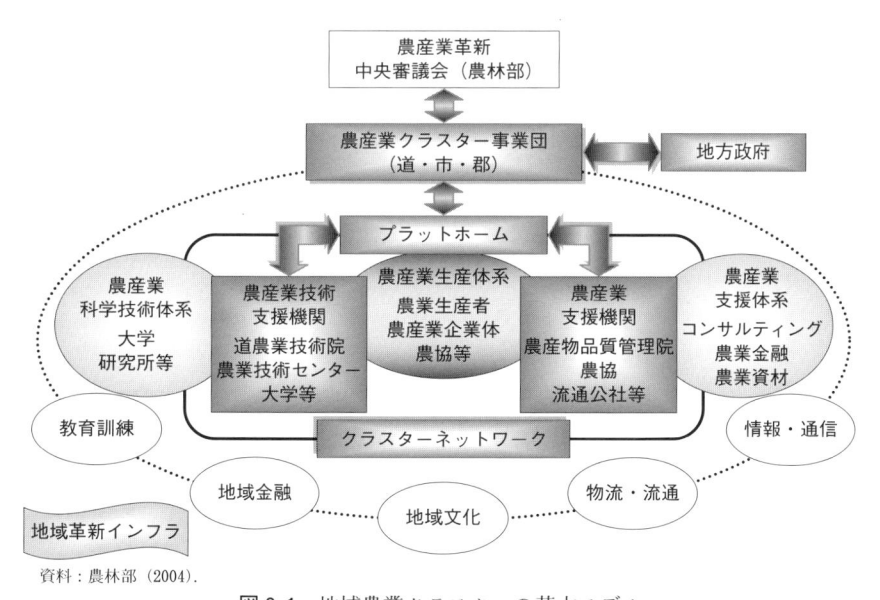

資料：農林部（2004）．

図3.1 地域農業クラスターの基本モデル

表 3.1 農産業クラスター事業団の組織形態

区分		組織形態	予算執行資格	内容
法人	公共	事業所	○	自治体がクラスター事業を直接推進する目的で別途の事業所を新設する場合 組織新設のために地方の条例などを制定する必要がある 参加主体がクラスター事業の意思決定過程に踏み込むことが相対的に困難である
		公共組合	○	特別法によって設立された組合であり，公共法による社団法人である都市再開発組合，中小企業協同組合などがこのような類型に含まれる クラスター事業を推進するための公共組合を設立するには法令の制定が必要
		地方公企業	○	クラスター事業の推進のために自治体が一定の金額を出資し，公企業を設立する場合 個別参加主体は理事会の構成員として組織内に存在しうる
		政府投資機関	○	クラスター事業の推進を政府投資機関に委託して行い，公企業内に事業推進のための別途の委員会を置く場合（産業資源部のクラスター事業）
	民間	社団法人	○	民法に依拠し，非営利を目的に設立された法人 農業に従事するか否かに関係なく，クラスター事業の参加主体が誰であっても参加して設立することが可能
		委託営農会社／農業会社法人	○	農業農村基本法によって設立された法人であり，農林部の農林事業の実施主体として活動できる しかし，設立の主体が農業人，生産者団体に限定されるため，多様な主体の参加が必要なクラスター事業の推進には不適合な条件が付いている
		組合	×	民法によって2人以上が相互出資し，共同目的によって組合員が結合した形に過ぎない 社団が対外的に法人格を持つが，組合は法人格がない場合が多い
非法人	公共	行政委員会	×	クラスター事業を推進するために別途の委員会を設置し運営する形態であるが，既存の農政審議会と類似した機能を果たすという問題点もある
	民間	協議会／フォーラム	×	参加主体間の協議体的な集まりであり，内部規約を持っているが，法人化していない組織

資料：韓国農林部（2004）．

などの活動に制約を受けるという短所も持っている．また，委員会のような形態の場合は，短時間で構成することができるが，補助金を直接執行できなく，官に依存する部分が多くなるという短所を持っている．

㈣ 地域農業クラスターの類型

　地域農業クラスターの類型は，対象地域の範囲による区分，主導的革新主体による区分，特性化の程度による区分（事例中心）の3つの属性別に分けて分類されている．

　まず，対象地域の範囲による区分は，また，基礎単位，広域単位，超広域単位に分類できる．前節で述べたように基礎単位は，市・郡・区などの基礎行政単位別に構築されるクラスターを指し，広域単位とは広域市・道別に構築されるクラスターを指す．超広域単位とは，経済生活圏にもとづいた2つ以上の広域自治体にわたるクラスターを指す．

　主導的革新主体による区分でいう革新主体とは，クラスター理論でいう3つの主体であるビジョン提示者（Vision Provider），専門供給者（Specialized Suppliers），システム統合者（System Organizer）の中で革新的な役割を果たす主体を言う．この区分によると，革新的な主体は大学・研究所主導型，生産者団体主導型，産業関連企業主導型，自治体主導型に分けることができる．一般的に大学・研究所などはビジョン提示者，生産者団体はシステム統合者，加工などの関連産業は専門供給者としての機能を果たしている．したがって，この区分では一般的な役割に注目したのではなく，革新的な役割を果たす主体が誰であるかという点に注目した区分である．

　特性化の程度による区分は，生産・流通主導型，加工主導型，テーマ主導型に分けることができる．生産・流通主導型とは，特定品目の生産者（団体）を中心に生鮮農産物の輸出・流通などと関連した主体が水平的に参与した形態を指し，輸出中心型・主産物中心型・連合ブランド中心型に分類できる．

　加工主導型とは，特定品目の加工業者（団体）を中心に農産物の単純加工および生命産業への発展のために関連主体が水平的に参与した形態を指し，加工（1次）中心型・特産品中心型・漢方中心型・バイオ産業中心型に分類できる．

　テーマ主導型とは，特定品目に限定されるのではなく，多様な品目または農業生産資源を活用して1つの共通したテーマを形成し，これを中心に生産，流通，観光およびサービス業者などの関連主体が水平的に参与した形態を指し，農村観光中心型・新環境農業中心型に分類できる．

表3.2　2005年度地域農業クラスター事業の推進状況

道	市郡名	事業名	類型
京畿	安城	アンソンマーチュン・クラスター	基礎，生産者団体，生産・流通
	抱川	紅参お菓子村クラスター	基礎，関連企業，加工
江原	春川／鐵原／華川／楊口	韓牛ハイロク・クラスター	基礎，生産者団体，生産・流通
	太白／寧越／平昌／旌善	白頭大幹農業フォーラム・クラスター	基礎，生産者団体，生産・流通
忠北	榮洞	ぶどう農産業クラスター	基礎，研究所，加工
	槐山	親環境清浄カラシ・クラスター	基礎，自治体，生産・流通
忠南	兏山	資源循環型新環境農業クラスター	基礎，自治体，テーマ
	舒川	カラムシ・クラスター	基礎，自治体，加工
全北	長水	Mt. Apple Power クラスター	基礎，自治体，生産・流通
	井邑	還元循環農業クラスター	基礎，自治体，テーマ
	任寛	酪農クラスター	基礎，自治体，生産・流通
全南	寶城	緑茶クラスター	基礎，自治体，生産・流通
	咸平	科学農業クラスター	基礎，自治体，加工
	順川／高興／寶城／康津／海南	親環境米クラスター	基礎，生産者団体，生産・流通
慶北	道庁	韓牛クラスター	広域，研究所，生産・流通
	榮州	にんじんクラスター	基礎，研究所，生産・流通
慶南	金海／昌寧／南海／河東／山清／居昌	親環境米クラスター	基礎，生産者団体，生産・流通
	河東	緑茶クラスター	基礎，自治体，加工
	固城／金海／山清／梁山／昌原／咸安／咸陽／陜川	養豚産業クラスター	基礎，研究所，生産・流通
済州	道庁	みかんクラスター	広域，自治体，生産・流通
計		20ヵ所事業団	

資料：韓国農林部の発表資料による．

3.2.3　地域農業クラスターの推進状況

　地域農業クラスター政策を最初に計画する段階では，2005年から2013年まで100ヵ所のクラスターを育成するとしており，所与予算は1兆7,000億ウォンを想定していた．そして，支援のための基本原則として既存の農林事業と連携してパッケージ型にするという計画を立てたため，実際の予算規模ははるかに大きくなる．政策の推進体系は，農林部が政策を総括して政策の樹立および事業の調整を行い，地域農業クラスター中央審議会を構成し運営することにし

た．そして，研究開発部門については農村振興庁が中心となって運営し，自治体は実際のクラスター推進計画の樹立および構成主体の参加を支援する役割を果たすことにした．

また，事業の選定は，自治体からの申し込みを受けて，道の段階で調節し，最終的に中央で決定する形を取っており，地方の活動を尊重することで，道の段階で決まった事業に対しては大きい問題点がなければ選定することにした．そして，初年度である 2005 年では 10 ヵ所を試験的に実施し，そこから現れる問題点などを整備して 2006 年から実質的な政策を立ち上げることにした．しかし，2005 年度に 10 ヵ所を試験的に推進する計画は，地域の要請などを反映して計画の 2 倍である 20 ヵ所に決定された．また，地域農業クラスター政策の問題点などを探るために基礎単位を中心に試験的に行うという計画は崩れていくつかの広域単位クラスターも含まれる結果となった（表 3.2）．

3.3 地域農業クラスターの効果についての一考察
3.3.1 分析対象の概要

ここで分析対象にした B 養豚クラスターは，飼育頭数から見ると 2004 年現在 81 万頭（組合員 599 名）で，慶南地域における全体飼育頭数の約 8 割を占めており，飼育農家は 20 ヵ所の市・郡にわたって分布している．また，B 養豚クラスターの 2003 年事業規模は約 6,430 億ウォン程度であり，信用事業と経済事業の割合は 49.7％，50.3％ を占めている．経済事業の構成部門を見ると，と畜・加工部門が 2,340 億ウォン程度で経済事業の約 72％ を占めており，次に飼料加工（18％），販売場（9％）の順になっている．B 養豚クラスターの事業構造を生産チェーンに照らしてみると，図 3.2 のように整理可能であり，主に生産と加工に焦点を当てて産業間の連携を推進している単純集積地水準のクラスター類型と見なすことができる．

投入段階においては，GGP 農場を子会社形態の独立法人として運営しており，協力 GP 農場との連携を通じて持続的な種豚の供給，種豚の価格安定，高品質の種豚の供給を可能にし，飼育農家の信頼度を高めている．また，生産費のうち最も大きい割合を占めている飼料費については養豚専門の飼料工場を設立し，慣行的に行われてきた農家レベルにおける飼料価格形成の不確実性に対

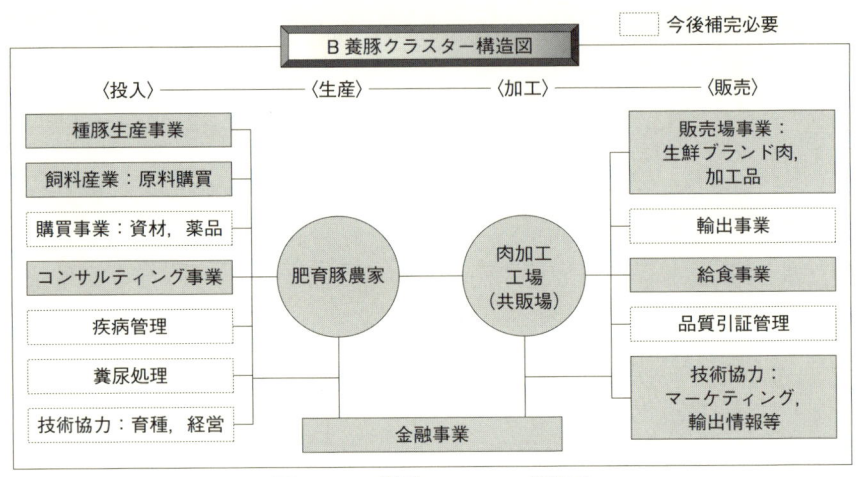

```
┌─────────────────────────────────────────────────────────┐
│              B養豚クラスター構造図        □ 今後補完必要 │
│                                                         │
│    〈投入〉──────〈生産〉──────〈加工〉──────〈販売〉    │
│  ┌──────────┐                          ┌──────────┐    │
│  │種豚生産事業│                         │販売場事業：│   │
│  └──────────┘                          │生鮮ブランド肉,│ │
│  ┌──────────────┐                      │加工品     │   │
│  │飼料産業：原料購買│                   └──────────┘    │
│  └──────────────┘    ┌────┐   ┌────┐  ┌──────────┐    │
│  ┌──────────────┐    │肥育│   │肉加│  │輸出事業  │    │
│  │購買事業：資材,薬品│ │豚農│───│工工│  └──────────┘    │
│  └──────────────┘    │家  │   │場  │  ┌──────────┐    │
│  ┌────────────┐      │    │   │(共販│ │給食事業  │    │
│  │コンサルティング事業│ └────┘   │場) │  └──────────┘    │
│  └────────────┘              └────┘  ┌──────────┐    │
│  ┌────────┐                          │品質引証管理│   │
│  │疾病管理│                           └──────────┘    │
│  └────────┘                          ┌──────────┐    │
│  ┌────────┐                          │技術協力：│    │
│  │糞尿処理│                           │マーケティング,│ │
│  └────────┘                          │輸出情報等│    │
│  ┌──────────────┐  ┌──────────┐      └──────────┘    │
│  │技術協力：育種,経営│ │金融事業  │                    │
│  └──────────────┘  └──────────┘                      │
└─────────────────────────────────────────────────────────┘
```

図 3.2　B 養豚クラスター構造図

して定価制を導入することによって経営における不確実性の減少と取引費用の節減を実現し，地域飼料市場の透明性を高めた．そして，飼養管理の標準化および疾病管理などのためのコンサルティング事業の推進などが費用優位と差別化を通じた競争優位確保の手段として重要な役割を果たしてきた．

　生産段階においては生産者（団体）間の連携により規模の経済の実現および飼料，種豚などの投入部門の安定的な供給と生産物の安定的販売，品質認証制の導入による安全・均一生産の奨励など協調と競争関係の構築が持続的に行われてきた[12]．しかし，糞尿処理，疾病管理，育種技術，経営管理の分野における研究主体などとの連携は相対的に不足しており，これらの主体とのネットワークを強めるための計画を立てている．これは今後の差別化および革新の促進という側面から重要な役割を担うはずであろう．

　加工段階では，主にバラ肉など部分肉生産のための単純加工を中心に事業を推進しており，新商品開発のための技術および技術チームの保有は現段階では無理であると判断している．しかし，この問題も生産段階における問題と同じく，今後，より積極的に研究主体とのネットワーク構築を通じた技術情報の交流と拡散をはかり克服させるべき問題である．

　販売段階においては，5ヵ所の畜産物総合販売場の運営を通じて豚肉の安定的な販路確保に注力しており，高級豚肉生産に対する生産者の生産意欲を高め,

また品質管理能力を向上させるために輸出も行っている[13]．しかし，輸出先の市場情報およびマーケティング技術等に関する能力は不足した状態である．

最後に，金融部門を内部に保有しており，大規模な施設および事業の拡張のための資金力は確保しており[14]，この点は今後新技術の導入，新規事業の導入などを容易にすることだけではなく，内部資本に基づいたクラスターの構築を容易にし，クラスターの経済的効果を内部に帰属させるための重要な要因として作用しうる．

3.3.2 分析資料および方法

クラスターの効果に対する分析手法はいくつか提示されており，生産チェーンに注目する場合，有用な分析手法として産業連関分析が挙げられている．ここでは，限界はあるものの地域農業クラスターの地域・産業次元における経済的効果を概略的に探ってみる目的で適用を試みた．分析に利用した地域産業連関表の作成順序および基本過程を簡単に説明すれば次のようである．

まず，2000年産業連関表（中分類77部門）と2000年全国事業体基礎統計調査（93部門）を利用して養豚部門を含む58部門の全国取引表を抽出した．ここで養豚部門は基本部門（404部門）から取り出して部門別に統合し，畜産部門は養豚を除外した他の畜産部門で構成した．

次に58部門に対して事業体雇用者数比率（慶南/全国）などを利用して慶南地域の総生産額を算出し[15]，全国投入係数（58部門）を基本に慶南地域投入係数を算出した[16]．地域投入係数の調整は単純立地係数（SLQ, Simple Location Quotient）を用いた．単純立地係数を用いると，S地域におけるi商品の地域供給係数は

$$l_i^S = \left(\frac{X_i^S}{\sum_{i=1}^{n} X_i^S}\right) \bigg/ \left(\frac{X_i}{\sum_{i=1}^{n} X_i}\right)$$

と定義することができる．$X_i^S(X_i)$は，S地域（全国）におけるi産業の生産額，販売高，所得，雇用など公表されている経済力を示す指標である．$l_i^S < 1$の場合は，その地域の他産業および最終需要部門によって与えられた需要に対して，その地域のi部門が供給する能力が全国に比して低いことを表し，投入係数は$a_{ij}^S = l_i^S a_{ij}$となり，最終需要部門については，$f_{ij}^S = l_i^S f_{ij}$となる（ここで，

$f_{ij}=F_{ij}/\Sigma F_j$ は全国ベースである). $l_i^s \geqq 1$ の場合は,供給能力が十分存在するとみなされ,a_{ij} がそのまま適用可能であり,i 部門による超過供給部分は他地域へ移出される,ということになる.最終需要部門についても同じである.

付加価値係数は事業体の規模と生産技術などによって大きく変化するため,正確な付加価値係数の算出のためには事業体調査が先行的に行わなければならない.しかし,農林水産部門で付加価値を推計する直接的な資料がなく,他の部門については調査に多くの時間と費用を伴うため,ここでは全国付加価値係数を地域の付加価値係数にそのまま適用することにした.

外生部門別の合計は慶南地域事業体の数と人口割合を利用して算出し,最終需要係数は全国係数を適用して産業別に配分した.

最後に地域移入,移出部門を通じて取引表のバランスを取り,部門統合を経て最終的に養豚,肉類および酪農品,配合飼料,化学製品などの 22 部門の慶南地域産業連関表を作成した.生産誘発効果および投資効果を分析するために用いた生産誘発係数は $[I-(I-\bar{M})A]^{-1}$ 型であり,各産業別に一定の割合を移・輸入に依存していると仮定した.

3.3.3 分析結果および考察

分析は地域・産業次元と農家次元に分けて行い,まず,地域・産業次元で見ると,前項でみたように B 養豚クラスターは生産部門以外に投入・販売などと関連する産業部門も含んでいる.このような産業間の連携による 1 次的な生産誘発効果は地域産業連関表を元に次式で求めた.

$$\varDelta X_i = X_i + [I-(I-\bar{M})A]^{-1}(I-\bar{M})AX_i$$

ここで,$\bar{M}$ は,移輸入率(移輸入額/地域内需要合計額)から求めた移輸入率係数を主対角要素に持つ対角行列であり,A は投入係数行列,X は生産額列ベクトルである.そして,$\varDelta X_1$ は,投入構造に変化はなく,現在の生産水準が維持されたときの地域内各産業別の生産誘発額である.なお,1 次生産誘発額は所得を増加させ,家計消費を経由して地域内の消費支出を増加させることによる 2 次生産誘発効果(2 次間接効果)が現れる.この過程は無限に繰り返し生じることになるが,ここでは 1 回の過程だけを求めることにした.また,投資効果は $\varDelta V=[I-(I-\bar{M})A]^{-1}V$ で求めており,V は養豚部門(10 億ウォン)以外の部門はゼロである列ベクトルである.

表3.3 生産誘発効果と投資効果の分析結果

区分	生産額 (億ウォン)	生産誘発額 (億ウォン)	生産誘発係数	投資効果 (100万ウォン)
養豚	2,535	5,254	2.07	1,004
配合飼料	4,242	11,785	2.78	570
卸小売	36,345	57,366	1.58	51
飲食料品	36,533	48,533	1.33	93
合計	904,468	1,364,319		2,091

資料：分析結果による．

　分析結果を整理してみたのが表3.3である．養豚部門は5,254億ウォンの生産誘発効果をもたらしており，配合飼料部門は11,785億ウォンとなっている．各々の生産誘発係数は2.07と2.78と他の産業と比較して，相対的に高く，このような結果は関連産業との連携が比較的に密接であり，関連産業が集積していて波及効果が大きくなっていると判断できる．また，養豚部門に10億ウォンの投資が発生した場合，各産業別の連携によって表れる効果は約20億ウォンと2倍以上の効果を見せている．養豚部門を除いては配合飼料部門の効果が最も大きくなっており，続いて農林漁業，飲食料品，卸小売の順になっている．このような結果からB養豚クラスターは配合飼料，と畜加工，金融部門を含んでおり，内部化できるような経済的効果が大きいことがわかる．また，現段階では含まれていないが，耕種農業など他の農業部門，運輸・保管部門との連携も経済的な効果を高める側面から強化する必要がある．

　しかし，以上の分析結果は慶南地域全体にわたって表れる効果を分析したもので，B養豚クラスター内で発生した効果だけを導出したものではない．B養豚クラスターが以上の分析対象とした産業全体を含む自己完結的な構造を持っていないため，各産業別に一定の割合だけがB養豚クラスターに帰属することになる．B養豚クラスターだけの産業連関表を作成し，分析すれば良いが，そのための資料の確保が難しく，また，どこまでB養豚クラスターの産業部門と見なすかについての境界も曖昧である．したがって，ここでは資料の制約などでクラスター内の産業間の連携による効果についての正確な分析はできなく，慶南地域全体を対象にする段階に留まっているという限界点を持っている．それにもかかわらず，地域農業クラスターの明確な姿が現れていない現段階に

表 3.4　農家次元の所得増大効果

区分	構成内容
費用優位	○ 飼料費節減 ・一般飼料購入対比 5% 節減 ・年間生産量（21 万 t）×30 万ウォン／t×5％＝32 億ウォン ○ 種豚購入費節減 ・他種豚場対比 1 頭当たり 2 万ウォン節減 ・年間購入頭数（1 万 5,000 頭）×2 万ウォン＝3 億ウォン
差別化	○ 等級向上効果 ・優秀種豚購入による 15% 等級向上 ・年間出荷頭数（153 万頭）×15%×7,500 ウォン／頭＝17 億ウォン

資料：聴き取り調査による．

おいて産業間連携を前提にした事前的意味の経済的効果の導出とクラスター構築による経済的効果を向上させるための産業部門の構成方法の導出手段について考察している点は意義があると考えられる．

次に，雇用増大効果は飼料工場，肉加工工場，販売場事業，金融事業，コンサルティング事業などの推進によって 2004 年現在，正規職 312 名，契約職 51 名，パート 60 名，生産職 102 名等合計 525 名の直接的な雇用創出が現れている．これらに加えて，養豚生産主体は，初期 106 名から 599 名にまで増加した．これは直接的な雇用増大効果として見ることはできないが，関連産業の雇用を創出させるための重要な要因として作用している．

最後に，農家次元の効果を表 3.4 からみると，投入部門との連携を通じた飼料費節減が約 32 億ウォン，種豚購入費の節減が約 3 億ウォン発生しており，差別効果である等級向上による販売単価の増大が約 17 億ウォン伸びている．これ以外に子豚生産性の増加，経営コンサルティングによる効果等が表れている．

3.4　地域農業クラスター政策推進上の問題

クラスターは基本的に産業政策であるが，地理的範囲の規定によっては地域政策としても機能する．すなわち，産業政策でありながら地域政策の性格を持っているため地域活性化をはかる目的で用いられており，地域農業クラスターもこのような次元で導入された政策である．この地域農業クラスター政策は前述したようにある程度の基盤が形成された地域を対象に外生的な要素を投入し

て競争力を高めるように推進されており，政策を推進するに当たっては地域の自律性を重要な条件として取り上げている．とくに，予算の支援においては地域で個別的に行われている農林事業および他の事業を1つにまとめてパッケージ化して支援し，また，個別事業に置かれている規制は省いてクラスター事業団が地域農業の活性化計画によって自律的に活用できるように推進計画を立てた．だが，農林事業の大半を担当している農林部の中でも各事業を担当している部署の協力が得られずに政策を立ち上げることとなった．

また，地域農業クラスターの経済的な側面からも見たように，農業部門だけではなく，地域農業の特性に合わせて一般的な産業分類を超えた観光，生命産業などの産業との連携もクラスター政策を成功させるために重要な要因である．そして，これらの産業間の連携による経済効果を地域農業内部に留保させるためには内部資本と人的資源が必要となる．補助金という政策的な支援を受けてはいるが，これだけでは限界があり，内部資本がある程度確保されなければならない．人的資源についても同じく，企業家精神に溢れたリーダーの不足は地域農業クラスター政策を推進するにあたって大きな問題点となる．したがって，政策的には人的資源の確保と地域リーダー育成のためのソフト事業も積極的に取り組むように奨励している．しかし，地域内部資本の確保は難しい状況であり，人的資源育成のためのソフト事業は予算の執行上制約条件が多く，地域で自律的に活用しにくい．内部資本の不足を緩和するために外部からの企業や資本の流入に積極的に取り組む地域も見られるが，社会間接資本の整備が都市地域に比べて落ちている農村地域に入ってくる企業は少ない．また，外部の熟練した労働力や人材を雇用する場合，経済的効果の内部留保は難しくなる．

次に，地域農業クラスター政策の推進における基本方向でも述べたように地域の与件を考慮しながら段階的に政策を進めていくとしているが，今年の地域農業クラスター選定結果を見る限りでは，最初の計画段階で論議された選択と集中の原則さえも崩れている感があり，支援の規模も計画より小さいため政策が思ったとおりに進んでいけるかどうか疑問である．すなわち，政策の企画段階では，多くて10ヵ所程度を試験的に実施し，ここから導出される問題点に対する改善案を設けるとした．実は予算の問題で10ヵ所でも多いという意見もあったが，地域の要請を受けて政治的な判断がなされ，予算は同額であるの

に事業の数だけを増加させるようになった．

　以上のような問題点を改善させるためには次のような側面が総合的に考慮される必要があると考えられる．

　まず，地域農業の与件を正確に把握してクラスター事業を推進することである．地域農業が持っている産業的な能力とともに人的資源や内部資本の確保能力など持続的な産業化のための物的側面からの条件がどの程度整っているのかが先行的に把握されてから地域農業クラスター政策の対象を選定するのが必要であろう．この作業は地域農業クラスター・マップをつくり地域農業クラスター政策推進のための基礎情報として管理していくべきである．

　次に，政治的な側面から地域農業クラスターの選定が行ってはならないということである．上記の物的な条件を整えるためには政治的能力も重要な要因として作用するかもしれない．また，外部の企業や研究機関とのネットワーク形成のためにも政治的な能力が必要になる場合もある．しかし，それは地域農業活性化のために基本的に行うべき活動であって，地域農業クラスターの選定において圧力として作用するのは望ましくない．

　最後に，基礎単位の地域農業クラスターは，今後同一品目または類似した機能を中心に統合して広域クラスターに成長させていく必要がある．地域農業クラスターの基本モデルから見てもわかるように広域クラスターを構築しても完全な形態を取ることは無理であるが，単位面積当たり生産量が限定されるという農業生産上の特性を克服するためにも広域単位は必要である．広域単位への拡大によって費用優位からの競争優位確保は最も容易になる．そして，地域の範囲は国内だけに限定されるのではなく，国を超えることも考えられる．

3.5　おわりに

　ポーターは，クラスターが質的に成熟して実質的に競争優位を確保するためには相当の時間が必要であるとしているが，政府主導のクラスターは短期間で成果を要求し，これに対する評価を行うため，失敗する場合が多いと指摘している．すなわち，政府の介入は基本的に革新や競争力を低下させると言われており，クラスター政策も同じく自発的な活動によって形成されていくのが最も望ましい．しかし，農業分野は前述したように他産業との協力や提携の機会を

つかみにくく，変化する市場需要にうまく対応するための戦略的情報や専門家の活用が難しい．そして，WTO/DDA および FTA の進展により自生的な与件を整える時間的余裕も少ないためにクラスター政策の必要性は大きいといえる．したがって，短期間における成果を評価するのではなく，長期的な観点から地域農業の活性化を図るための関連産業領域の検討および連携の強化，地域の革新能力を高めるための教育および情報・知識の交換と拡散などを進めていく必要がある．地域農業クラスターを構築し，成功させる重要な要因である，新商品，リーダー，他産業との連携，そして，これらを組織化させることは短時間ではできないことを認識し，段階的に競争優位と関連した成果を評価していくことが重要であろう．

4 韓国における親環境農産物流通の現状と課題

4.1 はじめに

　WTO 体制移行後の韓国では，様々な直接支払い制度が相次いで導入されている．その中でもわが国にはない先進的な取り組みとして注目されるのが親環境農業政策である．同政策は，足立（2002）や金（2004）が整理しているように，1997 年の環境農業育成法にその端緒を見ることができ，1999 年からは同法にもとづく直接支払制度が導入され，2001 年に親環境農業育成法へと改定され現在に至っている．一方，わが国における環境保全型農業は，有機 JAS 規格や特別栽培農産物ガイドラインの制定，エコファーマー制度の導入，農業環境規範の策定などの形でその推進が図られてきており，有機畜産物・有機飼料に関する JAS 規格も制定されたが，環境保全行為に応じた直接支払い制度の導入には至っていない．

　わが国は，欧米に比較して農地面積が小さい上に火山灰土壌が広く分布し，高温多湿で病害虫・雑草の発生が多いという条件の下で農業が営まれている（農林水産省 2005）ことから，ヨーロッパなどで展開されている有機農業や適正環境規範の概念を直接輸入して実行することは困難とされてきた．このことが，わが国において環境保全型農業を直接的に誘導する政策がとりにくい背景にある．しかし，わが国に類似した気候条件と農業生産が展開されている韓国において，環境保全型農業がわが国よりも強力に推進されている事実から，わ

が国が学ぶべき点も少なくない．ただし，その韓国においても，政策推進にもかかわらず，親環境農産物に対する需要の拡大が生産の拡大に繋がらず，輸入の増大が生じるといった問題を抱えている．

本節では韓国の親環境農産物流通に注目し，その中心的役割を果たしてきたと言われるハンサルリムなどの生協組織・消費者団体や生産者団体を中心とした各主体に対する現地調査結果から，これらの主体における親環境農産物の取り扱いの近年の動向および流通過程からみた親環境農業発展への課題を明らかにし，わが国への示唆を考察する．

4.2 親環境農業の動向と流通過程

親環境農業支払い制度は，「安全な農産物の生産を奨励することにより農村環境を保全するため」に「親環境農業を実践する農家の所得減少および公益追及に対する補償」として実施されている．李（2005）によれば，親環境農業支払いは，韓国の直接支払制度の中でも最も早く導入されており，親環境農業育成法の規定により認証を受けた農家で，経営面積10a以上，販売額100万ウォン以上を満たした場合に3年間支給される（1戸当たりの支給上限は5ha）．3年という期間は，環境保全型農業転換後に生じる一定期間の所得減少を補うという考え方にもとづく．また，認証を受けた農家は栽培管理・土壌管理について法にもとづく様々な義務を果たす必要があり，栽培期間中は国立品質管理院の定期的な検査を受ける．

認証の種類には「有機」「転換期有機」「無農薬」「低農薬」の4種類がある．有機農産物とは3年以上農薬・化学肥料を使用せず栽培した農産物（転換期は3年未満のもの），無農薬農産物は農薬を使用せずに栽培した農産物，低農薬農産物とは農薬を2分の1以下に削減して栽培した農産物を表す．これらの認証の種類により支給額も異なっており，例えば，畑地の有機・転換期有機は79万4,000ウォン/ha，無農薬は67万4,000ウォン/ha，低農薬は52万4,000ウォン/haとなっている．なお，同制度は当初品目を問わなかったが，2003年度より水田部門が水田農業直接支払い制度に統合されたため，現在は畑のみが対象となっている．

親環境農産物認証の推移は，図4.1および表4.1に示した．1999年に1,306

4 韓国における親環境農産物流通の現状と課題

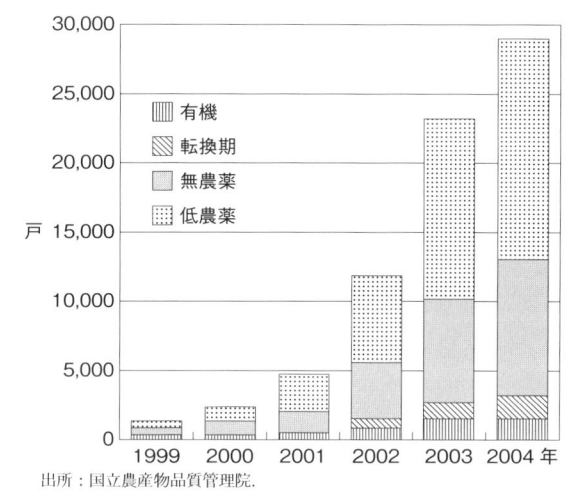

図 4.1 韓国における親環境農産物認証生産者数の推移

出所：国立農産物品質管理院．

表 4.1 韓国における親環境農産物の認証量の推移

	認証量 (t)	内訳（%）					
		有機 (国内)	有機 (輸入)	転換期	無農薬	低農薬	合計
1999 年	26,643	26.3	—	—	44.3	29.5	100.0
2000 年	35,406	18.5	—	—	44.3	37.2	100.0
2001 年	87,279	12.2	—	0.1	37.0	50.8	100.0
2002 年	200,374	8.1	—	2.4	38.3	51.1	100.0
2003 年	366,107	6.7	0.2	2.4	32.9	57.8	100.0
2004 年	466,048	5.0	1.1	2.9	35.8	55.1	100.0

出所：図 4.1 に同じ．

戸であった認証生産者数は，2004 年には 2 万 8,953 戸に増加している．その内訳を見ると，無農薬および低農薬認証の割合が高く，2004 年では，認証生産者のうち無農薬認証が 33.8％，低農薬認証が 54.9％ となっている．一方，有機認証は絶対数は増加傾向にあるものの認証全体に占める割合は低下しており，1999 年には全体の 27.2％ を占めていたが，2004 年には 5.0％（転換期と合わせ 11.3％）となっている．

また，表 4.1 によれば，認証量の推移も生産者の推移と同様の傾向が見られるが，有機農産物は輸入が増加している．親環境農産物の増加は，消費者から

表 4.2 親環境農産物の出荷先別割合

(単位：％)

出荷先	生産者・消費者団体	デパート・スーパー	消費者直売	一般市場
いちご	81	19	—	—
きゅうり	84	10	—	—
にんじん	63	—	17	—
だいこん	69	24	7	—
りんご (低)	29	10	34	—
ぶどう (有機)	34	7	60	—

出所：徐・崔・安 (2004). 品目ごとに生産者20名に調査.

一定の認知を受けた結果[17]だと考えられるが，同時に，有機農産物は需要と供給の間にギャップが存在し，そのギャップを埋める形で輸入が増加していることを予想させる[18]．このギャップを考察するためには，親環境農産物の流通過程の実態を分析する必要があるが，環境保全型農法により生産された農産物は，慣行農産物との外見上の差別化が難しく，一般市場流通には適さないといわれる．韓国でも有機農産物は産消提携などの形で市場外流通がされてきた経緯がある（鄭 2005）．親環境農産物認証制度の導入は，親環境農産物の一般市場流通が理屈の上では可能になることを意味するが，慣行農産物が流通過程で親環境農産物へと「変身」する可能性は依然として指摘されている（農水産物流通公社情報支援センター 2005）．表 4.2 は，韓国における親環境農産物の出荷先別割合を見たものである．あくまでサンプル調査の結果であるが，親環境農産物認証の導入後も，主な出荷先は生産者団体・消費者団体であることがわかる．

そこで本節においては，生産者団体および消費者団体を中心に，親環境農産物流通の現状と展望について分析を行う．

4.3 事例分析

鄭（2005）によれば，韓国における有機農産物の産直は，正農会や韓国有機農業協会などの会員グループ，有機農産物の産直団体であるハンサルリム，地域生協など，様々な主体が取り組んできた．これらの運動は，消費者主体というよりは生産者主体で行われた点で，消費者運動を原点とするわが国とは異なる．

本論では，これらの状況をふまえて，有機農産物の取り扱い団体の代表格といえるハンサルリムと，農協による流通業への進出事例である農協流通を事例として取り上げる．

また，韓国の親環境農業政策の効果を検証するためには，上記の流通団体だけでなく，生産者の状況も検証する必要がある．そこで本論では，親環境農業に取り組む生産組織として，南陽州瓦阜（Namyangju Wabu）農協を取り上げる．

3.3.1　ハンサルリム[19]

ハンサルリムは，1986年に70名の個人会員により設立された有機農産物の産直団体である．設立当初は米など10品目程度の取り扱いであったが，種類・量ともに年々増加し，2004年末には会員数99,761世帯，取扱高は約708億ウォン，取り扱い品目は年間500品目以上となっている．取り扱い対象は基本的に有機または無農薬農産物であり，果実の一部に低農薬農産物，雑穀や小麦の一部に慣行栽培農産物が含まれる．2001年以降は毎年約3割のペースで会員数が増加してきた．

ハンサルリムは，親環境農業政策の導入以前から有機農産物や無農薬農産物の流通を担ってきたことを自認している．このことは，政策導入以前の1995年時点で，会員数17,460世帯，取扱高約99億ウォンを達成していたことからも傍証される．政策導入による変化としては，第1に，産直団体であっても有機や無農薬農産物を扱うには認証の取得が必要となったこと，第2に，有機や無農薬農産物に対する消費者の認知度が上がり，会員数・取扱量ともに飛躍的に増加したことが挙げられる．前者については，ハンサルリムは当初産直団体を認証制度の対象外とするよう要求していたという．しかし，直接支払い制度が生産者にメリットとなる現状に鑑み，現在は認証機関を設立し，会員農家の認証取得を積極的に推進している．また，後者については，2000年以降，年平均で会員数・取扱高ともに約3割増で推移している（図4.2）．

ただし，ハンサルリムの高い成長は，2005年に入り急速に鈍化している．ハンサルリムでは，前年度中に翌年度の需要予測を行い，生産者と出荷契約を結ぶことで供給体制を整える．2005年度も近年の傾向が継続し，会員数・取扱量ともに3割増加すると見込んで契約を行ったが，実際には会員数が思った

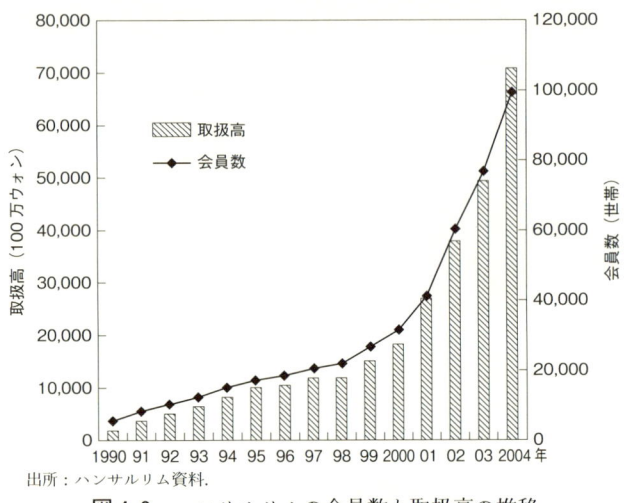

図 4.2 ハンサルリムの会員数と取扱高の推移
出所：ハンサルリム資料．

ほど伸びず，約 15% 程度の増加にとどまる見込みである．過剰分は，本部で欠損処理され（市場出荷を含め流通業者に売り渡し），今年度は生産者に負担を求めない方針だが，来年度の生産計画は抑制せざるをえない．

　会員数が伸び悩んだ原因について，ハンサルリムは，親環境農産物市場自体は拡大していることから，ハンサルリムの提供する農産物は既存の会員からは支持されているものの，大手量販店などが外国産の有機農産物（加工品含む）を輸入・販売したために，ハンサルリムが提供する国産の有機・無農薬・低農薬農産物との価格差が認識され，新規の会員獲得が難しくなったと分析している．

　ハンサルリムでは，親環境農業政策の導入以前は，ハンサルリムそのものが有機認証であったと自認しており，今後も消費者は認証マークそのものよりも流通業者の信頼度を重視すると考えている[20]．ただし，輸入有機農産物の増加によりハンサルリムの国内有機農産物市場におけるシェア 12% の維持が厳しくなっていること，契約数量を拡大してきた生産者と来季以降は抑制基調で契約せねばならず，生産者の不安を助長する危険性があることなど，ハンサルリムの取り組みをめぐる環境は徐々に厳しさを増している．有機・無農薬農産物の市場開拓に大きな役割を果たしてきたハンサルリムは，市場拡大の結果，1

つの転機を迎えつつあるといえる．

4.3.2 農協流通（株）

　農協流通は，1995年に韓国農協中央会の子会社として設立された農産物の卸売および小売企業である．流通機能を一体的に担うことで流通コストを抑え，生産者に対する手数料[21]と小売価格を低減し，生産者・消費者双方にメリットのある取引実現を目指している．設立当初は物流センター機能の発揮を主眼としていたが，物流センターでは施設稼動が夜間に限られるため，昼間にも小売店として活用できる施設を企画，2002年には売り場面積1千坪以上の小売店舗として「ハナロクラブ」を開設し，小売機能を強化している．「ハナロクラブ」の取り扱いの多くは食品であり，売上高の88％を占めている．また，農協流通の売上高は，2004年に1兆9,450億ウォンを記録しており，1995年の1,023億ウォンから大きく増加している．

　「ハナロクラブ」では，一般よりも10-15％低い価格での販売をめざしている．また，安価なだけでなく，農産物の安全・安心を担保するために独自の残留農薬検査や有機農産物判別検査，農産物の返品制度などを行っている．農協流通では，「ハナロクラブ」3店舗を核として，今後は卸よりも小売を中心に事業展開していく意向を持っている．

　農協流通は，親環境農産物を中核的な戦略部門として位置づけており，2005年から親環境農産物事業の段階的拡大を計画している．第1段階（2005年）では親環境農産物の拠点産地育成と全社的な販売力の強化，第2段階（2006年）では親環境農産物専用の物流センター運営と安定的な販売基盤の拡充，第3段階（2007年）では新環境農産物中央物流センターの設置が計画されている．これは，小売部門で親環境農産物の販売力強化を図るとともに，親環境農産物の集荷能力を高め，卸の機能も果たしていくことを意図している．

　店舗における実際の取り扱いを見ると，親環境農産物の専用売り場を設けるとともに，青果部門に親環境チームを2つ編成し，拠点産地育成と親環境農産物の安定的確保を図っている．農協流通では，現状の専用売り場面積を前提とすれば現在の拠点産地との取引だけで供給は十分だが，売り場の拡大を図っていく場合には新たな拠点産地の開発が必要だと考えている．拠点産地の選定に関しては，産地ブランドの乱立傾向が見られる[22]ため，栽培技術・出荷規模・

表 4.3 アチンマウルの販売実績（2005 年 7 月 1 日-10 日）

	穀類	果物類	野菜類	合計
金額（1,000 ウォン）	18,792	69,237	33,355	121,384
構成比（％）	15.5	57.0	27.5	100.0

注：上記期間におけるハナロクラブでの販売実績．
出所：農協流通内部資料．

信頼度などの条件をクリアした親環境農産物を，農協の独自ブランド「アチンマウル」として販売している（「アチンマウル」ブランドは2005年7月に初出荷されている）．地域格差を助長するような産地ブランドではなく統一ブランドを使用することで，生産者が品質管理に専念し，結果としてブランドに対する信頼性が上がるとの考え方にもとづく．表4.3は，アチンマウルブランド発足時の売り上げ実績を見たものであるが，日平均1,200万ウォンの売上を達成している．

「ハナロクラブ」における親環境農産物の販売動向は，全体としては確実に拡大基調にあるものの，品目によるばらつきが大きいという．供給サイドでは有機が標準とされており，低農薬や無農薬では通用しない品目（たまねぎなど）も一部現れているが，消費者サイドでは認証マークの有無が重要であり，有機・無農薬・低農薬などの区別はあまり重視されない現状がある．このような状況で親環境農産物への需要が拡大すると，供給基盤が未確立であるために需要に供給が対応できず，偽物が混入，結果として親環境農産物に対する信頼が損なわれるのではないかという危惧を持っている．「アチンマウル」ブランドの導入は，親環境農産物の産地育成・供給基盤確立のための試みの1つであるが，国内産のみを取り扱う農協流通にとり，産地育成は急務の課題であるといえる．

4.3.3 南陽州瓦阜（Namyangju Wabu）農協

南陽州瓦阜農協は，ソウル市東側近郊の漢江沿いに位置する組合員2,100人ほどの比較的小規模な農協である．同農協では，その立地を活かし，各生産者が多様な品目を生産，個別にソウル市内で販売していたが，1995年より環境保全型農業への取り組みを開始した．きっかけは，ソウル市の水源の環境維持を目的とするソウル市からの働きかけである．当時，有機農業への取り組みを開始したのは17名の生産者だったが，現在は70名が親環境の認証を取得して

おり，その内訳は無農薬3戸，残りは有機である[23]．有機認証生産者が多いのは，取り組み開始から10年が経過し，環境保全型農業の生産技術が確立されていることが大きい．これら70名の生産者が3つの生産者組織（生産者主導の営農組合2つと農協主導の作目会）に所属しながら，軟弱野菜を中心に約40品目を生産しており，親環境農産物の年間販売額は約46億ウォンとなっている．また，同農協を通じて販売する有機農産物は，既述の農協統一ブランド「アチンマウル」と独自ブランド「パルダン」を使用しているが，将来的には「アチンマウル」に一本化する予定である．

同農協管内における親環境農業への取り組みの成果をみると，親環境農産物の取引価格は1997年頃は慣行農産物の約3倍を実現していたが，その後は価格差が縮小し，現在は2-3割のプレミアムとなっている．一方，コストを見ると，堆肥の確保が問題となっている．従来は畜糞を近隣の生産者から無料で確保し，畜糞をベースに共同堆肥センターにて堆肥を生成していたが，2005年1月よりコーデックスガイドラインが厳格に適用され，有機畜産由来でない畜糞の利用ができなくなったため，油粕・木皮，キノコの廃菌床などを使用して堆肥生成を行っている．これに伴い，窒素源の確保が高コストとなり，10aの農地への投入量である2.5tの堆肥を生産するコストが15万ウォンから約3倍へと増加している．これを経営当たりでみると，管内生産者の平均規模約1ha換算で300万ウォンの費用増加となる．これに対し，親環境農業政策に基づく補助金受給額は生産者当たり60万ウォンほどに留まり，補填効果は低い．

堆肥への慣行飼育由来の畜糞投入の禁止は，単にコスト上昇要因となるだけでなく，堆肥の確保そのものが困難になるという問題を発生させる．当農協のような確立された産地はともかく，今後新たに親環境農業，とくに有機農業へ取り組もうとする生産者や産地にとり，堆肥問題が障壁となることが懸念される[24]．

4.4 おわりに

韓国における親環境農産物は，生産・消費ともに拡大傾向にある．ただし，その内実を詳しく見ると，親環境農業政策の導入以前から有機・無農薬農産物の流通拡大を主導してきたハンサルリムなどの生協組織が会員数増の急激な鈍

化に見舞われるなど，大手量販店の台頭により流通構造は大きく変化している．また，農協流通に見られるように，農協組織も親環境農産物の流通拡大に取り組んでいるが，ブランドの整理・統合をはかりつつ産地育成に取り組まなければ，消費拡大に生産基盤の確立が追いつかず，親環境農産物への信頼度が損なわれる危険があるなど，生産拡大への取り組みは急務の課題となっている．そして，親環境農業に取り組む生産者の実態からは，堆肥生成コストが高額になり，有機農業の生産拡大の際のボトルネックとなる可能性が明らかになった．

　有機飼料を利用して有機堆肥を発生させる有機畜産と，有機堆肥を利用した有機耕種農業は，本来経営内・地域内で連携すべきものである．しかし，わが国と同様に草地基盤の制約や輸入穀物飼料への依存が見られる韓国においてこの連携が断ち切られることは，少なくとも短期的には親環境農業の推進にとってマイナスに作用することが懸念される．わが国でも2005年秋に有機畜産物に関するJAS規格が制定されたが，環境保全型農業政策の推進に当たっては，有機耕種農業と有機畜産を別個に推進するのではなく，わが国畜産の置かれた状況に鑑みつつも，有機耕種農業と有機畜産が車の両輪として相互に発展するための政策的支援を行う必要がある．

　また，わが国において有機農業などの環境保全型農業を本格的に推進する政策が導入され，環境保全型農業にもとづく農産物市場が急速に拡大した場合，韓国の農協流通が危惧するような「偽物混入により信頼度が低下する」事態とならないよう，環境保全型農業の産地育成が求められると同時に，流通段階にあたっては，不適正表示を防止する農産物管理体制の確立が不可欠であるといえる．

　　注記：本節は，内山智裕・李哉泫「韓国における親環境農産物流通の現状と課題」
　　　　『農林業問題研究』42(1)，2006，pp.165-169.に加筆を行ったものである．

5　中国における都市近郊野菜産地の成長と産地戦略
　　　——上海市における野菜産業の持続的発展——

5.1　はじめに
　近年，中国の野菜産業をめぐるいくつかの重要な変化が生じている．まず野

菜の消費においては，1人当たり野菜消費量の伸び悩み，野菜の消費パターンの変化，大都市における高品質・高鮮度・高安全性の要求がある．また，野菜の輸出においては，日本を中心としながらも，アメリカ・EU・韓国・ASEANへの輸出が増加している．さらには，近年において野菜の輸入も増加している．

中国からの野菜の輸入は，低価格と数量の拡大という量的側面と，残留農薬問題に代表される質的側面から注目を浴びた．輸入側からは，輸出側の輸出部門にのみ関心が集中するが，輸出野菜を生産する産地の多くは，輸出戦略のみに従った農業を行っている訳ではない．また，野菜輸出地域のいくつかは，上海市に代表されるような大都市および大都市近郊の都市農業地域である．

本節は，まず中国の野菜産業の特徴を長期的傾向と最近の動向から明らかにし，中国の野菜産業の実態把握を行う．続いて，大都市近郊野菜産地を代表する上海市の野菜生産を都市農業の視点から捉え直し，それらの産地が直面する課題を探りながらその将来を展望することを試みる．

5.1.1 野菜産業の長期的傾向

(1) 野菜の生産状況

中国における野菜生産は，1961年以後1977年までに停滞が続き，1978年にようやく1961年の水準まで回復した．その後，「生産請負責任制」[25]の導入，「自由市場」の再開，「青果物流通統制」[26]の廃止，「菜藍子工程」[27]の実施など市場経済体制の整備により増加傾向にある．1992年以後，農業構造調整による水稲作等から野菜などへの作物転換の推進によって，野菜の作付面積は大幅に増加し，図5.1が示したように，農作物に占める野菜の割合も1978年の2.2%から2003年の11.8%まで増加した．ところで，2004年における野菜の作付面積は前年に比べて2.2%の減少となり，その背景には食糧増産政策への転換があった[28]．

中国は従来から5大野菜生産基地（広東湛江「南菜北運」，雲南元謀「反季節菜」，山東・蘇北「普通菜」，西北「西菜東運」，河北張北「白菜」基地）があり，なかでも表5.1が示したように，生産量・作付面積・生産額ともに1位となっているのが山東省である．一方，品目別で見た場合，最も生産量の多い品目ははくさいであり，次いでだいこん，きゅうり，トマト，キャベツである（表5.2を参照）．

```
1,000 ha                                                                    14%
20,000                                                                      
18,000                                                                      12
16,000                                                                      
14,000                                                                      10
12,000                                                                      8
10,000                                                                      
 8,000                                                                      6
 6,000                                                                      4
 4,000                                                                      
 2,000                                                                      2
     0                                                                      0
      1978 79 80 81 82 83 84 85 86 87 88 89 90 91 92 93 94 95 96 97 98 99 2000 01 02 03 2004
```

　　□ 野菜播種面積　　―▲― 全播種面積に対する割合　　―■― 対前年増減率（3ヵ年移動平均）

出所：『中国統計年鑑2003』『中国農業発展報告（2005, 2004, 1996)』.

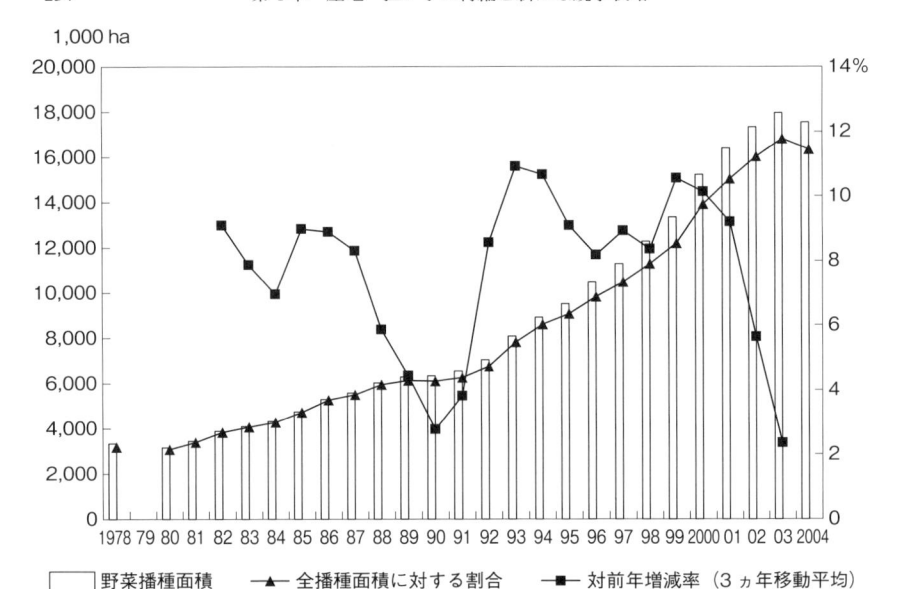

図5.1　中国における野菜播種面積の推移（1978-2004）

(2) 野菜の消費状況

　野菜の消費については，以下のような傾向が見られる．まず，1人当たり年間の野菜消費量が増加し，1961年の80.9 kgから2003年の272.0 kgまでになっており，1993年を期に1人当たり消費量は日本の112.5 kgを上回っている．しかしその一方で，近年，飼料用と減耗量の割合が増加しており，それぞれが8％と4％に達している（FAO STAT）．また，経済成長に伴い，野菜の消費は従来の「多量少品目」型から「少量多品目」型へ，重量野菜から軟弱軽量野菜へと変化しつつある．さらに，大都市では高品質・高鮮度・安全性の高い野菜への需要が高まっている．

(3) 野菜の流通状況

　今日，中国の野菜流通の主要な担い手は卸売市場であり，全国では野菜の6割以上，上海などの大都市では9割以上が卸売市場を通じて流通している[29]．しかし，「計画経済期（1956-1978年）」において野菜は重要な2類農産物であり，生産と流通は各地方政府によって管理された．1978年の改革・開放政策以後，「契約買付け」の導入，自由市場の復活と卸売市場の開設推奨などによ

表5.1 野菜生産（面積，生産量，生産額）の上位10省（2004年）

順位	野菜播種面積 (1,000 ha)		生産量 (1,000 t)		野菜生産額 (億元)	
1	山東	1,970	山東	88,837	山東	742
2	河南	1,591	河北	61,875	河南	479
3	江蘇	1,218	河南	52,375	河北	444
4	広東	1,147	江蘇	36,787	江蘇	404
5	河北	1,082	湖北	29,962	広東	372
6	広西	1,026	四川	26,239	湖北	278
7	湖北	1,021	広東	25,577	四川	250
8	四川	971	湖南	23,053	浙江	245
9	湖南	963	遼寧	20,346	湖南	239
10	浙江	661	広西	19,467	福建	219

出所：『中国農業統計資料2004』『中国農村統計年鑑2005』．

って，野菜の流通は計画経済的統制から市場流通体制へと移り変わった．なお，中国の卸売市場と自由市場（集市貿易市場）は，それぞれ「卸売市場に関する管理弁法」および「商品取引市場の登録管理に関する弁法」にもとづいて開設・管理されている．野菜の国内流通経路と輸出野菜の流通経路は大きく異なっているものの，「輸出公司」[30]が産地商人等からの買い付けも産地卸売市場を経由した場合が多いため，卸売市場は輸出野菜の主要な流通の担い手ともなっている．

(4) 野菜の貿易状況

中国における野菜の自給率は一貫して100％を満たしているが，生産量に比べて貿易量は極めて小さく，1％前後で推移してきた（図5.2を参照）．一方，輸出は輸入を大幅に超えており，輸出先は日本が依然として大半を占めているが，近年アメリカ・EU・韓国・ASEANへの輸出が増加している（表5.3を参照）．その背景には2001年4月の中国輸入野菜3品目（ねぎ・しいたけ・いぐさ）に対する日本の暫定的セーフ・ガードの発動を受けて，中国の輸出企業・輸出野菜産地はリスク分散のため販路を拡大したこと，また2003年10月にASEANとの間で果物と野菜のゼロ関税を実現したことが原因と考えられる．また，輸出野菜の種類に関しては多様化をはかっているが，依然として少品目・小規模・単一市場の状態から脱却できていない．さらに，近年，野菜の輸入量も1996年の約30万tから2004年の約364万tへと増えており，今後そ

表 5.2　品目別野菜の生産状況（2003 年）

	播種面積 (1,000 ha)	構成比	生産量 (万 t)
野菜全体	17,953.7	100.0	54,032.3
葉菜類	6,603.9	36.8	21,206.4
ほうれんそう	641.8	3.6	1,573.9
きんさい	542.7	3.0	1,795.5
はくさい	2,699.3	15.0	10,197.4
キャベツ	883.3	4.9	2,875.2
油菜	532.6	3.0	1,236.3
瓜類	1,915.2	10.7	6,781.0
きゅうり	936.0	5.2	3,551.3
根菜類	2,549.4	14.2	7,690.8
だいこん	1,218.9	6.8	3,880.9
にんじん	408.9	2.3	1,312.4
果菜類	2,382.8	13.3	7,403.5
なす	705.6	3.9	2,119.2
トマト	801.3	4.5	3,309.5
とうがらし	365.9	2.0	821.5
葱類	1,694.2	9.4	4,521.1
ねぎ	525.0	2.9	1,762.8
にんにく	794.7	4.4	1,555.6
野菜豆類	1,248.5	7.0	2,679.1
いんげんまめ	590.1	3.3	1,326.6
ささげ	342.3	1.9	725.0
水生野菜	386.0	2.1	102.2
れんこん	270.3	1.5	734.2
その他	1,173.7	6.5	2,724.2

出所：『中国農業統計資料2003』．

の傾向が益々強まると予想される（Source OECD "ITCS International Trade by Commodities Statistics-Harmonized System 1996 "）．

5.1.2　安全性をめぐる野菜産地の再編

　1990年代後半から日本などへの輸出拡大に伴い，輸出公司を核に「直接買付け」，「自社生産基地」，「契約栽培」，「農場建設」などの輸出用野菜調達方法を通じて，山東省，福建省，上海市，江蘇省などの輸出野菜産地が形成された．一方，経済発展に伴い，中国国内の野菜消費の多様化が進み，高速道路，冷蔵施設，日光温室（無加温）などのインフラ整備により野菜の「周年栽培・供給体制」が確立され，そしてこの周年供給体制は，輸出公司の安定的な野菜の

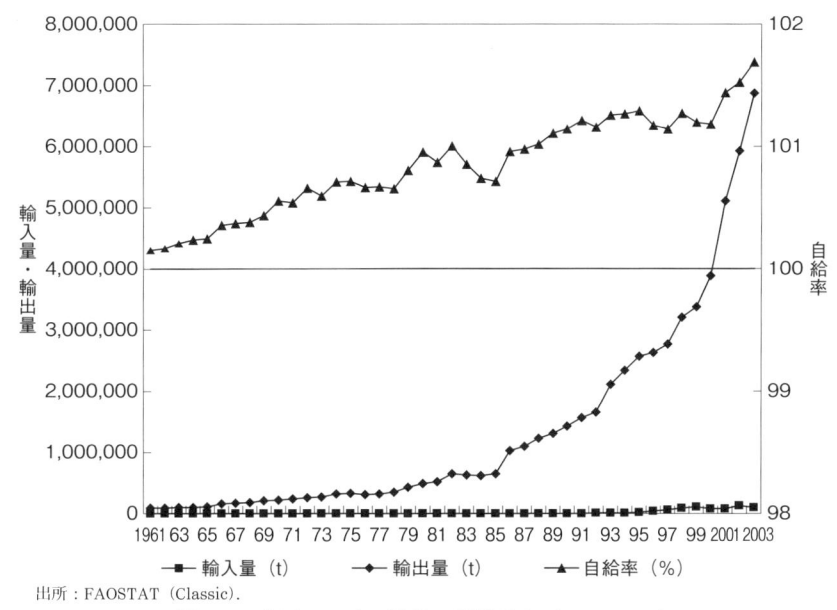

5 中国における都市近郊野菜産地の成長と産地戦略　　237

図 5.2　中国における野菜の需給動向（1961-2003）
出所：FAOSTAT（Classic）．

表 5.3　中国の野菜輸出相手国・地域（上位 10 カ国・地域）

(単位：1,000 t)

	1996 年		2000 年		2001 年		2002 年		2003 年		2004 年	
		(構成比)		(構成比)		(構成比)		(構成比)		(構成比)		(構成比)
合計	2,679	(100.0)	3,567	(100.0)	4,400	(100.0)	5,230	(100.0)	6,230	(100.0)	6,547	(100.0)
日本	915	(34.1)	1,172	(32.9)	1,369	(31.1)	1,275	(24.4)	1,393	(22.4)	1,654	(25.3)
ASEAN (4)	102	(3.8)	245	(6.9)	479	(10.9)	634	(12.1)	894	(14.4)	876	(13.4)
EU (15)	235	(8.8)	486	(13.6)	618	(14.1)	696	(13.3)	725	(11.6)	644	(9.8)
香港	455	(17.0)	433	(12.1)	428	(9.7)	481	(9.2)	535	(8.6)	581	(8.9)
韓国	101	(3.8)	205	(5.7)	207	(4.7)	241	(4.6)	455	(7.3)	541	(8.3)
ロシア	143	(5.3)	104	(2.9)	166	(3.8)	230	(4.4)	307	(4.9)	365	(5.6)
アメリカ	112	(4.2)	109	(3.1)	153	(3.5)	184	(3.5)	223	(3.6)	293	(4.5)
ベトナム	16	(0.6)	35	(1.0)	39	(0.9)	149	(2.8)	222	(3.6)	201	(3.1)
キューバ	73	(2.7)	69	(1.9)	79	(1.8)	106	(2.0)	129	(2.1)	77	(1.2)
パキスタン	25	(0.9)	32	(0.9)	56	(1.3)	80	(1.5)	71	(1.1)	71	(1.1)
その他合計	503	(18.8)	678	(19.0)	804	(18.3)	1,154	(22.1)	1,275	(20.5)	1,244	(19.0)

注：野菜は HS2 桁コードの第 7 類（01-14）と第 20 類（01-05）の合計として定義した．
出所：Source OECD "ITCS International Trade by Commodities Statistics-Harmonized System 1996".

集・出荷を可能とし，輸出拡大にも繋がった[31]．

ところで，近年になって，中国野菜の安全性が問われている．その背景には，国内では各地から報告された重大な食中毒事件や衛生部が実施した食品衛生抜取検査の低い合格率があり，国際的には日本向け輸出冷凍ほうれん草の残留農薬基準の超過に代表された問題がある[32]．

食品安全性への取り組みの一環として，中国政府は国内出荷野菜産地に「市場准入制度」，輸出野菜産地に「輸出野菜残留農薬検査制度」および「輸出入野菜検査検疫管理弁法」を導入させ，野菜産地の再編が余儀なくされたのである．すなわち，国内出荷野菜産地は「無公害野菜」としての産地を確立できない場合は淘汰され，また，輸出野菜産地も検査費用（圃場単位で実施される）を削減するため大規模農場への統合・再編が予想されている[33]．

例えば上海市政府は，中国政府が打ち出した「2004年全国食品安心プロジェクト実施プラン」をもとに「食品の安全に関する5つの管理システム」を実施し，独自の厳しい基準を設けている[34]．その結果，上海市は中国37都市の残留農薬検査で基準合格率が1位であり，中国の他産地に比べて安全面において優れている．

5.2 都市農業の主要部門として成長する上海市の野菜産地

2001年2月12日に上海市第11回人民代表大会第4次会議において「上海市の国民経済と社会発展に関する第10期5ヵ年計画綱要」を発表し，上海市は先端的な都市型農業の実現を目指す．すなわち，貿易拠点という地の利を活かした輸出向け農業，施設栽培による資本集約的・工場生産的な農業，種子・種苗等農業技術開発，農業の外部経済効果を配慮した観光農業・生態農業の4つの意味を含む．

5.2.1 上海市における農業の役割

上海市は，中国の沿海部に位置する中国で最も経済発展が進んでいる大都市である．面積は6,340.5 km^{2}で，うち農地が1,330 km^2（20.9％），林地が520 km^2（8.2％）を占めている．農地面積が占める割合は低くはないが，1992年から大規模な開発に伴い耕地面積（畑・水田のいずれも）の減少が著しく，郊外区（閔行，嘉定，宝山，金山，松江，青浦，南匯，奉賢）に分布している

(『上海統計年鑑 2005』).2004 年の上海市の GDP は 7,450 億元であり,産業別では第 1 次産業が 96.7 億元 (1.3％),第 2 次産業が 3,778.2 億元 (50.8％),第 3 次産業が 3,565.3 億元 (47.9％) であり,第 1 次産業が占める割合は極めて低いことがわかる (『上海統計年鑑 (各年版)』).

一方,2003 年末の総人口は,1,711 万人 (常住人口) であり,うち 1,342 万人は常住戸籍人口であり,常住非戸籍人口は約 400 万人となっている.産業別就業人口の割合は,第 1 次産業は 8.0％,第 2 次産業は 37.8％,第 3 次産業は 54.2％ となっており,第 1 次産業,第 2 次産業の構成割合が減少し,第 3 次産業が増加する傾向にある (表 5.4 を参照).しかしながら,第 1 次産業の就業人口の変化を年次別で見ると以下のような変化があった.すなわち,1952-1978 年:絶対数の増加,比率の低下;1980-1992 年:絶対数の減少,比率の低

表 5.4 上海市における産業別就業人口の推移

(単位:万人,(％))

	合計	産業別		
		第 1 次産業	第 2 次産業	第 3 次産業
1952	307.3	130.9 (42.6)	91.1 (29.6)	85.4 (27.8)
1960	432.8	165.8 (38.3)	158.0 (36.5)	109.1 (25.2)
1970	540.9	199.7 (36.9)	229.6 (42.4)	111.6 (20.6)
1978	698.3	240.1 (34.4)	307.5 (44.0)	150.8 (21.6)
1980	730.8	212.1 (29.0)	354.8 (48.6)	163.9 (22.4)
1985	775.5	126.8 (16.3)	445.4 (57.4)	203.4 (26.2)
1990	787.7	87.3 (11.1)	467.1 (59.3)	233.4 (29.6)
1991	798.1	82.6 (10.3)	471.2 (59.0)	244.3 (30.6)
1992	806.9	77.4 (9.6)	470.8 (58.3)	258.7 (32.1)
1993	853.1	98.6 (11.6)	494.7 (58.0)	259.9 (30.5)
1994	850.0	98.2 (11.6)	478.6 (56.3)	273.3 (32.1)
1995	855.7	102.1 (11.9)	467.0 (54.6)	286.6 (33.5)
1996	851.2	102.5 (12.0)	444.8 (52.3)	303.9 (35.7)
1997	847.3	107.7 (12.7)	416.0 (49.1)	323.5 (38.2)
1998	836.2	104.1 (12.4)	384.9 (46.0)	347.3 (41.5)
1999	812.1	92.7 (11.4)	377.3 (46.5)	342.1 (42.1)
2000	828.4	89.2 (10.8)	367.0 (44.3)	372.1 (44.9)
2001	752.3	87.2 (11.6)	309.9 (41.2)	355.2 (47.2)
2002	792.0	84.2 (10.6)	320.9 (40.5)	386.9 (48.8)
2003	813.1	73.7 (9.1)	317.1 (39.0)	422.2 (51.9)
2004	836.9	67.3 (8.0)	316.0 (37.8)	453.6 (54.2)

出所:『新中国五十年統計資料彙編』,『上海統計年鑑 (各年版)』.

下；1993-1997年：絶対数の増加，比率の上昇；1998-2000年：絶対数と比率の増減を繰り返した後，2001年から絶対数と比率の両方が低下したのである．このことは1990年代に入ってから上海市の農業は大きな構造転換があったことがうかがえる．その背景には「省長責任制」[35]や「菜藍子工程」の導入に伴い，農業生産は従来の穀物重視から経済作物へと重点を移すようになったことである．そして，このような土地集約型農業から労働集約型農業への移行は，域内の農業労働力への需要を増大させ，域外の農業労働力移入が余儀なくされたのである[36]．

5.2.2 近年における野菜産地の成長

表5.5は上海市における農産物生産量の推移を示している．穀物の生産量が低下し，野菜の生産量の増加が著しいことはわかる．郊外区では，農地の減少や地価の上昇に伴って，土地集約的な穀物生産から野菜に代表される労働集約的な経済作物へと生産の重点を移している．野菜生産について言えば，「龍頭企業」[37]を中心とするいくつかの大規模生産体制が形成されており，国内向け生産のみならず，日本を中心とする海外向け生産にも力を入れている．

(1) 近年における野菜生産の動向

表5.6は近年の上海市における野菜生産増加の背景を示すものである．まず，優良品種比率と販売向け野菜生産率が90％近くと高いことがわかる．2002年現在，上海市内には70-80種類の品種が導入・開発され，うち10種類（3,000 kg）を市外20省市に販売している．この結果，全農産物作付面積当たりの野菜播種面積比率は1990年の5.8％から2002年の32.6％へと増加し，15.33万haに達している．

次に，野菜生産の効率性・安定性を示す野菜機械化率と施設野菜比率を見ると，野菜機械化率は1990年の12.2％から2002年の30.0％まで倍以上に上昇しており，労働生産性の向上がはかられている．施設野菜比率も1990年で9.9％未満だったのが，2002年には倍の18.4％，45万m^2までに上昇している．さらに，「郊菜」と「客菜」[38]が競合する中で，双方の上海市での販売率を見ると，1990-2000年までは客菜が優位だったのが，2001年には逆転している．その背景には，1990年代に入り郊菜産地が「緑色食品」[39]に代表される高品質野菜の導入によって，客菜に対する差別化をはかることで消費者のニーズを満た

表5.5 上海市における農産物生産量の推移

(単位:万t)

	農産物					総量
	穀物・豆類	綿花	油料	野菜	果物(瓜類含む)	
1978	260.9	12.1	11.6	145.5	18.2	448.3
1980	186.9	7.6	9.6	112.6	14.0	330.7
1985	213.8	4.9	15.6	152.3	32.2	418.8
1990	244.4	1.2	18.2	186.8	40.2	490.8
1995	219.5	0.4	15.8	244.3	42.7	522.7
2000	174.0	0.1	16.4	377.0	72.4	639.9
2001	151.4	0.1	12.8	424.0	96.8	685.2
2002	130.5	0.1	9.9	476.6	97.9	715.0
2003	98.8	0.1	6.4	460.5	109.8	675.6
2004	106.3	0.2	7.4	436.7	107.8	658.3

出所:『上海統計年鑑(各年版)』.

表5.6 上海市における野菜生産の競争力の変化

(単位:%)

	1990	1995	1996	1997	1998	1999	2000	2001	2002
優良品種比率	85	88	88	87	89	89	90	90	90
販売向け野菜生産率	75	77	79	80	81	82	82	85	87
野菜播種面積比率	5.8	7.8	7.9	8.2	8.4	11.1	14.8	16.3	32.6
科学技術員の比率	0.7	0.8	0.8	0.8	0.9	0.9	0.9	0.9	1.1
野菜機械化率	12.2	14.4	16.3	16.7	22.4	24.2	26.7	28.4	30.0
施設野菜比率	9.9	16.8	17.0	17.5	18.1	14.7	16.7	16.8	18.4
本地野菜販売率	15	18	20	23	25	30	30	40	50
外地野菜吸収率	20	25	28	30	33	35	35	38	40
野菜加工率	3.8	5.1	5.2	6.4	7.5	8.2	8.2	9.2	10.0
輸出率	0.1	0.1	0.1	0.5	0.6	0.9	0.9	6.9	4.2

注:野菜播種面積比率は,全作付面積に対する比率である.
出所:『上海統計年鑑2003』『上海市政府野菜生産強化室統計資料』より作成.

そうとした努力があったと考えられる.

最後に,中国野菜全体の課題でもある上海市における野菜の加工率と野菜の輸出率を見ると,野菜加工率は1990年の3.8%から2002年の10.0%へと増加しているもののまだ低い状態であり,輸出率は2001年のWTO加盟を挟んで0.9%から6.9%へと急激に上昇したものの,翌年は4.2%へと下がっている.また,野菜輸出基地の面積は2003年現在では0.8万haであり,全野菜作付面積の5%に過ぎない.

表5.7 上海市における野菜の対日輸出量の変化

(単位：t，％)

	2000	2001	2002
総輸出量（A）	30,000	41,015	71,272
対日輸出量（B）	27,000	38,495	51,700
（割合：B/A）	(90)	(94)	(73)
ねぎ	11,700	14,275	21,100
キャベツ	7,700	13,200	14,100
カリフラワー	7,500	10,900	15,300
その他	100	120	1,200

出所：農林水産省HP「2003年4月5日中国農業情報：上海市農産物の対日輸出動向」.

(2) 近年における野菜の輸出動向

　表5.7に示したように，上海市の野菜輸出は2000年の3万tから2001年の4万1,015tへ，さらに2002年の71,272tまでに達した．このうち対日輸出量は，2000年の27,000t，2001年の38,495t，2002年の51,700tと総輸出量の中で高いシェアを占めている．

　一方，対日輸出の品目構成を見ると，ねぎ，キャベツ，カリフラワーおよび多品目少量野菜の輸出が急速に増えている．2000年から2002年にかけて，ねぎの輸出は1万1,700tから2万1,100tへ，キャベツは7,700tから1万4,100tへ，カリフラワーは7,500tから1万5,300tへと増加した．多品目少量野菜に関しては，100tから1,200tへと急増した．

5.2.3　野菜産地の戦略

　上海市における野菜産地の戦略を考える上で，先に述べた先端的な都市型農業を目指すという市政府の基本方針を前提にすることは言うまでもないが，巨大な消費地を背後にして，豊富な情報およびリスク・マネーを武器に，多様なビジネスモデルを創出しながら都市農業・国際フードシステムに組み込まれながら野菜産業の進化を遂げていくことを戦略として描くのが自然である．また，このような戦略を実践していく上で特に重要な組織として以下のものがある．

　第1は「野菜弁公室」である．上海市における野菜産業に関する政策立案を行うと同時に野菜生産に対する指導（ただし，技術普及に関しては上海農業科学院が行う），需要と供給のバランスの調整，野菜市場に関する情報の提供なども行っている．第2は「野菜合作社」である．2002年に設立され，その下

に約50の品目協会が設立され，小規模・零細な野菜生産者の組織化を図っている．第3は「野菜輸出協会」である．2002年に輸出野菜の生産・加工・流通・販売に携わる企業の団体として設立され，「野菜輸出協会」は会員相互の情報交換，窓口の提供を通じて，会員企業の連携を図る上で重要な役割を果たしている．筆頭会員は後述する「高榕食品有限公司」である．第4は，「菜藍子工程」の推進に伴う野菜供給基地として建設された「園芸場」(農場)である．1993年から1995年までの3年間に，上海市政府が投資して郊外区で建設した農場は101ヵ所に上る．その中には，後述する孫橋現代農業開発区のような先進的な施設・技術を有する国家級モデル農場も含まれている．上海市の野菜輸出基地は，主に金山区，奉賢区および浦東区に分布しており，また，図5.3が示したように，野菜の輸出関連企業が市の中心部に集積している．さらに，このような輸出野菜産業の集積を形成する背景には，野菜卸売市場や大手スーパーチェーンの急速な成長があると思われる．

一方，個々の企業が独自のビジネスモデルを模索する中で，市政府は国家級および市級「龍頭企業」の認証を通じて支援し，いくつかのビジネスモデルが

出所：上海野菜加工および輸出専門協会資料より作成．

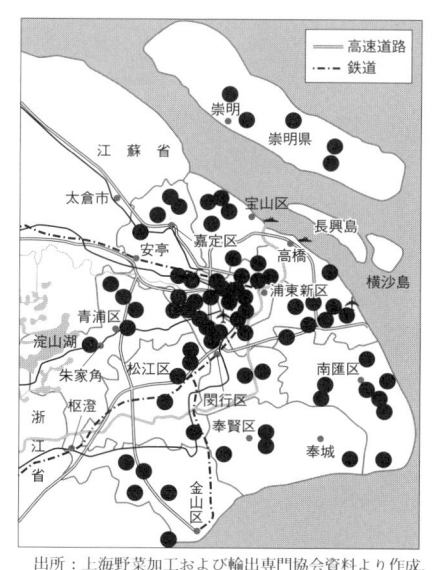

図5.3　上海野菜加工および輸出専門協会会員企業の立地

定着してきた．例えば，農家と契約を結ぶ「高榕食品有限公司」，農産物の標準化を図る「孫橋現代農業開発区」，トレーサビリティを導入する「農工商集団」，農地のリースを行う「金山銀龍集団」，生態農業を推進する崇明島などが代表例である．本稿ではこのうちの2つのビジネスモデルを通じてそれぞれの企業戦略を探ることにする[40]．

ビジネスモデル1：「孫橋現代農業開発区」

同開発区は，上海市の経済発展の中心地である浦東新区に位置する．開発区の総面積は12 km^2 で，開発区内には管理センター，科学技術研究研修区，種子開発区など11のエリアが配置されている．開発区の設立当初の目的は，現代農業モデルの提示および海外の最先端農業技術の移転・開発・標準化・普及である．

上海市は土地が希少であり小農経営が主体となっているため，オーストラリアやアメリカのような土地集約的農業はそぐわず，農業近代化の初期段階では労働集約的な農業が適している．そのため，最終的にはオランダ・イスラエルのような施設園芸による資本集約的な農業を目指している．したがって，技術移転については，資本集約的農業を実践しているオランダ，イスラエル，日本，フランスから温室設計技術，温室栽培管理技術，食品加工技術，種苗・増幅・加工技術，バイオ技術などを導入している．そして上海市の風土条件を考慮に入れ開発区内で適応研究し，作業管理などの標準化を図ると同時に，技術員の養成，技術普及を行っている．

「上海市現代農業連合発展有限公司」は孫橋現代農業開発区の第3セクター的存在であり，開発区の研究成果を事業化しビジネスモデルを示すと同時に，事業収益により開発区の独立採算化を図る上で重要な役割を果たしている．「現代農業連合発展有限公司」の株主は自然人5名，民間法人3社，政府関係者1名の計9名によって構成され，総資本額は2003年現在で3億元（約38億4,300万円）である．傘下有限公司が9社（上海孫橋農業科学技術有限公司，研究センター，科学技術種苗公司，温室設計公司，温室公司，食用菌公司，販売配送公司，輸出貿易公司，観光事業公司）あり，独立採算制・事業部制をとっている．主な事業内容は以下のようになっている．

「研究センター」には博士2名，修士5名を含む25名の常勤研究職員がおり，

農薬試薬の調合・開発，農業微生物，組織培養，天敵昆虫，マルハナバチの研究を行っている．研究成果は，開発区内で試験され実用化を図っている．「科学技術種苗公司」は上海農業科学技術院と共同で設立したものであり，海外から優良品種の導入・改良，高付加価値の種子・種苗を販売している．

「温室設計公司」は，ハウス野菜，工場化食用菌，養殖水産物用の施設を海外から導入・改良し，管理システムとともに販売している．これまでに日本のビニール会社から材料を輸入し，公司でビニールハウスを設計・製造後，2つの温室を日本へ輸出したという実績を有する．一方，「温室公司」は区内で開発した種苗を育苗し，ハウス野菜，ハーブ，花き，観賞植物，水産物，加工食品などを生産している．これら生産物は，無公害・緑色食品として中国国内で孫橋ブランドとして知名度が高い．「輸出貿易公司」の2003年度の輸出額は1,000万米ドルに達し，うち3分の1は日本向け輸出によるものであり，主な輸出品は食用菌・ミニ盆栽である．

ところで，現代農業開発区の目玉事業の1つである観光農園を手がけているのが「観光事業公司」である．中心部から車で約50分という立地を活かし，世界中から年間30-40万人の見学客を集めている．入場料は12元(約154円)/人であり，年間約5,000万円の売上を実現している．この事業は観光収入だけでなく，公司ならびに開発区全体の知名度の向上にも繋がっている．

ビジネスモデル2:「高榕食品有限公司」

上海高榕食品有限公司は，1997年に設立された香港系独資企業である．総資本額は2003年現在では5,500万元であり，農産物の栽培，買付，加工，販売，輸出を行っている．独資加工中心，合資企業，合作企業の計11社を傘下に置き，主な輸出先の東京，香港，シンガポールに支社を持ち，正規従業員は約200人（うち，行政管理者が120-130人，技術者が70-80人），臨時従業（農繁期の季節雇用者）は約3,000人を抱える．総栽培面積は20万ムー（＝1.3万ha）であり，取扱商品は生鮮野菜，きのこ類，乾物，水煮などである．同公司は「安定・持続・高効・安全」を自社の経営理念として，以下の点を重視している．

まずは，圃場の統一作付け・統一管理を通じて輸出基地化の推進である．上海市における農産物の生産・買付面積の割合は，「訂単（契約栽培）方式」：

「契約農場生産方式」:「自社農場生産方式」=60:25:15となっている．契約栽培方式とは，龍頭企業が区政府を通じて農家及び農地を選定し，農家に種子・肥料・生産機械などを無料で提供し，収穫の時期に農家は契約した価格で決められた品質，規格の野菜を龍頭企業に出荷することを義務付ける生産方式である．この生産方式において，公司は全ての市場リスクを負担し，生産コストと市場価格を参考にしながら農家との契約価格を決定する．契約価格は季節ごとに見直す仕組みになっている．しかし，市場価格が契約価格よりも良い時に農家が契約を無視して市場に出荷してしまうことや，安全管理の徹底が難しいことから，今後契約栽培方式の割合を徐々に下げ，中国各産地の農場を借り上げ，自社農場生産方式の割合を増やす方針である．また，「渡り鳥方式」と称する周年生産・輸出体制を構築している．その結果，北は黒龍江省から南は福建省に至る中国沿海部の9つの産地において季節に合わせた野菜栽培を行い，1年365日を通じての野菜供給が可能となっている．そして，各野菜基地の建設により農業の発展を促進し，農民の就業機会が創出され，農家の増収に繋がり，現在中国が抱えている農業・農村・農民いわゆる「三農問題」の解決にも貢献している．

次に，先進的な農薬検査設備の設置，品質検査の徹底である．収穫された農産物は各生産基地から残留農薬検査室へサンプルが送られ，検査される．検査の結果を専用PCで解析し，農薬の基準値を超える（3回とも検出された）場合，各部門の代表に連絡し，基準超過産地の農産物の出荷を取りやめる仕組みになっている．なお，生産基準は企業基準，衛生基準は国家基準，農薬基準は日本基準を採用しているが，取引先の消費者ニーズの変化に合わせて，柔軟に対応する体制を構築している．同公司は，2002年国際食品品質管理システムSQF2000，GMP，ISO14001の認証を取得し，2003年にはOFDC有機認証を取得している．

さらに，生産基地の近郊型加工工場の設置によるスピード出荷である．生産基地の近くに加工センターを設置することにより，収穫から加工までの時間を短縮し，野菜の鮮度を保持しながらの出荷ができるようになっている．

最後に，国際市場の変化に迅速に対応するため公司内に輸出相手国の言葉が話せる営業販売チームをつくり，輸出管理体制を確立している．輸出先の9割

が日本であり，その他シンガポール，マレーシア，オーストラリア，EU，南アフリカ，アメリカ，カナダとなっている．輸出ルートは，東京，香港，シンガポールには支店を通じて直接輸出しているが，それ以外の国へは貿易公司を経由して，食品メーカー，中食業者，大手小売業へ販売している．輸出高は2003年現在で，3,000万ドルである．近年の日本の消費者の食品に対する安全・安心志向の高まりを受けて，基地生産者の顔写真入りラベルを貼った野菜を日本のCGCにおいて販売し，同時に同公司HP上にトレーサビリティシステムを導入している．

5.3 野菜産業の持続的発展

野菜産業は，都市農業の重要な一部門であり，都市の持続的な発展に貢献する一方，都市の持続性を脅かす可能性もはらんでいる．したがって，野菜産業に求められているのは，経済性，社会性，環境保全の3つの要素のバランスであり，より具体的には，雇用と所得の確保および事業の発展，農業部門の成長と都市への食料供給，土地の有効利用と自然環境の保全である．しかしながら，この3つの要素の相対的な重要性は，国・地域・時代によって変化するものである．上海市民は野菜生産を含む都市農業にどのような役割を求め，経済性，社会性，環境保全の3つの要素のバランスをどのようにとらえているかを知るため，住民にアンケート調査を実施した[41]．

調査結果からは，都市農業および都市農地の役割について，都市住民が最も高く評価しているのは，「新鮮で安全な農産物の供給機能」であり，「ゆとり・潤いの場を提供する機能」，「生き物が増えて生態系が豊かになる」，「生ゴミの肥料化などにより資源のリサイクルができる」などがそれに続いている．

また，都市において農業・農地を保全するための対策に関する都市住民の考え方について，回答の割合が高いものとしては，「農産物の直売所，生産地表示等の整備」，「生産者と消費者の顔の見える関係作り」，「農業体験・自然観察の場の整備」が挙げられる．このことから，上海市の住民は急速な都市化の進展とともに都市の食料安全保障・食品の安全性に強い関心を示しており，都市農業にその役割を求めているものと考えられる．

これまでの流れを見ると，上海市の住民が都市農業に求める機能は，「社会

性→経済性→環境保全・社会性」というように重点を移してきている．しかし，当初の社会性と現在の社会性の意味は異なっており，当初の社会性は都市住民の食料安全保障を通じて都市を安定化させるという意味が強いのに対して，現在の社会性は地域公共財の供給という意味が強いのである．また経済性にも，食料を安価に提供するためのコスト低減という意味と農業経営の収益性を高めるという意味とが混在している．3者の相互関係は，トレードオフの関係の場合と相互補完の関係となる場合があり，複雑である．一般的に，環境保全と社会性とが矛盾することは少ないと考えられるが，経済性は社会性や環境保全とトレードオフの関係が想定されている．しかし，経済性が環境保全および社会性と相互補完の関係を築く可能性もある．したがって，都市農業の持続可能性を実現するためには，3者の相互関係に留意した都市農業政策が必要となり，都市近郊野菜産地の戦略もこのような政策枠組みの中で転換していく必要がある．

このような状況のもとで，上海市農業委員会は21世紀における都市農業の新たな役割について以下の見解を示している．すなわち，今後，上海市における都市農業は農業生産機能からそれ以外の機能へと移行していくと予想される．それをふまえて，都市周辺および大型住宅区内における農地は郊外への移転をせずに，野菜・果物等の食料供給機能を発揮すると同時に緑化機能も発揮させる．また，都市農業・農地を保全するための新たな補助制度を創設し，都市建設費用および企業経営を評価する際，環境への負荷を費用に加えるとしている[42]．

5.4 野菜産業の新たな課題

上海市の野菜産業の社会性を考えた場合，栄養不足に陥っている貧困層[43]と都市部における安全性志向の強い消費者が共存していることを前提に，需要を満たすのに十分な供給量と一定水準の安全性とがとくに求められている．ちなみに，これまでに世界の大都市の中で食料自給率の高さで注目を浴びてきた上海市は，近年その自給率が急速に低下し，その中で野菜の自給率は50％を下回っている．しかし，両者には図5.4のようなトレードオフの関係がある．すなわち，技術の発達が遅れている食料不足国などにおいては，リスクが高くな

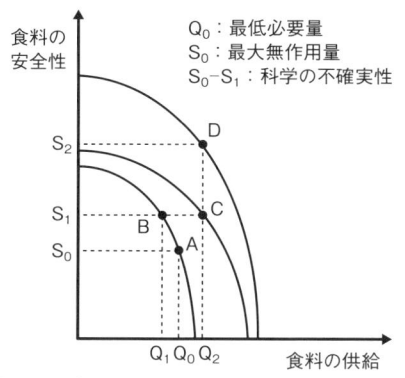

5 中国における都市近郊野菜産地の成長と産地戦略

```
食料の
安全性
          Q₀：最低必要量
          S₀：最大無作用量
          S₀-S₁：科学の不確実性

S₂            D
S₁      B   C
S₀        A

       Q₁ Q₀ Q₂    食料の供給
```

図 5.4 食料の供給と安全性のトレードオフ

っても生産水準を高めざるを得ない（A点）．リスクが高く，なおかつ必要量が供給できない場合もある（B点）．しかしながら，適切な技術の開発・普及が進められるならば，同一の安全性水準のもとで必要な生産量が生産可能になり（B点→C点），さらに，必要生産量を維持しながら，これまで以上に安全性の高い食料の生産が技術的に可能となる（C点→D点）場合もある．

ところで，経済性を考えた場合，これまでの「客菜」と「郊菜」の競合関係は，「国内出荷」と「輸出野菜」という新たな軸を加えて捉え直す必要がある．それぞれの関係は単なる競争関係ではなく，協調しながら新たな分業体制を構築していくことも可能である．その際，有機・緑色野菜に対する国内・国外のニーズを正確に把握することが重要であり，生産者側からのフードシステムの再編が必要になる．例えば，農工商集団傘下には，星輝有限公司という野菜を生産する大規模農場があるが，農場で生産される野菜は，多くが農工商集団のスーパーで販売されるものであり，わずかに有機野菜を生産し業者等に販売している．価格調査の結果によれば，有機野菜の普通野菜に対する価格差は，業者への出荷価格では2倍程度であるが，スーパーでの小売価格では5倍以上の差がある．有機野菜の需要がいまだ少ないため，販売リスクが高く，流通マージンが高いのは事実であるが，直営店舗などを持たない生産者にとって，有機野菜は経済性の面で魅力が少ないのである．したがって，生産量と安全性の両立には，経済性にも優れた生産販売システムの構築が必要である．

さらに，環境保全を考えた場合，これまでに，大都市における土地の希少性

や穀物生産との土地競合関係の解消，野菜の高付加価値化や通年供給などの要求から，施設化・機械化が進められてきた．しかし，施設化に伴うエネルギーの大量消費，化学肥料・農薬による環境汚染の問題は，野菜産業の持続性を語る上でもはや避けて通れなくなってきている．したがって，大都市近郊における野菜産業は，中国国内の食料安全保障・三農問題・環境問題などを軸に，生産・流通・販売を含む国内のフードシステムの再編を通じて，野菜の品質・安全性の向上を図り，都市農業・国際フードシステムの中に組み込まれながら成長し，新たな産業へと進化していくことが求められる．

注

1) 本節は主として大江徹男『アメリカ食肉産業と新世代農協』日本経済評論社，2002年の序章第2節を参考に記述している．
2) M. L. Hayenga, T. Schroeder, J. Lawrence, D. Hayes, T. Vukina, C. Ward and W. Purcell ; *Meat packer vertical integration and contract linkages in the beef and pork industries : An economic perspective*, Iowa State University, Department of Economics, 2000. なお，生産者の組織である農協についても，原料販売だけではなく，農業資材や加工品の生産にも従事している場合，生産者主導による垂直的統合に含められる．詳しくは，大江徹男，前掲書，p.5頁を参照のこと．
3) 2004年のわが国における豚肉需給（枝肉ベース）は，国内生産126.3万t，輸入123.2万tで，国内生産と輸入が拮抗している．しかし，趨勢的にみると，国内生産が横ばいであるのに対して，輸入は毎年数％ずつ伸びている．今後も国内生産は横ばいもしくは減少すると予測されており，輸入豚肉によって日本市場が支配されつつあると考えるのが妥当である．
4) 計測方法については平成8年度『養豚先進国実態調査報告書』pp.27-42（石田正昭稿），中央畜産会，平成9年2月を参照のこと．
5) 小林信一「韓国における飼料産業の動向と飼料の流通と価格」（日本養豚協会『養豚経営調査報告書』平成18年3月）を参照のこと．
6) この表から明らかなように，「その他」に区分される単味飼料（とうもろこし，大豆油かす）の価格比は求められていない．この価格比を成畜用配合と同じ0.71とすることもできたが，ここでは固く押さえる意味で1.00とした．その結果，飼料費の価格比率（加重平均）は0.63と算出されたが，仮に0.71を使ったとしても以下の分析結果は大きな影響を受けない．
7) 石田正昭「日本・韓国・アメリカの養豚経営——生産費格差の要因分析——」（日本養豚協会『養豚経営調査報告書』平成18年3月）を参照のこと．
8) 金（2004）参照．
9) 基礎単位とは1つまたは複数の基礎地方自治体別に構成される地域農業クラスターを言う．また，広域単位というのは広域市，または道別に構成されるクラスターであり，複数の基礎地方自治体を含む類型をいう．地域農業クラスターの類型については後節で詳しく述べることにする．
10) 地域単位では同一品目の生産者（団体）間に暗黙的な競争関係がいつも存在しているが，規模の限界を克服するために競争関係よりは協調関係が重要視され，表面的に現れている

といえる．
11) 韓国では環境農業または環境にやさしい農業という意味で「親環境農業」という用語を使っており，有機農業，有機転換期農業，無農薬農業，低農薬農業などを含む．
12) 品質認証制度は最初の段階においては日本への輸出を目的に導入されたが，以後輸入豚肉との差別化をはかる手段として用いられている．
13) 生産農家の高級肉生産に対する意識向上と国内非選好部位の輸出を通じて付加価値を高めて農家所得を上げる目的で日本への輸出を行ってきたが，口蹄疫発生以後，輸出先を日本から東南アジアに転換し，輸出先の多様化をはかっている．
14) 資金力は，大規模畜産物販売場および飼料工場の設立，優秀種豚の生産のための育種農場の設立等を可能にした原動力である．
15) 1人当たり生産性は同一であると仮定し，農漁業部門に対しては農漁家人口を用いており，養豚は飼育頭数を用いた．
16) 開放的な経済体制化では産業部門を細分化してみると全国投入構造と地域投入構造は一部産業を除いて一般的に差は大きくないと考えられる．
17) 韓国農村経済研究院（2005）によれば，親環境農産物の概念を知っている消費者の割合は51.7%である．
18) ハーベスト・リサーチ（2004）によれば，韓国では有機農産物への需要増大が見込まれるが，現時点では有機農産物の生産量はごくわずかであるため，国内の多数の小売業者は有機農産物の輸入を計画しているという．
19) ハンサルリム常任理事趙完衡氏への聞き取りに基づく．
20) ハンサルリムでは，親環境農産物としての認証は受けるが，取り扱い農産物に「親環境」という語を基本的に使用しない．
21) 販売手数料は，当初5%であったが，2003年より4%に引き下げた．農協流通は，これにより生産者に30億ウォンを還元したとしている．
22) 韓国における農産物のブランド化の情報は，別稿（李哉汉「韓国における農産物貿易の拡大と国内市場対策の課題」）に詳しい．
23) 認証機関は国立農産物品質管理院であり，認証コストは新規22万ウォン／戸，更新2万ウォン／戸となっている．
24) 全羅南道で親環境農業に取り組む学士農場の経営者も，2005年2月の筆者調査に対し「堆肥確保が困難であり，今後は有機ではなく無農薬農産物としての出荷を余儀なくされるかもしれない」と回答している．
25) 「生産請負責任制」とは，農民の生産に対する責任および労働の成果が直接に報酬へ反映する分配制度であり，1978年以後の中国の農村で採用された様々な形態の制度の総称である．
26) 詳細は藤田他（2002）pp.29-32，周（2000）pp.51-56を参照されたい．
27) 「菜藍子工程」（買い物籠プロジェクト）とは，1988年に中国農業部が提唱した副食品（野菜・食肉・家禽・鳥卵・水産物・乳製品など）の生産・流通・消費における諸制度の改革に関する総合的な政策体系である．
28) 中国の食糧生産量は1998年をピークに減少へ転じ，2003年には4億3,000万tまで落ち込み，食糧政策の基本である自給自足が危うくなった．危機感を強めた中国政府は農地保護や農民の負担減を軸とする農業振興策を展開した結果，2年連続の食糧増産が実現され，2005年の食糧作付け面積は前年に比べ3%増の1億400万haとなり，1ムー当たりの生産量は約310キロと過去最高を記録した．
29) 詳細は俞（2004）を参照されたい．
30) 「輸出公司」とは，中国の対外貿易法にもとづき，海外と直接輸出入契約を締結できる企

業を指す．他方，輸出権を持たない企業は「輸出公司」の買い付けに対する販売，「輸出公司」への委託販売などによって輸出業務を行うことができる．
31) 詳細は河原（2004）を参照されたい．
32) 当該検査ではそれぞれの品目ごとに検査すべき含有物，残留物等の種類や基準が定められ，一定の基準に達したものが合格とされる．詳細は，食品流通システム協会（2004）を参照されたい．
33) 「市場准入制度」とは，「菜藍子工程」において「無公害野菜」認証制度を実施するため導入された卸売市場における残留農薬の検査制度である．
「輸出入野菜検査検疫管理弁法（2002年8月施行）」は，野菜輸出公司が充たさなければならない栽培面積（300ムー以上），管理者の設置，農薬の管理・使用状況の記録・検査の義務等の要件を定めたものであり，施行後は登録制のもとで野菜が栽培・輸出されることを意味する．
無公害農産物制度は，2002年4月から開始した制度であり，農業部の直属機関である農産物品質安全センターが「無公害農産物管理弁法」に基づいて認証している．詳細は，食品流通システム協会（2004）を参照されたい．
34) 詳細は，食品流通システム協会（2004）を参照されたい．
35) 「省長責任制」は，省段階の政府機関のリーダーに責任を持たせて，①域内の食糧作付面積の安定確保，②買付・備蓄計画の完全達成，③各省間の移出入計画の完全実施を義務付け，④備蓄運用のための政府規模の食糧リスク基金の確立を行い，生産と市場の安定を確保する取組みである．
36) とくに閔行区，嘉定区，宝山区，浦東新区では，2002年において域外労働力が請け負った野菜面積はそれぞれ3万6,642ムー，3万1,485ムー，3万7,078ムー，3万9,723ムーであり，域外の野菜労働者数は，それぞれ1万4,438人，1万1,635人，1万1,803人，1万5,963人である．詳細は方（2005）を参照されたい．
37) 龍頭企業は，農家と市場を仲介し，農家を市場に導き，農家の増収に貢献しているだけでなく，国際市場と中国農業をつなぐ役割も果たしている．上海市政府は，2005年までに龍頭企業を500社までに育成する方針を明らかにしている．
38) 「郊菜」とは市の郊外区で生産された野菜を指し，「客菜」とは域外から出荷された野菜を指す．
39) 緑色食品制度は，1990年から開始したものであり，中国緑色食品発展センターが「商標法」にもとづいて商標登録した「緑色食品」マークの使用を一定の基準を満たした生産者に認める仕組みである．
40) 詳細は，村山・木南（2005）を参照されたい．
41) 詳細は，木南・木南・朱（2006）を参照されたい．
42) 詳細は陳（2004）を参照されたい．
43) 中国上海市の都市部においては，エンゲル係数法によって算出された貧困線が設定されており，この基準を用いて都市部において最低生活保障制度が実施されている．2005年には，都市部住民の約3.88％にあたる約58.63万人が生活保障の対象となっている（収入300（元／月）以下）．そのうち約12.89万人が食糧価格補助の対象となっている．2005年9月に上海市民政局へのヒアリング調査による．

参考文献

2節

李哉汯（2008）「韓国の国内市場対策に見る農産物ブランド化への取組みと問題」本

書第3章3節所収.

伊東正一（2003）「アジアのコメ需給と食料安全保障」,『農業と経済』69(7), pp. 43-52.

犹靜（2002）「北京市における米消費動向と米流通における銘柄問題」『日本農業経済学会論文集』, pp. 313-316.

錢小平（2003）「中国の米消費」,『農業と経済』69(7), pp. 5-12.

茅野甚治郎（2005）「経済発展に伴う米消費構造の変化」, 清水昂一・小林弘明・金田憲和編著『コメ経済と国際環境』東京農業大学出版会, pp. 113-126.

日本貿易振興機構（2005）「平成16年度農林水産貿易円滑化推進事業貿易情報海外調査報告書」,『日本食品等海外市場開拓委員会提言』.

韓国農村経済研究院（2003）『米消費形態分析』（韓国語）.

韓国農村振興庁（2003）『米の品質に対する消費者の選好度分析』（韓国語）.

3節

韓国農林部（2004）『地域農業クラスター発展方案』.

M. Porter (1997) *On Competition*, HBS.

4節

足立恭一郎（2002）「韓国の食料安全保障対策——親環境農業振興政策の貫徹が"鍵"——」,『農業および園芸』77(1), pp. 112-117.

李哉泫（2005）「韓国における直接支払い制度の活用と問題」,『農業の活性化に向けた新たな農政手法（財政支援など）のあり方に関する調査報告書』日本農業研究所, pp. 226-240.

韓国農村経済研究院（2005）『親環境農産物に対する消費者の認識と態度』（韓国語）.

金種淑（2004）「韓国における親環境稲作の現況と課題」,『有機農業研究年報』4, pp. 220-232.

徐貴洙・崔京注・安柄烈（2004）「親環境園芸生産物の経営及び流通」,『湖南園芸学会誌』2, pp. 47-71（韓国語）.

鄭銀美（2005）「韓国における親環境農業政策の展開と意義」,『農林業問題研究』41(2), pp. 14-25.

農水産物流通公社情報支援センター（2005）『親環境農産物流通実態調査：ソウル近郊地域を中心に』（韓国語）.

農林水産省（2005）「環境と調和のとれた農業生産活動規範の策定に当たって」,『環境と調和のとれた作物生産の確保に関する懇談会資料』.

ハーベスト・リサーチ（2004）『有機農産物マーケティング要覧2004』.

5節

陳国権（2004）「正確認識21世紀大都市郊区农业的崭新作用」上海市農業委員会.

方志権（2005）『都市野菜産業総合競争力研究（中国語）』上海財経大学出版社.

藤田武弘, 小野雅之, 豊田八宏, 坂爪浩史（2002）『中国大都市にみる青果物供給シ

ステムの新展開』筑摩書房.
日本貿易振興会機構（2004）『中国上海市郊外における野菜の生産・輸出実態調査』（平成14年度経済協力基礎調査）.
河原壽（2004）「中国における野菜生産・流通・輸出等の動向（その2）」『月報　野菜情報』2004年5月号，農畜産業振興機構.
木南莉莉・木南章・朱美華（2006）「中国上海市における都市農業の持続可能性」『地域学研究』第36巻第3号，pp. 725-739.
Kiminami, Lily Y. (2005) "Competitiveness of Japanese and Chinese Vegetables : Price vs. Safety?"『新潟大学農学部研究報告』第58巻1号，pp. 11-16.
村山貴規・木南莉莉（2005）「上海市周辺モデル野菜産地における輸出体制の現状―龍頭企業を事例に―」『新潟大学農学部研究報告』第58巻第1号，pp. 17-27.
食品流通システム協会（2004）『中国の食品安全制度（基礎編）』食品流通システム協会.
俞菊生（2004）「中国の野菜流通市場」『野菜の生産と流通の現状と課題に関する日中共同研究』日本能率協会総合研究所.
周応恒（2000）『中国の農産物流通政策と流通構造』勁草書房.

第5章 北東アジアにおける統一食料供給圏の展望と課題
——食の安定した連携のための課題——

1 北東アジアにおけるFTAの推進と農業

1.1 課題

多国間のWTO（世界貿易機関）の農業保護削減交渉に加えて，2国間または地域間のFTA（自由貿易協定）締結交渉が活発化している．日本も，東アジア自由貿易圏形成といった形で，とくに東アジアに重点をおいた経済連携強化を目標に掲げている．食料生産が持つ国家安全保障，地域社会維持，環境保全といった外部効果をまったく考慮せずに，単純に食料貿易の自由化の利益を肯定することができない点は，WTOであれ，FTAであれ同じである．また，多様な世界に一律のルールを求めるWTOの単純さも問われねばならない．WTO農業協定は，アメリカやオーストラリアといった新大陸型の輸出国に有利な「不平等協定」の色彩を強めつつあるように思われる．

一方，それらの点はふまえた上で，WTOとFTAを比較した場合のFTAの問題点は，特定の相手国のみを優遇することによって生じる様々な「歪み」であり，かつ，WTOのような保護の「漸次削減」ではなく，「即時撤廃」を原則とするから，その歪みは大きくなりがちである．しかし，欧州圏や米州圏の統合の拡大・深化に対する政治経済的カウンタベイリング・パワー（拮抗力）として，アジアとともに持続的な経済発展を維持し，国際社会における政治的発言力を強化する必要性が強く認識されつつある．農業については，新大陸型の大規模畑作経営をベースにしたアメリカ等の主張に対して，零細な水田稲作を中心とする共通性を持つアジア諸国がまとまって，アジアの固有性を維持できるような国際貿易ルールを共同提案していくことが有効ではないかという視点がある．

また一方，国境をまたがる緊密な地域ビジネス圏が形成されつつある東アジア諸国にとってFTA締結による取引費用の低減（関税削減や取引基準・制度

の統一)は大きな相互利益になることも確かである．実は，これは農産物についても言えることなのである．例えば，牛乳についても，韓国や中国の生乳生産費がわが国より低いので，韓国や中国との「共通市場化」は驚異と考えられがちだが，そうとばかりは言えない．われわれは，酪農における競争の議論をするとき，しばしば日本を9ブロックに分けた産地間競争を念頭に置くが，そもそも地図をみれば明らかなように，これに韓国と中国沿岸部を加えた11ブロックの「産地間競争」を議論することは，地理的には自然なことである．

このように，とりわけ日中韓を中心とする北東アジアにおけるFTAの推進は，零細な水田稲作を主体とする農業における共通性，地理的な近接性という点でも自然であるが，北東アジア農業についても，現時点では，賃金水準等に基づく大きな生産性格差が存在することも事実である．そこで，このような生産性格差等に起因する利益の偏在性を克服し，相互利益につながるような北東アジアにおける農業を取り込んだFTAを推進するための方策として，本節では，①共通農業政策の構築，②農産物の双方向貿易の推進，を取り上げて検討する．以下では，まず，東アジア共通農業政策の具体像を議論するための枠組みと若干の試算結果を提示し，次に，生乳貿易に関する試算を用いて農産物の双方向貿易の推進方策を検討する．

1.2　東アジア共通農業政策の検討

東アジアにおける共通農業政策は，大きな枠組みとしては，東アジア農業の共通性に基づいた新大陸型とは違う農業政策体系の提案という位置づけがあるが，それを実現するためには，大きな生産費の格差等の異質性を克服して，東アジア各国の農業が共存できるようなFTA利益の再分配政策を仕組めるかどうかが大きな鍵を握っている．このように大枠としての共通性を基礎にした上で，異質性によって生じるFTA利益の偏在性の調整政策が東アジア共通農業政策といえる．つまり，「東アジア共通農業政策」の最も基本的な部分は，EUのCAP (Common Agricultural Policy) のように，各国がGDPに応じた拠出による基金を造成し，国境の垣根を低くしても，生態系や環境も保全しつつ，資源賦存条件の大きく異なる各国の多様な農業が存続できるように，その共通予算から，共通のルールに基づいて，必要な政策を講じるというものと考えら

表 1.1　想定するシナリオ

ケース名	関税率	生産調整	共通農業政策による補填
A	ゼロ	○	ゼロ
A′	ゼロ	×	ゼロ
B	ゼロ	○	日韓の現在の米価との差額を直接支払い
C	ゼロ	○	日本は 200 円/kg，韓国は 150 円との差額を直接支払い
C′	ゼロ	×	日本は 200 円/kg，韓国は 150 円との差額を直接支払い
D	日本の負担額が 4,000 億円に収まる関税率	○	日本は 200 円/kg，韓国は 150 円との差額を直接支払い
D′	日本の負担額が 4,000 億円に収まる関税率	×	日本は 200 円/kg，韓国は 150 円との差額を直接支払い

れる．

　われわれは，日中韓という北東アジア 3 国に範囲を限定して，品目も米に絞って，自給率，財政負担，環境負荷，関税率をキー・ファクターとし，それらの相互依存関係をシステマティックに勘案して，関税引き下げの限界や必要かつ実現可能な制度体系を検討するための枠組みを提示し，共通農業政策の具体像を検討した．北東アジアにおける FTA の形成にあたっては，日本と韓国において最大のセンシティブ品目である米を関税撤廃品目として完全に FTA に組み込むことは困難である．しかし，米の関税削減で利益を得るメンバー国の立場も考慮すれば，共通農業政策の枠組みを活用して，可能な限り米関税の削減を検討することが要請されると考えるのが妥当であろう．そこで，シンプルな日中韓の米市場の部分均衡モデル（具体的な構造は鈴木（2005b）を参照）を構築し，米関税の削減とともに輸入国で生じる損失を各国から拠出した共通予算で補填する場合に必要な負担額を具体的に試算した．シナリオと試算結果は，表 1.1，表 1.2 に示した．

(A)ゼロ関税で何の補填措置も行わないケース

　まず，(A)のように，米を日中韓 FTA に完全に組み込んで，かつ何の補填措置も行わないという極端なケースでは，日本および韓国の米生産量が，それぞれ 128 万 t，411 万 t まで落ち込み，日本と韓国に，中国から，それぞれ 787 万 t，483 万 t という膨大な米輸出が生じ，自給率は極端に低下する．中国の

表 1.2　日韓中 FTA に米を含めた場合の関税率削減と共通農業政策による補填との関係

	変数	記号	単位	現状	(A)	(B)	(C)	(D)	(A)'	(C)'	(D)'
日本	生産	Sj	万t	888.9	127.6	888.9	627.0	627.0	158.1	780.8	780.8
	需要	Dj	万t	899.5	914.5	915.9	915.5	906.0	914.6	915.7	906.3
	自給率	SSj	%	98.8	14.0	97.1	68.5	69.2	17.3	85.3	86.2
	補填基準米価	Pgj	円/kg	n.a	n.a	269.3	200	200	n.a	200	200
	市場米価	Pj	円/kg	269.3	51.5	44.3	46.4	131.6	51.2	45.4	126.5
	中国からの輸入	Ij	万t	10.6	786.9	27.0	288.4	278.9	756.5	134.8	125.5
	関税率	Tj	%	532.75	0	0	0	0	0	0	0
	日本への必要補填額①+②+③	Gj	億円	3,766.2	0	23,143.0	12,772.5	5,016.6	0	12,074.1	4,708.1
	生産調整①等②	SCj	億円	3,141.5	3,141.5	3,141.5	3,141.5	3,141.5	0	0	0
	直接支払い等②	DPj	億円	865	0	20,001.5	9,630.8	4,287.4	0	12,074.1	5,741.1
	関税収入③	TRj	億円	240.3	0	0	0	2,412.0	0	0	1,033.0
	日本の負担額	Bj	億円	3,766.2	0	23,315.8	13,510.1	4,000.0	0	13,066.3	4,000.0
韓国	農地の産業受入限界量	Nmax	千t	1270	912.2	1,270.0	1,146.9	1,146.9	926.6	1,219.2	1,219.2
	環境への食料由来栄素供給量	N	千t	2378	2,220.8	2,378.3	2,324.1	2,324.0	2,227.1	2,355.9	2,355.8
	栄素総供給・農地受入限界比率	N/Nmax	%	187.2	243.4	187.3	202.6	202.6	240.4	193.2	193.2
	生産	Sk	万t	668.7	410.6	668.7	611.8	611.8	409.9	611.8	611.8
	自給率	Dk	万t	676.1	893.4	922.9	913.6	742.0	894.3	918.0	748.2
	市場米価	SSk	%	98.9	46.0	72.5	67.0	82.5	45.8	66.6	81.8
	補填基準米価	Pgk	円/kg	n.a	n.a	193.4	150	150	n.a	150	150
	中国からの輸入	Pk	円/kg	193.4	48.0	40.8	42.9	121.5	47.8	41.9	116.5
	関税率	Ik	万t	7.4	482.9	254.2	301.8	130.2	484.4	306.2	136.4
	韓国への必要補填額	Tk	%	394.76	0	0	0	0	0	0	0
	直接支払い等	Gk	億円		0	10,203.3	6,550.0	703.9	0	6,613.4	1,034.6
	関税収入	DPk	億円		0	10,203.3	6,550.0	1,743.0	0	6,613.4	1,242.7
	韓国の負担額	TRk	億円		0	0	0	1,039.1	0	0	1,242.0
		Bk	億円		0	7,239.5	4,194.9	1,242.0	0	4,057.1	1,242.0
中国	生産	Sc	万t	17,634.0	18,427.0	17,799.0	17,993.9	17,879.5	18,408.4	17,899.7	17,786.9
	需要	Dc	万t	17,616.0	17,157.2	17,517.8	17,403.7	17,470.5	17,167.5	17,458.6	17,525.0
	米価	Pc	円/kg	36.2	45.1	37.9	40.0	38.8	44.9	39.0	37.8
	輸出計	Xc	万t	18.0	1,269.8	281.1	590.2	409.1	1,240.9	441.1	261.9
	日本への輸出	Xj	万t	10.6	786.9	27.0	288.4	278.9	756.5	134.8	125.5
	韓国への輸出	Xk	万t	7.4	482.9	254.2	301.8	130.2	484.4	306.2	136.4
	中国への必要補填額	Gc	億円		0	0	0	0	0	0	0
	中国の負担額	Bc	億円		0	2,791.1	1,617.3	478.8	0	1,564.1	478.8

注：日本の現状の関税（またはマーク・アップ）収入は中国からの輸入分のみについて試算したもの。
資料：鈴木宣弘試算。

米価は，36.2円/kgから45.1円に上昇するものの，それに輸送費を足しても，日韓の米価は，それぞれ51.5円，48.0円まで下落するから，当然の結末であるが，これは，日韓両国にとって，到底受け入れられるものではない．なお，米生産をしなくなった水田が都市的利用に転換されるという厳しい仮定の下では，窒素受入限界面積が大幅に減少するため，日本の窒素総供給・農地受入限界比率は，現状の187％から243％まで極端な上昇を示す．現状でも，地下水や野菜の硝酸態窒素の含有率が問題視されている中で，このような窒素過剰の高まりは許容し難いといえよう．米需要の価格弾力性が極めて小さく設定されているので，米価下落による米需要の伸びはわずかであり，窒素供給量はわずかしか増えないが，かりに需要の価格弾力性が大きい品目では，関税撤廃に伴う価格下落による需要増で窒素受入の総量が大幅に増加し，窒素収支の過剰率はさらに大きくなる可能性がある．(A)'のように，日本の生産調整がない場合は，日本の生産が158万tとやや多くなるが，米価の下落がこのように大幅な場合，生産調整の有無はほとんど意味がない．

(B)ゼロ関税にするが，日韓両国が現状の生産量を維持できるように，現状の米価との差額補塡を3国がGDP比に応じて負担するケース

そこで，(B)のように，米を日中韓FTAに完全に組み込むが，日韓両国が現状（2002年）の生産量を維持できるように，現状の米価との差額補塡を3国がGDP比に応じて負担する[1]とすると，日韓両国への必要補塡額は，それぞれ2.3兆円，1兆円に及び，日韓中の負担額は，2.3兆円，7,200億円，2,800億円となる（日本については，現行程度の生産調整が前提になるので，その費用も含めている）．これでは，各国，とりわけ日本の負担額が大きすぎるので，これも現実的ではない．なお，(A)と(B)を比較すると明らかなように，生産刺激的な（デカップルされていない）直接支払いを行うと，生産が減少しないため，需給は緩み，直接支払い単価を計算する市場米価が制度のない場合より下がる．生産刺激的な（デカップルされていない）直接支払いを導入する検討にあたっては，市場米価の下落により，直接支払い単価が現状の米価にもとづいた試算より膨らむ可能性を考慮する必要があるということである．

(C)ゼロ関税にするが，日本200円/kg，韓国150円/kgを補塡基準米価として差額補塡を3国がGDP比に応じて負担するケース

次に，現状の価格，生産を維持するような補塡とせずに，(C)のように，目標水準として，鈴木（2005b）でも目安とされた12,000円/60 kg=200円/kgを補塡基準米価にし，韓国についても，同程度の引き下げた目標水準として150円/kgを補塡基準米価にすると，日韓両国の必要補塡額は，それぞれ1.3兆円，6,600億円までは減少するが，日韓中の負担額は，1.4兆円，4,200億円，1,600億円となり，これでも，各国，とりわけ日本の負担額が大きすぎて現実的ではない．また，現行程度の生産調整を維持した場合，輸入に置き換わる分が増えるため，日本の米自給率が70％を切る可能性も試算されている．日本の窒素総供給・農地受入限界比率は，現状の187％から203％まで上昇するので，この点でも問題がある．(C)'のように，生産調整を解除した場合には，この事態は緩和されるが，日韓中の財政負担額は，1.3兆円，4,100億円，1,600億円と，ほとんど変わらない大きさになる．

(D)ゼロ関税とせず，日本200円/kg，韓国150円/kgを補塡基準米価として差額補塡を3国がGDP比に応じて負担するが，日本の負担額が4,000億円に収まる関税削減にとどめるケース

以上から，米関税をゼロにしてしまうと，共通農業政策で補塡することには無理があることが明らかとなった．もちろん，日中韓3国のみで米関税をゼロにすることは，域外国（アメリカ，タイ等の他の輸出国）に対する差別性の点でも無理がある．そこで，(C)および(C)'で用いた目標水準，日本200円/kg，韓国150円/kgを補塡基準米価にした上で，日本の負担額の上限と考えられる4,000億円[2]に収まるようにするには，関税をぎりぎり何処まで引き下げることが可能かを(D)および(D)'で求めた．日韓の関税削減幅は同じとするのが妥当であろうから，そういう想定にすると，その関税率は，生産調整を維持する場合には192％，解除した場合には186％となる．

生産調整を維持する(D)の場合には，日韓両国の必要補塡額は，それぞれ5,000億円，700億円，日韓中の負担額は，順に4,000億円，1,200億円，500億円となる．日本では，生産調整に3,100億円，直接支払いに4,300億円，計7,400億円かかるが，関税収入が2,400億円発生するので，差し引きの必要費用は5,000億円となる．生産調整を維持する場合には，先述のとおり，輸入に置き換わる分が増えるため，日本の米自給率が70％を切る可能性がある．日

本の窒素総供給・農地受入限界比率は，現状の187％から203％まで上昇するので，この点でも問題がある．また，韓国は，700億円の費用で済むのに，1,200億円を負担することになり，500億円の持ち出しとなる．生産調整を解除する(D)′の場合には，日韓両国の必要補塡額は，それぞれ4,700億円，1,000億円，日韓中の負担額は，順に4,000億円，1,200億円，500億円となる．日本では，直接支払いに5,700億円かかるが，関税収入が1,000億円発生するので，差し引きの必要費用は4,700億円となる．生産調整を解除すれば，86％程度の自給率は確保できる試算になる．日本の窒素総供給・農地受入限界比率は，現状の187％から193％への緩やかな上昇にとどまる．また，韓国は1,000億円の費用に対して負担が1,200億円となり，持ち出し額は200億円に縮小し，ほぼ収支トントンに近づく．

以上の試算から，日中韓FTAに米を組み込み，かつ各国のGDP比に応じた直接支払いを行う場合に，各国，とりわけ日本の負担額の上限4,000億円程度を考慮し，かつ日本の米自給率と環境への負荷も考慮して，最大限可能な引き下げを行うとすると，生産調整を解除し，補塡基準米価を1俵1万2,000円程度に設定し，関税率は200％程度にすることが，共通農業政策を実現可能なものとして組み込むための条件として導かれる．

1.3　一方向貿易から双方向貿易へ

痛みを和らげる配慮の一方で，基本的には，競争のないところに発展はないので，農家も日本の技術は世界に負けないという気概を持ってFTAをチャンスと捉える姿勢も必要である．「国産プレミアム」の強化は，輸入品に対抗する防御的な効果があるのみならず，海外からの安い農産物に奪われた市場は，海外において高品質を求める市場を開拓することで埋め合わせるという「棲み分け」（双方向貿易）につながる．とくに，EUは農産物も含めて域内の双方向貿易（＝産業内貿易）が進展しているのに比べてアジアは極端な一方向貿易のままである（経済産業省2004）．そこで，一方向貿易の打開によって，FTA利益の偏在性を改善する努力も不可欠である．そこで，以下では，双方向貿易の可能性について，より詳細な検討を加える．

(1)　双方向貿易（産業内貿易）の定義

双方向貿易(産業内貿易)とは,例えば,韓国の米が日本に輸出されるが,日本の米も韓国に輸出される状況である.

経済産業省(2004)は,貿易を

(a)一方向貿易(産業間貿易)

(b)垂直的産業内貿易(品質差にもとづく)

(c)水平的産業内貿易(属性差にもとづく)

に区分している[3].(a)は,例えば,韓国の米が日本に輸出されるが,日本の米は韓国に輸出されない状況である.(b)は,日韓間で米が双方に輸出されるが,韓国の輸出米と日本の輸出米にかなりの価格差があり,高品質米が日本から,低価格米が韓国から,というような場合である.(c)は,日韓間で米が双方に輸出されるが,韓国の輸出米と日本の輸出米の価格差が小さく,品質というより機能の違いにより双方向貿易が生じる場合である.

(2) 日韓FTAでの可能性

例えば,韓国側の農産物の平均関税(貿易のある品目に限定した場合)は84%と日本の11%を大きく上回っており,緑茶の514%(関税割当枠内は40%)に象徴されるように,韓国の高関税が撤廃されれば,福岡の八女茶のように輸出が期待できるものもある.また,贈答文化が根強い韓国では,高級なくだものは需要がある.贈答品の1セットの平均価格は,日本が3,000-5,000円なのに対して,韓国は4-5万円と高く,贈答用なしは1個900円,りんごは1個660円,干しいたけ240gが4,000円とのデータもある.韓国の関税は,なし45%,りんご45%,干しいたけ30%,うんしゅうみかん144%(関税割当枠内は50%)となっている.実は,韓国側も,日本の過度の検疫が緩和されれば,韓国のなし,りんごの日本への輸出が拡大できると指摘しており,日韓双方がお互いに自国に有利と期待している.

耕種作物の生産費は韓国が日本の半分から3分の1,畜産物は日本の6割程度の低さで,生産費から見て韓国有利は明らかである.しかし,多くの野菜はすでに3%程度の関税でも日本産も「国産プレミアム」で奮闘している[4].また,食料品の小売価格は福岡よりソウルがむしろ高いとのデータもあり,流通経費節約で,高品質の贈答品にかぎらず,かなり幅広い日本産品にも輸出可能性がある.

1　北東アジアにおける FTA の推進と農業

表 1.3　韓国における主要農産物等の関税率

品目	枠内税率（%）	枠外税率（%）	日本関税率
にんにく（生鮮・冷蔵）	50	360% or 1,800 won/kg	3
ほうれんそう	27		3
ごぼう	27		2.5
さといも	20, 45	45, 385	9
生しいたけ	30	30	4.3
乾しいたけ	30		12.8
しょうが	20	377.3 or 931 won/kg	2.5, 5, 9
ねぎ	27		3
ミニトマト	45		3
ブロッコリー	27		3
にんじん	30% or 134 won/kg		3
アスパラガス	27		3
かぼちゃ	27		3
たまねぎ（生鮮・冷蔵）	50	135% or 180 won/kg	0-8.5
パプリカ	270% or 6,210 won/kg		3
いちご	45		6
メロン	45		6
すいか	45		6
かんしょ（生, 蔵, 凍, 乾）	20, 45	45, 385, 385 or 338 won/kg	12, 12.8
ばれいしょ	30	304	4.3
小豆（乾燥）	30	420.8	10%, 354 円/kg
ごま	40	630 or 6,660 won/kg	free
緑茶	40	513.6	17
なし	45		4.8
りんご	45		17
ぶどう	21, 45		7.8, 17
かき	45, 50		6
マンダリン, うんしゅう等（生鮮, 乾燥）	50	144	17
くり（生鮮, 乾燥）	50	219.4 or 1,470 won/kg	9.6
豚肉	22.5, 25		差額関税
鶏肉	18, 20, 22.5, 27		3, 8.5, 11.9
牛肉	40		38.5
生乳（未処理乳）	36		21.3
切り花	25		無税

資料：韓国関税庁 HP, 財務省関税局 HP.

　また，韓国は米の関税化をしていないが，米がかりに日韓 FTA に組み込まれた場合，日本の高品質米の輸出がむしろ見込まれるとの見方もある．日韓の米生産費をみると，日本を 100 として韓国が 35 であるが，小売価格は福岡を 100 としてソウルが 78 で，やはり小売価格は生産費の差ほど開いていない．

　総じていえば，改めて，主要品目ごとの関税を日韓で比較した表 1.3 を見ると明らかなように，日韓の食料品価格が接近している中で，日本側から見れば，すでに関税が低く競争にさらされている品目の数％の関税撤廃で失うものよりも，数十-数百％の韓国側の関税がなくなることによる日本からの輸出可能

性の拡大メリットの方が格段に大きい可能性をもう少し前向きに評価した方がよいように思われる．つまり，日本の農業関係者は，FTA での関税撤廃をもっと積極的に韓国側に求めてもよく，日本の関税撤廃のオファーが低すぎて韓国側が落胆しているという状況はむしろおかしい．拡大した市場で，お互いにいいライバルとして産地間競争すれば，どちらかが一方的に負けるのでなく，お互いに売り上げを伸ばせる可能性がある．

(3) 水産物輸出増にみる輸出の役割——高品質品が国内向け

最近，サケ，スケソウダラ等の水産物の輸出増加が注目されている．サケはノルウェーやチリからの輸入が増加する一方で，中国向けを中心に輸出も急増しているが，この場合，上海の富裕層をターゲットにした高品質品が輸出されているのではなく，大半が低品質品だという点に特徴がある．産卵時期が近づき脂肪分が減少した北海道産シロサケは，以前は身をほぐして販売したり，魚粉にしていた（日経新聞，2005 年 4 月 24 日）が，これを輸出に回すことで，日本国内における国産品の値崩れを防止でき，その結果，総売上額を高めることができるのである．同様の役割を果たして伸びているものとして韓国向けのスケソウダラの輸出がある．韓国向けスケソウダラ価格が底値形成機能を果たしているという．

このように，通常は高級品を海外向けに販売するという方向性が指摘されがちであるが，低品質品を中心に，安くても海外市場に販売して国内価格を維持することで国内販売と輸出とを合わせた総販売額を高める販売戦略は合理的である．ただし，1 点注意すべきはダンピングの問題である．2 つの市場に販売する商品の品質が異なるので，ただちには問題にはならないと思われるが，ダンピング輸出とみなされる危険があることは念頭に置いておく必要があろう[5]．

(4) 日中韓の「共通市場」化と「双方向貿易」の可能性——牛乳・乳製品を事例に

普段われわれが日本の 9 ブロックでの生乳・牛乳の移出入を当たり前のように思っている延長線上で考えれば，地理的には，それが韓国と中国沿岸部を含めた 11 地域に拡大しても自然なのであり，韓国や中国との生乳・牛乳の輸出入を「ありえない」ことのように考える方が不自然である．すでに，野菜等は，そういう産地間競争の時代に突入していることからしても，牛乳は例外という

特別な理由があるだろうか．
1) 韓国や中国生乳・牛乳は日本に来るか？

　生乳生産費は野菜ほどの差はないものの，韓国は日本の6割の水準（44.5円/kg）である．費目別にみると，家族労働費の評価額のほかは，濃厚飼料費，素畜費の差が大きい．ただし，北海道については，飼料費に占める粗飼料の割合が韓国とほぼ同じで，飼料費にはほとんど差がない．牛乳は，小売価格でみると，韓国の方が最も割安な品目の1つになっており，韓国の生産者乳価は600ウォン（60円）（ただし，2005年には730ウォンまで上昇）で，九州までの輸送費が高く見積もっても10円程度だから，関税がなければ，70円程度で輸入可能であり，日本の飲用向け生乳価格90円をかなり下回る．かりに，日韓FTAに生乳が含まれたらどうなるか．最も近接する九州について影響を試算してみたのが表1.4である．

　　韓国からの輸入量　21.4万t
　　九州の乳価　86.3円　→　72.3円　▲16％
　　韓国の乳価　60円　→　62.3円　+3.8％
　　九州の生乳生産　数年のうちに　87.7　→　61.8万t　▲30％
　　韓国の生乳生産　234　→　241.8万t　+3.3％

という具合に九州酪農にかなり大きな影響が出る可能性がある．

　韓国の200万t強の生産量は日本全体と比較すれば小さいという見方もあるが，近接する九州との産地間競争と考えれば，けっして小さな量だから問題にならないという議論はできない．

　牛乳・乳製品が完全に例外にできたとしても，何百％の関税があるバターや脱脂粉乳と違い，生乳（未処理乳）はウルグアイ・ラウンド（UR）前から自由化品目であり，関税率は現在21.3％である．つまり，韓国の60円の乳価と10円程度の輸送費を考えると，現状でも輸入が生じてもおかしくない水準に近づいている．韓国は現状では日本向け生乳輸出は収支トントンの水準と判断している．輸出にあたっては，家畜伝染病予防法上，生乳については非加熱なので，まず，日韓の家畜衛生当局で衛生条件を締結する必要がある．これが非関税障壁の問題と関連してくる可能性がある．韓国では，日本では認可されていない遺伝子組み換えの牛成長ホルモン（bST）が生乳生産に使用されてい

表 1.4 日韓および日韓中 FTA による九州，韓国，中国生乳需給の変化

	変数	単位	現状	日韓 FTA	日韓中 FTA	日韓中 FTA (国産プレミアム考慮)
九州	生産	万 t	87.7	61.8	17.5	53.3
	飲用乳価	円/kg	90.1	72.3	38.2	67.1
	飲用仕向量	万 t	69.0	61.8	17.5	53.3
	飲用需要	万 t	69.0	83.2	143.2	88.7
	加工向け	万 t	18.7	0.0	0.0	0.0
	農家受取加工乳価	円/kg	72.1	—	—	—
	総合乳価	円/kg	86.3	72.3	38.2	67.1
	メーカー支払加工乳価	円/kg	61.8	—	—	—
	輸入計	万 t	0.0	21.4	125.7	35.4
	韓国からの輸入	万 t	0.0	21.4	0.0	0.0
	中国からの輸入	万 t	0.0	0.0	125.7	35.4
韓国	生産	万 t	234.0	241.8	158.1	154.0
	需要	万 t	234.0	220.4	476.7	500.1
	乳価	円/kg	60.0	62.3	38.2	37.1
	九州向け輸出	万 t	0.0	21.4	0.0	0.0
	中国からの輸入	万 t	0.0	0.0	318.6	346.1
中国	生産	万 t	1,025.5	1,025.5	1,426.7	1,369.1
	需要	万 t	1,025.5	1,025.5	982.4	987.7
	乳価	円/kg	20.3	20.3	28.2	27.1
	輸出計	万 t	0.0	0.0	444.3	381.4
	九州向け輸出	万 t	0.0	0.0	125.7	35.4
	韓国向け輸出	万 t	0.0	0.0	318.6	346.1

注：最右欄は，韓国産は 30 円，中国産は 40 円安いときに同質の日本産牛乳と同等と消費者がみなすと仮定したケース．GTAP モデル等では，国産財と輸入財との代替の弾力性（アーミントン係数）で表現する部分を，本モデルでは，「国産プレミアム」を輸入財に対する自由化後も残る取引費用のようにして上乗せする形で表現している．
資料：鈴木宣弘試算．より精緻なモデルと試算は鈴木（2005a）第 3 章（木下順子他稿）．

るという問題も浮上する．ただし，一方で，同様に bST が認可されている米国から輸入されるアイスクリームやチーズは bST を含むが，表示義務もなく消費者の口に入っている事実がある．

　また，韓国の乳製品関税は 40% とわが国よりかなり低いため，加工原料乳市場が海外乳製品に奪われ，加工に向けられない余剰乳問題の解決が大きな課題となっている．飲用比率が 8 割と高いのはそのためである（ちなみに，わが国の飲用比率が 6 割というのも乳製品の半分が輸入でまかなわれている結果であり，消費サイドからみたわが国の飲用比率は 4 割弱で，アメリカと同水準で

あることに注意).

　なお，韓国側には，中国とのFTAなら製造業において韓国にメリットがあるとの観点から，日韓FTAでなく，日韓中FTAをめざすべきとの意見が根強い．日韓両国の農産物生産費と中国との格差が大きすぎるため，チリとのFTAでも農業で非常に苦労した韓国が，中国とのFTAを進めるには困難も予想されるが，北東アジアの経済連携強化において中国を除外した議論は不可能である．生乳の農家受取価格も中国は20円程度で，近年，1年に400万t，日本の北海道の生産量分ぐらいが増加するという，驚異的な増産が続いており，近い将来輸出余力を持つ可能性もある．

　そこで，表1.4では，かりに，中国も参加して日韓中FTAが成立し，生乳の衛生条件もクリアされたとしたら，どのようなことになるかも試算してみた．この場合は中国の「1人勝ち」となり，九州の生産は壊滅的打撃（8割減）を受け，中国から九州への輸入量は，125.7万tに達し，韓国も大量の生乳を中国から輸入することになる可能性がある．中国の乳価は20円だから，21.3%の関税は全く役に立たない可能性があり，これはFTA以前の問題ということになる．

　ただし，以上は，日中韓の生乳に対する消費者の評価が同じという前提での試算である．問題は日本の消費者の韓国や中国の生乳に対する評価である．生乳（未処理乳）の関税は21.3%であるから，理論的には，自由貿易が行われていれば，中国の生乳価格20円/kgに九州までの輸送費10円程度と関税7円を足した37円が九州の飲用向け乳価になるべきということになるが，実際には，九州の飲用向け乳価は90円で，37円よりも53円も高い．この格差をどう解釈するのかということである．

　牛乳は輸入が行われていないので比較できる現状データは存在しないが，九州大学の4年生のアンケート調査（図師2004）によると，日本で180円の最も標準的な牛乳が，かりに韓国産，中国産だったら，いくらなら買うかという問いに対して，平均で，

　韓国産　94.5円（「国産プレミアム」が85.5円，90.4%）
　中国産　72.9円（「国産プレミアム」が107.1円，147.0%）

という回答が得られている．

そこで，このアンケート調査結果に近い「国産プレミアム」が実現できた場合の試算結果も表1.4に示した．「国産プレミアム」をある程度見込むことができれば，影響は大きく緩和される可能性が示唆される．日本の消費者の国産への高い評価にさらに応え続ける努力に活路が見いだせることがわかる．われわれのモデルでは，GTAPモデル等において国産財と輸入財との代替の弾力性（アーミントン係数）で表現する部分を，「国産プレミアム」を輸入財に対する自由化後も残る取引費用のようにして上乗せする形で表現している点にモデル上の特徴がある[6,7]．

2) 日本の生乳・乳製品も韓国・中国へ

　上記アンケート調査でも，多少安ければ海外の牛乳を飲むという価格志向派の大学生から，不安があるのでタダでも飲まないという主婦まで，回答には大きな幅がある．つまり，消費者の属性によって，比較的海外産に流れやすい人達と国産志向の人達がいる．これは，海外でも同様のはずであり，韓国や中国にも，日本の牛乳・乳製品の安全性・高品質に関心を持つ消費者は必ずいるであろう．実は，韓国には，北海道が30-40円程度のチーズ向け販売よりもソウルへホクレン丸を向かわせる選択を懸念する見方がある．これは日本側にとって，いま重要な選択肢になりつつあるといってもよい．現在，脱脂粉乳在庫の累積で，生乳生産抑制か，チーズ用生乳仕向けの増加かが議論されている．しかし，北海道は生産抑制をする意志はない．かといって，手取り乳価が30-40円程度にしかならないチーズ向けを増やすと，北海道のプール乳価が下がり，都府県との乳価水準の乖離が広がる．北海道にとっては，チーズ向けを増やすより，都府県向け生乳移送を増加するか，産地パックを拡大してパックされた製品牛乳の都府県向け移送を増加する方がメリットがある．すでに，北海道での産地パックが増加し始めている．これは，新たな「南北戦争」の始まりを意味する．府県にとっても大問題と認識しなければならない．

　その1つの解決策として，ホクレン丸がソウルに向かうという選択肢が浮上している．韓国の生産者乳価は73円に上昇しており，ソウルまでの輸送費15円程度，関税36％をかけても，35円程度のチーズ向け乳価よりは高い手取りが確保できる可能性がある．韓国はbSTを使用しているので，non-bST牛乳をキャッチ・フレーズにする選択肢もある．九州大学の狩野秀之助手の試算に

よれば，日韓の生乳の関税が撤廃された状況で，日本の9ブロックと韓国を合わせた10地域の産地間競争モデルを解くと，北海道から韓国への76.6万tという大量の輸出の可能性が示唆されている．一方，韓国も，北海道を含む日本の各地域へ生乳を輸出する可能性が示されている．とくに，関東への22.4万t，九州への16.4万t，近畿への16.1万tが大きく，総計90.1万tが韓国から日本に輸出される．九州からも韓国に14.8万tの輸出が見込まれるため，北海道からの76.6万tと合わせると日本からも韓国に91.4万tの生乳輸出の可能性があり，まさに，日韓生乳市場は「双方向貿易」（産業内貿易）になる可能性がある．さらに，中国は，生産者乳価は20円程度と非常に低いが，生乳の抗生物質検査が十分に行われていない．抗生物質入り生乳なので発酵せず，ヨーグルトが作れない状態だといわれている．上海の人口1,400万人の7％，約100万人に達し，さらに増えつつある桁外れの富裕層には，高くても日本の野菜や牛乳に関心がある人がいるという．実際，牛乳についての商談が持ち込まれている県酪連もあるという．したがって，品質を売り物に上海で日本の牛乳・乳製品を販売する選択肢もありうる．こうして，日韓中の生乳・乳製品市場に「双方向貿易」の時代が到来する可能性がある．

1.4 まとめ

本節では，相互利益につながるような北東アジアにおける農業を取り込んだFTAを推進するための方策として，①共通農業政策の構築，②農産物の双方向貿易の推進を検討した．新大陸型の大規模畑作経営をベースにしたアメリカ等の主張に対して，零細な水田稲作を中心とする共通性を持つアジア諸国が連携を強め，東アジアの固有性が確保できるような国際貿易ルールを共同提案していくためには，現時点で東アジア諸国間に存在する生産コストの格差等の異質性によって生じるFTA利益の偏在性を調整する東アジア共通農業政策を構築できるかどうかが鍵を握る．

われわれは，自給率，財政負担，環境負荷，関税率をキー・ファクターとし，それらの相互依存関係をシステマティックに勘案して，関税引き下げの限界や必要かつ実現可能な補塡制度体系を検討するためのパイロット・モデルを構築し，東アジア共通農業政策の具体的イメージを，米に絞って例示的に示した．

ある条件の下ではあるが，生産調整を解除し，補塡基準米価を1俵12,000円程度に設定し，関税率は200％程度にすることで，米自給率も大きくは低下させずに，環境負荷も大きく増大することなく，日本の負担額が4,000億円程度に収まる共通農業政策の実現可能性が試算されたことは，今後に展望を与えるものである．北東アジア3国の共通農業政策を維持するためには，WTO交渉においても，その共通農業政策の枠組みに沿った提案をする必要があるから，日韓の米関税を最低限200％程度は確保するといった提案を日中韓が共同で行うことが可能となる．これは，EUがCAPをベースに共同提案を行うのと同じような効果を発揮するものとして期待される．われわれの提示したフレームワークと試算は，単純化されたものではあるが，実現可能な共通農業政策の1つの検討枠組みが具体的に示されたことに意義がある．このような考え方をベースにして，こうした域内国の共通財源の造成とその活用システムについて，より実践的な試算が示されることが望まれる．

　一方で，双方向貿易の推進による相互利益の確保も重要な課題である．農畜産物についても，韓国や中国の生産費が日本より低いので，韓国や中国との「共通市場化」は脅威と考えられがちだが，実はそうとばかりは言えない．すでに，野菜等はFTA以前に「共通市場化」しているし，その近接性から考えれば，われわれが，しばしば日本を9ブロックに分けた産地間競争を念頭に置くが，そもそも地図をみれば明らかなように，これに韓国と中国沿岸部を加えた11ブロックの「産地間競争」を議論することは，地理的には自然なことである．

　北東アジアにおけるFTAは，近接性を活かした経済連携の強化で，拡大した市場で，ともに利益を享受できる可能性がある．農業についても，各国ともセンシティブ品目はあるが，それらについては最低限の開放にとどめることで，合意に到達できる可能性は十分ある．とくに，日本はすでに，ごく一部の品目を除くと関税率は非常に低いので，実は多くの農産物を組み込んだFTAは可能である．それは，タイとのFTAにおいても，農産物がいち早く合意に達したことからもわかる．したがって，韓国との関係についてはもちろん，中国との関係についても，生産費の格差が大きすぎるとして心配する声も多いが，すでに野菜等のように，多くの品目は中国との「産地間競争」の時代に入ってい

る．残された数％の関税で失うものより，むしろ得るものの方が多い可能性もある．その点で，むしろ韓国は，関税水準が全般に高いので，中国とのFTAにおいて困難が予想される．いずれにしても，日中韓が「共通市場」化して，双方向貿易が進み，お互いに利益を得られる農産物貿易をめざして，FTAを有効に活用することが期待される．

2 北東アジアの環境保全と農業政策

2.1 はじめに

農業は，増大する人口を扶養するために限られた土地からより多くの食料と原料を生み出す人間の営みである．このために人間は自然生態系を半人工的な耕地生態系へ変換する．この耕地生態系では人間の手助けを必要とする作物が優越しており，それ以外の野生種は通常望ましくないものとして排除される．自然生態系と比べて耕地生態系での種の数は著しく少なく，種と種の間の相互関係も希薄である．このことから，農業は本来的に自然破壊を伴うものであり，環境保全に貢献しているとはいいがたい．

農業が環境に負荷を与える人間の営みにもかかわらず，EUと比べて北東アジアとりわけモンスーン型農業地域の環境・農業問題に対する政策は体系的ではない．例えば，その代表として日本を想定すれば，そこでの環境農業対策が体系的ではない理由は次の2点に求められる．

第1の理由は恵まれた自然条件である．太陽と雨の恵みが豊富なため，自然は傷つけられ，また汚されても，すぐに元の状態に戻る高い能力を持っている．世界中の至るところで人為による土壌の劣化や侵食が進行中であるが，日本の耕地の多くは例外的に「安定地域」として分類されている．

第2の理由は水田農業が農業の中心をなしていることである．水田農業によって過耕作，過放牧は回避され，多くの場合，硝酸性窒素による地下水汚染は基準値の範囲に収まっている．仮にそれが基準値を超えたとしても，通常，地下水が飲料水として利用されることはないために深刻な問題とはならない．むしろ，洪水，土壌侵食，土砂崩壊の防止や，水源のかん養など，水田の持つ多面的機能が高く評価されている．

以上で述べたような頑健な自然条件は，日本のみならずモンスーン型農業地

域に共通のものである．そうした共通の条件を持つことを強く意識しながら，本節で明らかにしようとすることは次の2つである．その第1は日本の環境農業政策をベースとして韓国と中国のそれに言及すること，第2は環境に配慮した農産物と加工品の生産・流通について日本・韓国・中国の農業経営と食品産業における環境マネジメント，品質保証マネジメントの比較を行うことである．とくに後者に関しては，環境マネジメント，品質保証マネジメントが一体化されたものとして，有機農産物を特定し，その認証問題や生産拡大問題に焦点をあてる．

2.2 環境面からみたモンスーン型農業の技術的発展
2.2.1 日本とヨーロッパの自然観の違い

環境もしくは自然生態系を構成するものは，非生物的資源，生物的資源，景観，動物愛護である．非生物的資源は土壌，空気，水と関係し，生物的資源は野生種の数とその個体数に関係している．ヨーロッパとりわけ中部・北部ヨーロッパと比較すると，日本の自然生態系は活発である．気候は温暖・多雨で，温帯というよりも亜熱帯に近い．地形は傾斜地が多く，河川は急流である．そこでの土壌の多くは本来的に生物生産力が低い火山灰土壌によって占められているが，土壌改良や河川からの養分補給によって高い食料生産力を確保している．また，植物種は豊富であり，夏季のバイオマスの増大量は大きい．植生の遷移は早く，その極相は森林である．動物，昆虫の種の数と個体数も豊富である．

こうした日本とヨーロッパの自然条件の違いは，自然と人間の関係についての考え方の違いを生みだしている．ヨーロッパでは，自然がひ弱であるために「人間が自然をコントロールできる」と考えられている．このステートメントは，人間はその意思によって自然を破壊することもできるし，保全することもできるということを表している．このことがEUをして環境農業政策の領域で世界をリードする立場に置いている主要な要因である．

これに対して，日本では，日本のみならず北東アジア全体に当てはまるのであるが，自然と人間は宇宙を構成する有機的部分であって，お互いに調和すべきものとみなされている．ここから「自然と人間の共生」という考え方が生ま

れてくる．このステートメントは人間が自然に順応して生活していることを表しており，したがってそこには自然の破壊や保全という人為の考え方は生じない．このような自然に対する考え方や態度が日本をして環境農業政策の領域で遅れをとらせてきた主要な要因である．

2.2.2 環境にやさしい水田農業の発展

日本の耕地生態系は水田農業によって特徴づけられる．それを構成するものは水田，水路，道路，溜池，畔畦などであり，水路の総延長は約40万kmに及んでいる．水田面積は約260万haであるから，水路密度は150 m/haとなる．秋冬の期間に水が流れないこと，そして水路がコンクリート製であるという点を除けば，水田と水路はあたかもヨーロッパのビオトープの役割を果たしているようにもみえる．そして，棚田はいうに及ばず，大きくても30a区画の連なりは土壌流失の危険を減少させている．

こうした水田農業においては，病虫害抵抗性の高い品種の育成や，持続的効果を発揮する殺虫剤・殺菌剤の開発とそれらの苗箱処理，局所施肥の可能な田植機や施肥効率の高い緩効性肥料の開発などにみられるように，主として環境負荷を減じるような農業技術を発展させてきた．また，コンバインの使用増加に伴う稲ワラの水田への投入と，収量重視から食味重視への栽培法の転換の結果，過去15年間に化学肥料の投入量は窒素換算で30-50%の減少を示している．

表2.1に示すように，以上のような農業活動の変化を反映して，日本の耕地面積1ha当たりの肥料投入量（とりわけ窒素投入量）は中国，韓国と比べてはるかに少ないことがわかる．加えてそれは減少傾向を示している．これは，日本の水田農業においては収量を高めるよりも食味を高めることにアクセントが置かれた農業技術が導入されていることを表している．

以上の点に加えて，日本の水田農業は化学肥料のみならず，農薬の投入量が少なく，全体として環境にやさしい水田農業が展開されていることにも特徴がある．具体的には，農業起源の濁水の流出防止，農薬を使用しない種子の温湯消毒，排水を可能なかぎり少なくする水管理，局所施肥の可能な田植機の使用，緩効性肥料の投入，土壌診断にもとづくリン酸の適正投入，穀類乾燥施設における色彩選別機の設置，無洗米の生産・出荷などから構成されている．そして，

表 2.1 日本・韓国・中国の 1 ha 当たりの化学肥料投入量

年	窒素 (kg N/ha)			リン酸 (kg P/ha)			カリ (kg K/ha)		
	日本	韓国	中国	日本	韓国	中国	日本	韓国	中国
1985	126	199	110	136	92	24	114	100	3
1990	117	239	149	132	109	45	102	106	14
1995	105	241	177	125	114	66	96	138	21
2000	101	219	167	121	84	63	79	104	26
1985	100	157	87	100	68	18	100	88	3
1990	100	205	128	100	83	34	100	103	14
1995	100	230	168	100	91	53	100	144	22
2000	100	218	166	100	70	52	100	131	32

資料：FAOSTAT．

こうした新技術は主として大規模水田農業経営によって先進的に導入されていることに特徴がある．

2.3 日本の環境・品質マネジメントと農業政策

2.3.1 食料・農業・農村基本計画のなかでの環境農業対策，食品安全対策

　環境マネジメントおよび品質マネジメントは，農業経営にとって新しいマネジメント領域を形成している．以下では，この種の新しいマネジメントを農業経営に普及，定着させるための施策を環境農業対策，食品安全対策と呼ぶことにする．

　食料・農業・農村基本法（1999 年）にもとづいて 2005 年 3 月に新しい食料・農業・農村基本計画が発表された．そのなかで環境農業対策（資源保全対策を含む），食品安全対策がどのように扱われているかを要約すると，次の通りである．

①資源保全対策については，農業の多面的機能に関連して，農地の適正な保全・利用，農地や農業用水路等の更新や保全管理などの取り組みに対して"規範"となる活動を定め（例えば耕作放棄を行わない，水路の維持管理を行うなど），それを超えた効果の高い取り組みに対して支援を行うとしている．

②環境農業対策については，環境と調和のとれた農業生産活動について農業者が最低限取り組むべき"規範"を策定し，この規範を実践するとともに，環

境保全への取り組みが強く要請されている地域においては（例えば琵琶湖や印旛沼など），環境負荷の大幅な低減が見込まれるモデル的な取り組みに対して支援を行うとしている．

③食品安全対策については，2003年5月にリスク分析の考え方にもとづいて導入された食品安全基本法をベースに，食品安全行政の徹底化を図り，国民の食の安全に対する信頼を回復するとしている．そして，そのための専門機関として内閣府に食品安全委員会を設置しているとしている．

2.3.2 環境・品質マネジメントとは

環境マネジメントはおよそISO14000シリーズに対応するものである．そこでは主としてライフサイクルアセスメント（LCA）の考え方にもとづいて，自然環境（大気，土壌，水，景観，生物多様性，動物愛護など）に配慮した生産システムを農業経営のなかに導入することをいう．もとより農業経営の分野において厳密なLCAの適用は不可能であるが，農業経営の現場で環境負荷を低減させることは先進国共通の課題であり，経営者自らが，化石燃料の削減，廃棄物系バイオマスや未利用バイオマスの再生利用を当然の課題として受け止められるようにすることが必要である[8]．

一方，品質保証マネジメントはおよそISO9000シリーズやHACCP，コーデックス規格（FAO/WHO合同食品規格委員会の規格），JAS法などに対応するものであるが，そこでは消費者に安全な食料を提供するために，適正な生産資材を使い，かつ適正な記帳と表示を行うような管理システムを農業経営のなかに導入することをいう．その取り組みのなかにはトレーサビリティ（トレースバック）システムの導入も含まれる．さらにはまた，ISO9001とHACCPを統合した食品国際規格ISO22000への対応も含まれる．

2.3.3 環境・品質マネジメントの簡易的な導入

農業普及の現場では，畜産はもとより，米，茶，野菜などの分野も含めて，農業経営のなかに環境マネジメントや品質保証マネジメントを定着させるべく不断の努力が続けられている．その基本はコンプライアンス（法令遵守）と生産履歴記帳である．

ここで注意すべきことは環境マネジメントと品質保証マネジメントは本質的に異なる概念であるという点である．環境にやさしい農業を実践することと，

人間の健康を保護し，公正な取引を確保することは，概念上区分されなければならない．

これに関連して，言及されるべき第1の問題はその二律背反についてである．「環境にやさしい農業」を追求するならば，化石燃料の削減は当然のことであり，例えばトマトであれば，図2.1に示すように，施設トマト（冬春トマト）はその生産を縮小し，露地トマト（夏秋トマト）はその生産を拡大していかなければならない[9]．一方，「人間の健康を保護する農業」を追求するならば，化学農薬を使うような露地トマトはその生産を縮小し，生物農薬を使うような施設トマトはその生産を拡大していかなければならない．こうした場合，環境マネジメントと品質保証マネジメントの追求は，トレードオフの関係に立つことになる．この問題に対する最終決着はおそらく消費者の選択に委ねられることになると思われる[10]．

言及されるべき第2の問題は，その両者はシナジー効果を持っており，同時追求が不可能ではないという点についてである．トマトを例にとれば，太陽エネルギーやバイオマスエネルギーを使い，かつ生物農薬を使った施設トマトは，「環境にやさしい」と同時に「人間の健康を保護する」ことにつながる．問題はそれに要するコストを消費者が負担するかどうかであるが，この問題に対する最終決着もまた消費者の選択に委ねられることになる．そして，その場合の経営問題はブランドロイヤリティの形成が可能か否かにかかっているといって

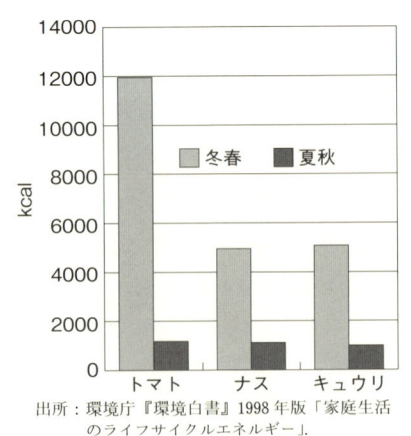

出所：環境庁『環境白書』1998年版「家庭生活のライフサイクルエネルギー」．

図 2.1 施設野菜と露地野菜のエネルギー投入量の比較（生産物1kg当たり）

よい[11].

2.3.4 環境・品質保証マネジメントの支援システム（トレースバックシステム）

すぐれた環境・品質保証マネジメントのもとで生産される農産物や食品は，その正確な情報が消費者へ伝わらないと意味をなさない．かつて日本人は自分の目や舌で確かめてから食料品を購入していた．しかし，セルフサービス店や加工食品の増加とともに，多くの日本人が自分でモノを選別する目を持たなくなってしまい，銘柄や表示に頼るようになったことがこの傾向に拍車をかけている．

消費者へ正確な情報を伝達するという点では，有機 JAS などの認証システムが 1 つの有力な手段を提供している．同様に，VIPS などの情報公開システムももう 1 つの有力な手段を提供している．それは，消費者や加工業者をして自らが購入した商品のトレースバックをインターネット上で可能にさせるというものである．

VIPS は Virtually Identified Produce System（仮想的に特定される農産物のシステム）の略称であり，「農産物情報公開システム」あるいは「農産物ネット認証システム」の機能を提供している[12]．このシステムは，一方で，生産者側が個々の農産物に ID 番号とともに生産情報（収穫日，品種，生産者，産地等）を入力し，他方で，消費者側が自分の購入した農産物に貼付されているラベル（ID 番号）を入力することによって，生産者側の入力した生産情報を消費者がホームページやカメラ付き携帯電話で簡単に出力できる仕組みになっている．

この試験システムは農水省食品総合研究所で開発され，その後，幾多の改良が加えられ，現在は食品流通構造改善機構がその実用システムである青果ネットカタログ（以下，SEICA）というデータベースを所有するに至っている．その運用は食品総合研究所が行っているが，野菜や果実に加えて，加工，米，茶などでも利用可能である．

2004 年 8 月現在の登録者数は農協や農業生産法人など 800 で，農産物の品目数は 2,000 を超えている．とくに山形県や茨城県での導入が盛んである．茨城県では「いばらき農産物ネットカタログ」の登録商品をこのシステムに乗せて流通させている．農産物に貼付されるラベルは 1 枚 1 円以下であり，IC チ

ップが数 10-100 円かかるのに比べて安価であることが特徴である．

ただし，このシステムは個体識別（生産者の自己宣言）だけに重きが置かれ，生産者認証（第三者審査）とリンクしていない点が問題とされる．2002 年現在，VIPS の他に 6 つの汎用システムが稼働中といわれているが，そのなかには第三者審査とリンクしたシステムもある[13]．消費者にとってはうそ偽りのない信頼できる生産履歴情報が容易に出力でき，また生産者にとっては煩雑な生産履歴情報を容易に入力できるようなシステムの開発が望ましいことはいうまでもない．

2.3.5 有機 JAS 認証制度の現状と課題
(1) 有機 JAS 規格

有機農産物の JAS 規格は，1999 年のコーデックス総会で採択された「有機的に生産される食品の生産，加工，表示および販売に係るガイドライン」に準拠して定められた．これにより 2001 年 4 月以降，厳しい基準をクリアし認定を受けた農産物しか"有機"の表示ができなくなった[14]．

海外から輸入される有機食品についても国内産と同様に有機 JAS マークが付されていないと，輸入業者はこれを"有機食品"として販売することはできない．

海外から有機農産物を輸入する方法は次の 3 つである．
① 登録外国認定機関から認定を受けた外国製造業者等が生産，製造した有機食品に有機 JAS マークを貼付して流通させる方法
② わが国の登録認定機関から認定を受けた輸入業者が JAS マークを貼付して流通させる方法
③ わが国の登録認定機関から認定を受けた外国製造業者等が生産，製造した有機食品に有機 JAS マークを貼付して流通させる方法

以上のうち，①と②については，JAS 規格による格付と同等の水準にあると認められなければ JAS マークを貼付できないことになっている．2003 年現在，この同等性を有している国としては，EU 15 ヵ国，オーストラリア，アメリカ，スイスの 4 ヵ国・地域が告示されている．

(2) 有機 JAS の現状と問題点

有機 JAS 規格がコーデックス規格という欧米主導型の国際基準に準拠して

いることから，そこで定められた生産基準にはわが国の営農条件と馴染みにくいものが含まれているとされる．このため，有機JASの認定件数は必ずしも多くない．

2003年1月末現在の認定件数は，農業者4,126件，製造業者2,909件である．また，2004年11月1日現在の登録認定機関は91機関，その内訳は国内69機関，外国22機関である．国内69機関の内訳は，株式・有限会社13機関，社団・財団法人19機関，NPO29機関，県・市町村6機関，協同組合2機関である．また，外国22機関の内訳は，オーストラリア7機関，イタリア7機関，デンマーク2機関，ドイツ，オランダ，フランス，ベルギー，スペイン，アメリカがそれぞれ1機関ずつである．

日本では民間の登録認定機関が多く，そのこと自体は高く評価されるべきであるが，同時に，いくつかの機関において検査員の適格要件や書類等の不備が指摘されるようになっている．その場合の罰則も「新規認定申請について3ヵ月間の受付停止」という緩やかなものであり，その他の業務（検査や研修）についてはこれを継続して行うことができるとされている．登録認定機関におけるこうした不正行為は制度の根幹に関わる問題であり，今後はより厳しい罰則を設けることが必要である．

(3) 有機農産物の自給率

図2.2に示すように，2003年度の加工原材料を含めた有機農産物の国内生

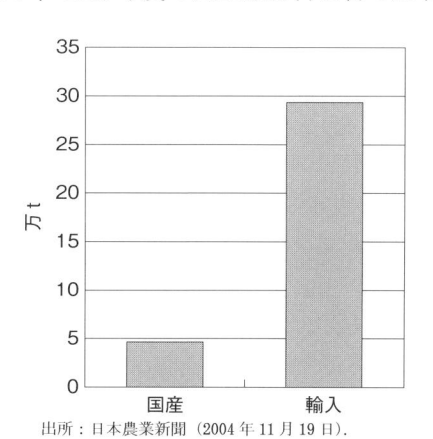

出所：日本農業新聞（2004年11月19日）．
図2.2　有機農産物の国内生産量と輸入（2003年度）

産量は 4.7 万 t，輸入は 29.4 万 t で，その自給率は 14％ に留まっている．主要品目別の自給率は，米 81％，野菜 51％，果樹 12％ である．また，有機栽培の農地面積は 7,500 ha で，これは日本の農地全体の 0.2％ にすぎない[15]．

有機農産物の自給率の低さは，モンスーンアジアに属する北東アジア諸国（水田型）と欧米諸国（牧場型）の営農条件の違いによるものである．欧米諸国のように大規模の圃場で輪作体系を取り入れた営農条件のもとでは，慣行農法の圃場からの農薬飛散を防ぐための緩衝地帯を設けることは容易である．これに対して，わが国のように小面積の圃場を抱え，かつ隣接する圃場との境界が設定しにくい営農条件のもとでは，緩衝地帯の設定は困難である[16]．また，わが国の有機栽培農家で防除用として使用されてきた木酢液やキトサンが使用禁止資材に含まれ，反対にわが国では使用されてこなかったデリス乳剤が許容資材のなかに含まれており，日本の伝統的な有機栽培技術を適切に反映していないことも問題である．こうした制度上の不具合は，実は，日本の有機農業関係者の間で，何が適切な技術であるかの合意が得られなかったことによるものである．このことから，有機 JAS の認定を受けた農産物は，有機的な方法で生産された農産物の氷山の一角でしかないともいわれている．

2.4 中国の環境・品質マネジメントと農業政策

中国の有機農業に関する認定基準は，「有機食品」「緑色食品（AA クラス）」「緑色食品（A クラス）」「無公害食品」の 4 段階に区分されている．このうち「有機食品」「緑色食品（AA クラス）」が主として輸出用と大都市用（北京，上海の高級食材マーケット）として，また「緑色食品（A クラス）」「無公害食品」が主として国内市場用として出回っている．日本の有機 JAS 規格に匹敵するものは「有機食品」「緑色食品（AA クラス）」である．

認定機関は，「有機食品」が国家環境保護総局有機食品発展センター（1994 年設置）と農業部系統の中緑華夏有機食品認証センター（2003 年設置），「緑色食品（AA クラス）」「緑色食品（A クラス）」が農業部系統の中国緑色食品発展センター（1992 年設置），「無公害食品」が農業部系統の農産品質量安全センター（2003 年設置）にそれぞれ置かれている．

近年，中国の緑色食品のマーケットは急速な発展を遂げており，2004 年ま

でに開発された緑色食品は1,360種類にのぼり,年間生産量は1,000万tに達しているとされる.また緑色食品の販売高が1億元を超えた企業は50社にのぼり,株式上場は20社近いとされている[17].

2.5 韓国の有機農業の現状[18]

韓国の環境農業対策は日本のそれよりもシステマティックである.1997年に親環境農業育成法が制定され,1999年からは環境農業直接支払い制度が実施されている.

こうしたシステマティックな環境農業対策の導入は3人の農業経済学者によって担われたとされている.金泳三大統領時代の許信行農林部長官(韓国農村経済研究院・院長)と崔洋夫大統領秘書官(韓国農村経済研究院・副院長),そして金大中大統領時代の金成勲農林部長官(中央大學副総長)である(カッコ内は就任前の肩書).許長官は農業政策の領域に親環境農業の視点を導入し,崔秘書官は親環境農業育成法などの法律・制度を整備し,金長官は環境農業直接支払い制度をスタートさせたことで知られている.

生産条件別の認定基準は,親環境農産物認定制度のもとで「有機農産物」「転換期有機農産物」「無農薬農産物」「低農薬農産物」の4段階に区分されている.日本の認定制度と異なる点はおよそ次の通りである.

①病害虫の防除許容資材として木酢液やキトサンが認められている.
②日本の認定対象者は,生産工程管理者(生産農家),製造業者,小分け業者,輸入業者の4種類であるが,韓国のそれは生産農家と輸入業者の2種類である.韓国の認定制度は生産に力点が置かれ,加工・流通の視点が弱い.
③日本の検査体制は,登録認定機関において検査員と判定員(主として学識経験者)の二者が配置され,ダブルチェックのもとで行われているが,韓国のそれは審査員の作成した資料にもとづいて登録認定機関が決定するシングルチェックである.
④日本の登録認定機関は,地方公共団体の場合もあるが,その多くは民間団体によって担われている.これに対して,韓国では,民間団体は4団体に留まっており,その大部分は「国立農産物品質検査院」が担っている.

2001年の生産実績によれば,親環境農産物の生産農家数は2.7万戸,栽培

面積は2.5万ha,生産量52.6万tで,全体の農業生産の2.7%を占めている.なお,2004年現在では,生産農家数2.5万戸,栽培面積2.8万haに留まっている.

2.6 むすび

　環境・品質マネジメントの取り組みは,EUでは政府と農業者の間のクロスコンプライアンスのもとで行われている.この仕組みをそのままモンスーン農業地域へ導入しようとする場合,日本をはじめとする北東アジア諸国はいくつかの困難に直面するであろう.そのうちの最も困難な問題は,零細な生産者が多数確保されているという条件下で,すべての生産者がそれに取り組むことの困難性であろう.いいかえれば,この問題は環境農業対策,食品安全対策を導入する以前に構造対策の徹底が優先されなければならないことを表している.その意味で,現段階の日本,韓国,中国における環境農業対策,食品安全対策は,いまだその建設途上にあるといってよい.

3　北東アジア型条件不利地域政策の展望と課題
　　——日・韓の問題を中心に——

3.1　はじめに

　本節では韓国と日本との比較研究をとおして北東アジア型条件不利地域政策の展望と課題をさぐることを目的とする.そこでの条件不利地域政策の展望と課題を検討するうえで,韓国に4年間先んじて本格的に開始された日本の中山間地域等直接支払制度の経験からみえてくる限界,そしてEU条件不利地域政策の長い経験と新たな潮流の意味するものを念頭におきつつ,新たな可能性やそこでの問題点を検討する.

　欧州では1975年以降の共通農業政策において,さらに1988年構造基金改革以降の目的5b対策（現目的2）において各々が役割分担をしながら条件不利地域政策を進めてきたが,アジェンダ2000の包括的財政改革以降,「農村地域開発」が掲げられるなかで新たな統合的アプローチ（integrated approach）の重要性が浮上するに至った.

　本節での主題は韓国,日本といった北東アジア地域における政策問題である.

この両国間ですら農業農村構造の差異は大きい．ましてやEU諸国とこれら北東アジア諸国との差異は行財政システムの差異も含めて非常に大きい．EU諸国内部ですら大きな差異があるため欧州理事会での軋轢の発生は茶飯事である．ではなにゆえにEU条件不利地域政策を本節での関心事に含めるのか．第1は，条件不利地域問題を農業問題の範疇に押し込めてきたEUの従来の政策システム，とりわけ共通農業政策におけるそれが世界貿易体制の変化や農業農村に対する国民ニーズの多様化のなかで変容を迫られていることを指摘しうる[19]．第2に，新たな地域生存の道程として，あらゆる局面におけるサスティナビリティ追求の不可避性，豊かさに対する価値転換，グローバリズムがもたらす新たな地域帰属意識の浮上といったパラドックス，そしてこうした背景をベースに衰退地域再生へと繋がらせえる新たな政策のあり方として，環境・経済・社会の一体的向上・発展可能性の模索，およびそこで不可欠な地域レベルでのガヴァメントからガヴァナンスへの移行という問題がある．ポスト・フォーディズムへと移行するなかでの衰退農村再生の糸口を，こうした欧州の新たな政策的潮流のなかから学びえるものはないのか．農業農村構造や行財政システムの差異は大きい．にもかかわらず，欧州や日・韓両国に共通する（ことになるであろう）本質的部分はありうるのか．本節では欧州とは異なる深刻な困難さを有する日・韓の条件不利地域問題を深く見据えつつも，同時にEU条件不利地域政策の新たな流れを念頭におきながら，わが北東アジアにおける新たな可能性を検討していく．

3.2 韓国農業・農村と条件不利性

　稲作や米流通を中心とした韓国の農業・農政問題に関しては，例えば日本では倉持（1994，2003），深川（2002），李（2005），そして本国である韓国農村経済研究院（KREI）などの研究蓄積がある．ここでは日本と比較した同国農業の特徴を整理しておく．

　両者の共通点は稲作の比重の高さとその零細規模，および農業就業人口の高齢化である．韓国の水田率（対農地面積）は61％，稲作農家の平均経営規模は1.1 ha，65歳以上同人口率は51％である[20]．大きな差異は以下のとおりである．第1は，兼業就業機会の未展開による農家所得の農業所得への依存度の

高さであり，専業農家率の高さは64%に達する．第2は，それにもかかわらず稲作農業の構造調整は日本以上に進行しておらず，経営耕地規模3ha以上稲作農家率は5%未満にすぎず，専業農家の約7割が経営規模1ha未満である．他方で水田借地率は李（2005）が指摘するように44%と高いが，稲作農家の72%が借地農家であり，借手市場が成立し高地代となっている[21]．いずれの差異も，農村をめぐる労働市場の様態の差を大きく反映したものといえよう．また論者によっては異論があるものの，李（2005）はその高地代と関連づけて韓国稲作における経営規模階層間の生産費格差がほとんどないことを指摘している．

韓国の多様な直接支払制度はごく一部（経営委譲直接支払制度）を除けば日本のようにターゲットを絞った直接支払いではなく，大半の農家と農地が対象となる「バラ撒き」的色彩が強い．韓国には事業開始年度順にみるとモデル事業も含め以下のような直接支払い制度がある．「経営委譲直接支払制度」（1997），「親環境農業直接支払制度」（1999），「水田農業直接支払制度」（2001），「米所得補填直接支払制度」（2002），「親環境畜産直接支払制度」（2004，モデル事業），「条件不利地域直接支払制度」（2004，モデル事業）などである．試行錯誤の段階であり統廃合や新規設立がつづいている[22]．2004年にはこれらの主力である水田農業直接支払制度と米所得補填直接支払制度を統合した新しい米所得補填直接支払制度の試案がうちだされた．しかし予算額にして他を圧倒的に引き離すこの制度には，李（2005）の指摘するように構造調整の発想がみあたらない．統合される上記2直接支払いの支払総額は4,552億ウォン，対して構造調整に寄与しうる経営委譲直接支払いの支払総額は43億ウォンにすぎない（2003年）．後者は前者の1%にも満たないのである[23]．

それには，農家の農業からの離脱が農村での就業機会の喪失に繋がり，大量の離村を引き起こしかねないという背景があると考えられる．構造調整の必要性はみとめつつも強力な構造政策を断行できない，日本とは異なるより困難な事情が韓国にはある．日本農業の全面的兼業化がいわれて久しいが，韓国農業においては価格政策の後退と高齢化のいっそうの進行による「全面的離農」の進行が危惧される．

こうした困難な情況のなかで，韓国農政は農村地域への農外就業機会の創出

に力点をおきはじめている[24]．即効性のある外来型開発が思うように進展しないなかで，韓国農政はツーリズムやアグリビジネスの振興を強く推進しようとしている．この点に注意する必要がある．

3.3 「条件不利地域」概念の再検討の必要性

　日・韓両国の条件不利地域政策のあり方を検討する場合には，産業立地構成と農村労働力市場，農業構造などの相違をふまえて，両国における「条件不利地域」とはなにかを再検討する必要がある．本来その定義は単純である．農業の生産性や収益性が地形および土壌・気候条件などに制約されてノーマル地域と比較して大きく低い地域のことである．北海道の草地を除く日本では労働生産性，韓国では収益性と生産性両者の格差が問題となる．日本の場合，中山間地域等直接支払制度での定義を思い起こせばよい．おおまかにいえば，地理的条件から経済後進地域（いわゆる8地域立法該当地域）に存在する一定条件の傾斜農地が支払い対象の中心である．

　韓国の場合も，2004年からモデル事業で開始された「条件不利地域直接支払い」の適用条件をみると，「奥地開発促進法」指定地域のなかで，耕地率22％以下および傾斜度14度以上の農地・草地率50％以上の法定「里」となっている．こうした両国の定義は妥当なものであり，農業の条件不利性を補う直接支払いは国際的に許容される．

　ただし韓国の場合，項で述べた固有の問題を再検討する必要がある．それは，同国農村の兼業就業機会の乏しさであり同国の産業立地構成のあり方に起因する問題である．人口4,700万人の韓国では1,100万人がソウル特別市に集中している．その他いくつかの広域市などでも同様に人口が集中している．その要因は工業立地の集中である．その恩恵に浴さないその他の大半の地域では高齢化が進行し，とくにほとんどの農村では過疎化が進行し，都市勤労者世帯と農家との所得格差は近年いっそう顕著に拡大しつつある．韓国農村はごく一部の近郊地域を除いて過疎化・高齢化の著しい後進・衰退地域であるといってよい．日本の北海道以外の多くの農村地域に兼業労働市場が展開しているのとは大きな条件差があるといえる．他方で日本でも都市圏から遠隔の中山間地域では農村労働市場の展開や市場へのアクセスに大きな難点をかかえている地域が多い．

農業所得で生計を確保しがたく，かつそれを補完する農外所得が立地的にえられないならば，過疎化は進行し，早晩「全面的離農化」，そして農村空洞化にいたる．前述の日本の遠隔中山間地域や韓国の多くの農村（条件不利地域のみならず）がこうした危殆に瀕しているともいえる．

次に，条件不利地域農業を維持するために直接支払いを行う場合，経営方式の異なる欧州では条件不利地域農家の平均規模は概して大きいため，支払い単価は低くとも一定の所得維持効果がもたらされてきた．他方で単価は相対的に高くても零細規模の日本や韓国では概して農家の所得維持効果はほとんどない．そのため日本では集落協定による共同取組み活動に大きな期待をかけてきた．韓国でも自治体との「マウル協定」締結が支払いの条件であり，住民は5ヵ年間のマウル発展計画を策定する必要がある．これは農村社会活性化や農地の適正管理，農法転換などをもって公益的機能の維持増進計画を農家の自主性を重視しながら策定するものである．そこでは運営委員会が組織され，代表者には協定履行表の作成管理義務がある．日本の集落協定が地縁社会であるのに対して，韓国の場合は交付金の支払いシステムの難点に加えてマウルの血縁社会性がゆえにマウル協定の実効性に疑問を呈する論者もおり，今後の制度改善が必要ともいえるが[25]，大筋でみれば零細農耕の両国では共同体のなかでの支払い金プールによる共同取組み活動をベースに公益的機能保全のための地域資源管理や農村活性化を図ることが条件不利地域直接支払制度の主たる運用方法とならざるをえない．こうしたことは与件のなかでの「戦術」としては評価しえる．他方，所得効果に乏しいため長期的な農業農村維持を担保する「戦略」とはなりがたい．したがって，「戦術」と「戦略」の2本立てが条件不利地域政策には必要である．

こうしたなかで，日・韓両国においても喫緊の必要性に迫られて設けられた条件不利地域直接支払いという「戦術」に加えて，21世紀の新たなポスト・フォーディズム産業社会の到来を視座に入れた中長期的展望を持って衰退農村の再生をはかる「戦略」をもうけるべきではないか．EUの農村開発政策は，とくに1988年構造基金改革以降，共通農業政策と共通地域政策（構造基金）の両輪でなされてきた．後者は衰退農村を目的5b（旧称）と位置づけ集中的な資金投入によって内発的農村開発の道を切り開きつつある．EU農業は昨今

未曾有の難局に面し,例えば構造改革の進んだイギリスでもこれまで分厚く存在していた中間・上層部分が困難に直面し,政策的にはツーリズムなど農家経営の多角化をこれまで以上に推進している.そこでは共通農業政策の「第2の主柱」と共通地域政策との連携がつよまり,シナジー効果を求めるようになるであろう.

日・韓の問題に戻るが,「戦術」対象地域と「戦略」対象地域にはズレがあってもよい.そこでは条件不利農村地域の新たな類型化が必要であろう.

図3.1は日・韓両国の「条件不利農村地域」を再検討するための概念図である.日・韓の農村地域を農業外就業機会と農業条件とから類型化したものである.A類型は有力な農外就業機会が乏しく過疎化が進行しており,なおかつ農業条件不利である.日本の中山間地域の多くがこの類型に属し,また韓国の条件不利地域直接支払制度の適用地域が属する.この類型に属する日本の大半の中山間地域では兼業依存が大であるといわれるが,そのほとんどは土建業等の不安定就業か零細な製造業などであり,若年層の流出抑制あるいは壮年層の還流に資する就業機会であるとは考えられない.これまで莫大な生活関連インフラストラクチュアに公的資金を投じてきたにもかかわらず過疎化に歯止めがかからない理由はそこにある.B類型とも関連するが,韓国は兼業機会自体希少である.しかるに日本の中山間地域では兼業に依存しているようにみえても,その実態は上記のとおりであり,過疎化に歯止めをかけられないという重要な

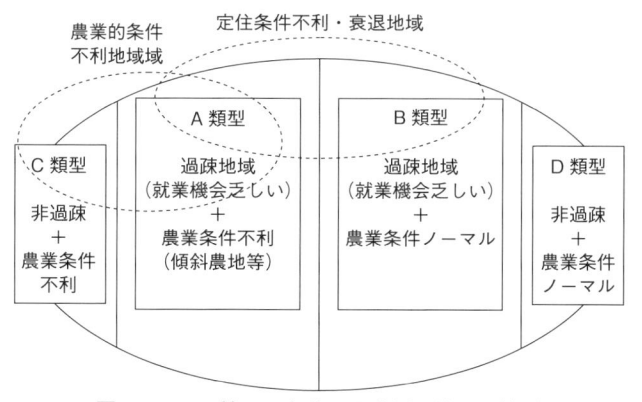

図3.1 日・韓の「条件不利農村地域」再検討

ポイントにおいて両者は同じ性格を有するとみてよい．B類型は，同様に過疎化が進行しているが農業条件はノーマルである．これは日本では年間積算気温が極端に低い道東など一部を除いた北海道，そして韓国のA類型に属さないほとんどの農村が属する．C類型は，過疎化はとくに深刻ではないが農業条件不利な地域であり，おもに日本の大都市圏近郊の中山間地域が該当する．D類型は，非過疎・農業条件ノーマルな地域であり，これは「条件不利農村地域」から除外される．

韓国ではC類型がほとんどないため，A類型がもっぱら条件不利地域とされ，日本ではA類型と，少数だがC類型とが当該地域とされてきた．これは農業条件にのみ視座をおいたものであり，WTO農業協定においてもこれを直接支払いの対象地として認めている．EU共通農業政策の条件不利地域もこの2つが該当する．しかし大規模な農場制農業が確立していない韓国の農業においては，農業所得や農外所得で農村人口を養いえず，農村人口空洞化・地域衰退がひいては地域農業の存続をも危うくし，地域資源管理システムの崩壊による農業の多面的機能が喪失していくであろう．その意味から，B類型も結果的に農業の大きな衰退がもたらされる"立派な"条件不利地域となる．大都市圏近郊型のC類型の場合，問題の深刻さは相対的に軽い．EU構造基金による地域政策では，ここでのA類型とB類型とがおもに「衰退農村」として基金を集中的に投入するターゲット地域としての目的5b地域（現・目的2）に設定されていた．

日・韓の条件不利地域政策においても，図左上方の破線で囲んだA類型，C類型を対象に「テリトリアル」な農業政策（1990年代以降「農村政策」とよばれる）としての直接支払いをベースとして地域資源管理等を支援する政策（緊急・短期的機能あるいは「中継ぎ的」機能を期待しえる戦術的施策）と，同じく図最上部の破線で囲ったA類型とB類型とを主たる対象に中長期的視座から戦略的かつ本格的に内発的農村開発を支援する政策とにわけて総合的な条件不利地域政策体系を構築すべきであろう．両政策の役割分担を念頭においた同時推進が不可欠である．農村の持続的存続がなければ，そこでの農業・資源管理も早晩おぼつかなくなり，ひいてはその崩壊とともに条件不利地域直接支払制度が目的とする多面的機能の確保も達成されないからである．

3.4 日本の中山間地域等直接支払制度からみえてくるもの

　少数の農家が放牧畜産など粗放的な農業で大量の農地を利用・管理する西欧に代表される EU の条件不利地域農業に対して，大量の零細農家によって複雑な地形の農地が維持管理されてきた日本や韓国では欧州流の直接支払い政策の効果は本来のぞめないはずであった．それに対して日本の農政は，個人配分額をできるだけ共同取組活動にまわし一種の基金を形成するかたちで地域営農を支援しその継続を図ろうとするシステムを集落レベルで構築させようと考えた．巧みな「翻訳」といえる．中山間地域等直接支払制度は，共同取組活動による集落営農の創出・活性化をはじめとする多様な取組み，さらに集落協定策定や運営のプロセスのなかでソーシャル・キャピタル（人間・社会関係資本）の形成がみられるようになるなど，大きな進展が事例的にみられるようになった．これらはまぎれもなく本制度の成果として誇れるものであり，類似の条件下にある国々の条件不利地域直接支払い政策のあり方として範となる点は少なくない．

　他方で，今後中山間地域の少なからぬ地域で予想される農家・農村人口の急速かつ大幅な縮小に耐えうるようなメカニズムを持った地域営農担い手システムの形成が多くの地域でなされているかといえば話は別である．多くの「優良事例」を訪れて思うことは，その努力の賜物を継承するものが不在となる懸念である．圧倒的多くの中山間地域に関しては，30-40 年間にわたる過疎化の結果としての，人口自然減の急速な進行という大波の急速な到来，すなわち人口論的限界が迫りつつあることを直視せねばならない．

　中山間地域の農家経済を支えてきた兼業の中心であった従来型の末端部品製造を中心とした製造業はグローバル経済化のなかでいっそう後退し，また財政逼迫下で公共事業（土建業）もさらなる縮小を免れない．兼業機会の減少は貴重な生産年齢人口の社会減（出血）と人口還流抑制の要因となる．他方で，ツーリズム振興や情報化・高度知識集約型産業の農村経済への波及は今後の地域再生を考える重要な要素ではある．しかし当面，中山間地域に迫りつつある農家・農村人口空洞化への一撃を受け止めるにはマクロとしてみるならばどうにも力不足である．

　前述の「優良事例」に対する懸念は，中山間地域等直接支払制度が制度設計

時点の1990年代末葉あるいは現状程度の農家人口・労働力の賦存状況（量と質）を前提に設計された，あるいはせざるをえなかったと考えられるところに由来する．そうした前提条件が崩れる可能性が急速に高まっている．となれば，いままで投入してきた膨大な公的資金（EUと比較してみよ）はサンクコスト化する．最も懼るべき事態である．中山間地域における人口的限界は中山間地域等直接支払制度をおしつぶしかねないことを真剣に考えなくてはならない．

しかし，中山間地域等直接支払制度に人口定住問題（所得確保）の解決までそもそも期待できないし，すべきではない．政策評価に混乱が生ずるからである．歴史のエポックをのりこえて今後のポスト・フォーディズム型産業社会を中長期的視座で展望するなかで，中山間地域をどのように再定義し，発展の新機軸を打ち出すかという産業構造（森林バイオマスなど再生可能エネルギー利用・物質代謝型産業社会問題も含む）や定住様式の転換にもかかわるやや息の長い大掛かりな戦略が必要である．また，そこには"豊かさ"に対する国民の価値転換も必要である．これらは今後追求すべき事項であるが，農林行政あるいは旧国土庁の過疎対策マターなどで解決しえる性格のものではない．行政の総力のみならず，民間営利，市民・民間非営利各セクターの協働のなかでなしえる性格のものである．

3.5 日・韓条件不利地域政策の展望と課題

日・韓共通の条件不利地域政策の課題を整理すると以下のようになる．第1に，農業条件不利地域のなかでもその大半を占め，かつ問題の深刻なA類型地域に関する課題であり，それは，過疎化による人口的限界の到来にある程度耐えうる土地利用型農業・地域資源管理の担い手システム創出である．これは従来多数の農家・農村人口で支えてきた資源管理システムの見直しであり，少数化した人口で可能な資源管理システムの構築を意味する．そこでは新たな資源管理主体，管理コスト分担，土地利用・管理方式の再検討などが必要である．またそこでは条件不利地域直接支払制度の設計と運用において投資的視座が重要視されねばならない．投資的視座とは上述の新たな担い手システムとその「コア」となる人材の創出であり，一例としてインキュベーション事業などへの公的資金投入が考えられる．

新たな担い手システムとはいくつかの可能性が考えられるが，日本の場合，まず検討すべきは貴重な人材が営農・資源管理を継続していける近代的経営構造（収益分配原則など）を持った経営組織（「コア部分」）を上部に擁し，集落という「外皮」に支えられた適正規模の地域営農集団が考えられる[26]．集団営農の未展開な韓国農業においても，こうした方向は，直接支払い金の存在を契機に十分検討していく必要がある．そして過疎化の進む両国において重要なことは，「器」としての近代的経営組織形成と，そこに地域内外の人間を「人材」として育て，新規参入コストをあらゆる面で低減してやるインキュベーション事業であり，これを公的投資として位置づけることである．

第2は，A類型とB類型の地域にかかわるものであり，中長期的戦略の下で本格的な内発的農村開発を講ずることである．繰り返すが，農村社会の維持振興なくして農業振興は担保されない[27]．EUの旧目的5b地域政策では衰退農村の内発的開発のためにイノベーショナルな事業開発もさることながら，現場で開発施策を担う政府，民間営利，住民・民間非営利の各セクターからなるパートナーシップ・システムによる新たな地域経営主体の構築により，各セクターの失敗を補完し地域内外の多様な諸力をひきだし結集する仕組みづくりに多くの努力が注がれてきた．こうした現場での政策デリヴァリーのための新たな受け皿づくりなくしてこの課題は解決できない．

第3は，条件不利地域政策に農業環境政策の視座を組み込むこと，そして農業環境向上を農村振興と関連づけることである．韓国の条件不利地域は畑地が多く畑作農業の環境便益に対する最適集約度の追求も必要となろう．後述のような追加的環境支払いの可能性を検討すべきである．日本の棚田農業の場合，環境便益に対する最適集約度の概念は看過しえるものとされてきた面もあったが，クロス・コンプライアンスによる追加的支払いが可能なように政策的工夫をすべきであろう．また日本の畑作や北海道の草地においても韓国の場合と同様にクロス・コンプライアンスによる追加的支払いや，その前提となるGAPの導入を検討すべきであろう．次に，農業環境政策による便益が，たんに直接支払い金受給農家レベルにとどめず，田園景観整備，伝統的田園空間復興あるいはプレミアムつき農産物生産などをとおしてルーラル・ツーリズムや地域内発的アグリビジネスの振興にむすびつけるなど農村レベルの振興と連関させて

いくことも考慮すべきであろう．こうした課題は日本の中山間地域等直接支払制度で重視されてきた共同取組活動で蓄積されてきた成果をさらに展開させる方向で考えていくことができよう．ただし，それを方向づけ，強力に支援する市町村レベルでの地域経営主体が必要である．この点は第4の課題で述べる．

また，環境支払い制度に関しては，農業環境とはすぐれて地域性を考慮する必要がある性格上，必ずしも全国一律の基準作成による適用は好ましくない．地域レベルでの提起を含めたボトムアップ的視座も制度設計に組み込めるものとすべきであろう．イギリスでは「カントリーサイド・アジェンダ」[28]の理念のもとに共通農業政策の第2の主柱（農村開発）を田園環境政策に大きくシフトさせているが，予算の中心となる農業環境支払いがたんに受給農家の利益にとどまることなく農村振興にむすびつくような方式の探求，またそれが逆に農家経営の多角化（民宿経営など）の促進効果を生みだすことへの関心などが注目されてきた．さらに代表的な農業環境施策である全国一律基準のカントリーサイド・スチュワードシップ事業などが地域固有の状況と矛盾する点などの指摘と，その対応として地域レベルでの制度再検討の必要性なども指摘されてきた．これらは農業農村政策の新たな方向を追求する田園地域エージェンシーの実験事業である「土地経営事業（Land Management Initiatives：LMIs）」などで探求されてきた[29]．

第4は，上述の諸課題を地域レベルで実現しうる新たな地域経営主体と経営システムを創出することである．第2の課題においても述べたが，これらの諸課題はすぐれてビジネス能力とボトムアップのための住民の能力構築が要求される分野に属する．日・韓両国においても農村にこうした能力を持つ地域経営主体が存在しているとはいえない．自治体を束ね役として地域内外の諸力を結集し，ボトムアップの主人公たりうるように住民の自立能力構築を図りながら集落やマウルの多様な共同取組活動を領導・支援し，さらに地域営農のコア創出のためのインキュベーション事業や地域内発的アグリビジネス振興を担っていく地域経営主体の創出が必要である．条件不利地域政策においてはこうした地域経営主体に対する公的投資が重要なポイントとなる．

3.6 おわりに

　零細農業を特徴とする日・韓条件不利地域における最も困難な問題は，農外就業機会の乏しさあるいはその空洞化による過疎化である．農村人口の空洞化は直接支払制度によっては救済しがたく，また制度もそれを直接の目的としているわけでもない．そしてその人口的限界は直接支払制度を契機とした現場での多様な努力の成果の存続・継承を困難へと追いこむ．直接支払制度を孤立させてはならない．繰り返し述べた中長期的政策との併走が必要であり，直接支払制度自体も前節で述べた内容に大きくシフトする必要がある．ここで重要なことは，政策における投資的視座の重視であり，公的投資の対象となりうるにたる新たな地域経営主体の創出である．これは小手先の改革ではなしえないものであり，農村行財政システムの大幅な改造を伴うべきものである．農村のガヴァメントからガヴァナンスへの移行を真摯に検討することによってはじめて本節で述べた日・韓共通の条件不利地域再生への展望もすがたをあらわしえるであろう．

4　経済の相互依存と北東アジア農業の課題

　世界経済に占める東アジア（ASEAN＋3国）のGDPの割合は2003年において2割である．この30年間に2倍の伸びを示しており，アメリカの3割，EUの3割の規模に徐々に近づきつつある．この中で核となっているのは日本，韓国，台湾，中国など北東アジア諸国の経済である．日本のGDPの世界経済に占める割合は1995年の17.7％をピークにその後は後退して，2003年には11.4％となっているが，中国のGDPは1990年に落ち込みをみせているものの，その後は徐々に上昇して2003年には3.9％に達している．韓国，台湾，香港のNIESも2.8％を占めており，日・韓・台・中を合わせた北東アジア諸国の世界経済に占める割合は，1980年の14.2％から1990年には17.1％，2003年には18.1％に上昇している．また，北東アジア諸国の世界貿易に占める割合は，輸出では1980年の10.7％から2003年の20.1％へと2倍の伸びを示し，輸入では1980年の11.5％から2003年の16.9％へと1.5倍の伸びを示している．近年は中国の割合が輸出入ともに日本や韓国を上まわるようになっている．

このような経済の動きにともなって，北東アジア諸国の経済は近年とみにその相互依存関係を強めている．日本の対北東アジア貿易の動きをみると，輸出では北東アジア諸国へのシェアが1980年の15.2％から1990年には18.1％，2004年には34.6％となり，全輸出額の3分の1を超えるようになった．とくに対中国の輸出割合が1990年の2.1％から2004年には13.1％へと6倍の伸びを示している．輸入をみると北東アジア諸国からのシェアは1980年の8.2％から1990年には16.8％，2004年には29.8％となり，全輸入額の3分1近くに達している．日本の輸出入ともに北東アジア域内との貿易が3割以上を占めるようになっているのである．また，中国の対北東アジア貿易をみると，2004年には輸出で36.4％，輸入で41.5％となっており，アメリカやEUとの貿易割合が上昇しているものの，北東アジア諸国との経済の相互依存が強くなっている．さらに，中国への韓国からの輸出割合は19.6％，輸入割合は13.3％でその伸びも近年は大きくなっている．このように，アメリカやEUとの関係も強いものの，近年は北東アジア域内の貿易量は輸出入ともに増加しており，経済の相互依存が進んでいる．

北東アジア諸国の農業に共通する特徴は，いずれもアジア・モンスーン地帯の一画にあり，かつ国民1人当たり耕地面積が小さく，しかも耕地区画が狭小で分散しているという点である．耕地1ha当たり水資源量は欧米などに比べると豊かではあるが，国民1人当たり耕地面積は日本，韓国ともに0.04ha，中国は0.10haであり，中国がやや多いものの，フランスの0.33ha，アメリカの1.8haなどに比べると格段に少ない．しかも中国はこれから予測される人口増加に伴って，1人当たり耕地面積はより少なくなることが予想される．それぞれの国の経済条件の違いがあるとはいえ，いずれの国の農業も集約的で土地生産性は高いものの，欧米などに比べると労働生産性は低く，生産コストが高いという共通の課題を抱えている．

一方，国民生活の向上にともなう食の洋風化や高度化が進む中で，いずれの国においても穀類や油糧作物の輸入が大幅に伸びている．日本と韓国の穀物自給率は2002年においてそれぞれ28％，30％にまで低下しており，両国の食料自給率もすでに5割を切っている．中国では大豆油および飼料用大豆粕の需要が高まっており，沿岸部を中心に大型搾油工場の新設・増設ラッシュが続くと

ともに，大豆の輸入量が増加している．中国はすでに世界の大豆輸入量の30％以上を占めるようになり，世界最大の大豆輸入国になっている．また食生活の変化により汎用性の高い小麦やパン用の高品質な硬質小麦の需要が高まっており，自国では需要に対応できない品種の小麦輸入が増加することが予想される．さらに中国ではこのほかに食肉・調整品や果実，動植物油脂などの輸入量も増えており，農産物貿易額の収支は1995年以降恒常的にマイナスに転じ，2004年には輸出額から輸入額を差し引いた農産物の純輸入額は156億ドルに達している．なお，農産物の純輸入国の順位では韓国は世界の中で第4位になっている．

　以上のように，北東アジア諸国のうち日本や韓国は小麦，大豆，油脂類，畜産物，果実などを中心に食料の海外依存が大きく進んでいるが，中国も経済成長による所得水準の向上と食生活の高度化にともなって，そう遠くない時期に日本や韓国と同じパターンの食料の海外依存が進むことが予想される．

　1992年から2002年にかけた過去10年間の国民1人当たり副食物供給熱量の変化をみると，日本では魚介類が減り植物油脂と食肉の消費が増えた以外は，総供給熱量や副食物供給熱量を含めてほとんど横バイであったのに対して，韓国では総供給熱量が3,059 Kcal/日へ2％増加し，副食物供給熱量が1,060 Kcal/日へ24％増加する中で，食肉と生乳が50％以上，動植物油脂と果実が25％以上増加している．中国では総供給熱量が2,958 Kcal/日へ9％，副食物供給熱量が1,080 Kcal/日へ76％増加する中で，卵，野菜，果実が100％以上，動植物油脂，油糧作物，食肉，生乳などがいずれも50％以上増加している．日本に比べると中国における食肉や動物油脂などの消費量は日本をすでに凌駕しているが，油糧作物，植物油脂，生乳，卵，魚介類などの絶対的な消費量は少ない．韓国や中国の国民1人当たり総供給熱量は日本のそれを上まわっているものの，食生活の高度化や多様化にともなってこれからも増加することが予想される．また，副食物供給熱量では両国ともすでに日本の92-94％にまで追いついており，そう遠くない時期に日本の水準にまで追いつくものと思われる．これらのデータは供給量ベースであるので，流通ロスや調理残渣，食べ残し等を差し引く必要があるが，中国では内陸部においても食生活の高度化が進んでおり，副食物の素材となる穀物や飼料あるいは農産加工品などへの需要

がこれからも増えることが予想されるのである．

　第1章1節で示したように，日・韓・台・中4国の経済格差は近い将来大きく縮小されることが予想される．この中で，現在は日本への野菜や鶏調製品，水産物などの輸出額を伸ばしている中国も，経済成長にともなう自国での食料需要のために，油糧作物や飼料，穀物などの輸入を増加させ，食料自給率を著しく低下させる可能性がある．現在，中国政府が推進している農民・農業・農村の「三農対策」とともに，自国で高まる食料需要にどのように対応し，国民への安定した食料供給の仕組みをどのように構築するかが問われることになる．

　ところで，「食品産業国際化データブック」（流通システム研究センター，2003年）によれば，日本の食品産業の海外での法人数は合弁会社や直営事務所なども含めると670法人（事務所）にのぼっている．こうした食品企業の海外展開の要因は，いうまでもなく人件費の安い国での労働力調達，安くて豊富な原材料の調達，海外マーケットへの進出などである．また，これらの海外法人の中には外地での生産・販売を目的にしたものもあるが，日本への原料仕入・逆輸入や製品仕入・逆輸入を目的にしたものも多く含まれている．このうち北東アジア諸国へは全体の3割にあたる199法人（事務所）が展開しているが，この中でも中国が129法人（事務所）で圧倒的に多い．この129法人（事務所）の中には加工食品やビールなどを現地生産して中国国内で販売する目的の法人もあるが，現地で原料や労働力を調達して製品や半製品を日本に輸出することを目的にした法人もある．このような動向は韓国の食品企業でも同じであり，第1章1節の表1.4にみられるように，農水産業関係だけでも146企業が中国に進出している．

　このように日本や韓国の食品産業は原料の調達や海外への直接投資などを通じて北東アジア域内における農業や関連産業との関係を強めており，原料生産から加工，流通，販売までの国境を越えたフードシステムを形成しつつある．このような北東アジアにおけるフードシステムの形成あるいは食料産業クラスターの形成の中で，北東アジア各国の食の提携が進んでいるのであり，このような動きを前提にした農業の共存と食の安定した供給システムの構築の課題が求められている．

　東アジア経済圏の重要な一翼を形成する北東アジア経済圏が形成されつつあ

る中で，北東アジア地域における食の安定した連携と各国農業の共存をはかるためには，日・韓・台・中各国の政策協調による農業ならびに関係産業の持続的発展の方向を探る必要がある．このような課題を検討する一助として，北東アジアの共通農業政策の基本的なフレームについて考えてみよう．その基本的な視点は各国農業の持続的発展とそれをベースにした競争と協調であり，それぞれの国の経済発展段階のタイムラグをも考慮に入れた長期的な視点にもとづく政策フレームでなければならない．

現在の各国農業の状況をふまえれば，北東アジア共通農業政策に含まれるべき主要な課題は，WTO体制への対応とEPA／FTA推進下の農産物貿易ルール，食料の安定供給と安全保障，食の安全対策と監視体制，農業の競争力強化と持続的発展，環境・地域資源の保全，政策協調の協議体制などであろう．

2000年3月から開始されたWTO農業交渉（ドーハ・ラウンド）では，「多様な農業の共存」を求める日本や韓国などが属するG10と，先進国の国内支持削減を主張し，途上国の優遇を求める中国などが属するG20とでは意見の隔たりがある．しかし，これまでに分析してきたように，すでに中国は世界有数の農産物純輸入国に転じており，国民の所得水準の向上と食生活の高度化にともない，これからも穀物や飼料等の輸入量が増加することが予測される．国民1人当たり農地資源の乏しい中国も，急速に食料需給と農産物貿易では日本や韓国と同じ環境に近づいているということであり，日本や韓国と同じような貿易問題に直面するのは時間の問題となっている．すなわち，第1章第4節で詳しく分析されているように，工業化に先導された経済成長によって生み出された農工間および農村都市間の所得格差をどのように是正して，農業の持続的発展をはかるのか，そして国民の高度化する食料需要にどう対応するかという課題に直面している．世界人口の増加の中で，すでに地球の1人当たり穀物収穫面積は減少に転じ，穀物単収の伸びも徐々に鈍化している．また，バイオエタノール需要などを背景に世界の穀物価格が高騰しているとともに，穀物の争奪戦も始まっている．国内では賄うことのできない食料をどのように安定して確保するのか，そのための輸入国と輸出国との対等な貿易ルールをどのように築くのか，北東アジアグループとしての立場から，協調してWTOや新大陸の輸出国グループに対して発言していく時期が来るのはそう遠い将来ではないも

のと思われる．

　ところで，日本の国民1億3,000万人が最終消費している飲食料費は80兆円余りであるが，その81%は外食と加工食品に支出されている．このうち製品輸入は3%であるが，原材料の50%は海外からの輸入である．輸入先国は依然としてアメリカやEU，カナダなどの欧米が過半を占めているが，近年は中国などアジアからの輸入が増えている．現在の農林水産物の平均関税率は日本12.0%，韓国62.0%，中国16.2%で日本が最も低い．日本の関税率は，アメリカの6.0%にはおよばないものの，EUの20.0%よりも低くなっているのである．その理由は農林水産品目1,467のうち，無税のものが404，税率10%未満のものが389あることによるものであり，野菜類のほとんどのものはすでに10%未満の低率関税となっているからである．

　北東アジア諸国との農林水産物貿易では中国からの輸入が増えている．中国から日本への輸出実績をみると，2006年の上位10品目は鶏（調製品）（関税率0-21%），うなぎ（調製品）（同7.2%），冷凍野菜（同6-17%），生鮮野菜（同0-8.5%），製材加工材（同0-6%），えび（1-2%），うなぎ（活）（同3.5%），いか（調整品）（同9%），大豆油粕（同0%），とうもろこし（同0-4.5円／kg）などであり，野菜類や鶏調製品，水産物などが中心になっている．また，韓国から日本への輸出をみると，2006年の上位10品目はかつお・まぐろ類（関税率3.5%），アルコール飲料（同16%），野菜（調製品，キムチ等）（同9%），たらの卵（調製品）（同9%），くり（同9.6%），牡蠣（同7%），小麦粉（12-28%），ひじき（同10.5%），ジャンボピーマン（同3%），松茸（同3%）などである．いわゆる日本の高関税品目とされるこんにゃく芋，落花生，米，雑豆，バター，でん粉，砂糖，小麦，繭，脱脂粉乳，大麦，生糸，など12品目と，これまで議論になってきた豚肉，牛肉，かんきつ類，りんごなどのうち，中国などアジア諸国からの輸入が多いのはこんにゃく芋，落花生，米，雑豆，生糸などであって，その他の品目の圧倒的な量はアメリカ，オーストラリアなど新大陸農業国からの輸入である．しかも落花生の枠内税率は10%であるが，この枠は6割しか消化されていないという（谷口2006）．また，米については第5章1節で詳しく分析されているように，現状においても関税率200%程度で実現可能な共通農業政策のフレームが描けるという．しかも生乳

などは韓国や中国へ向けた輸出の可能性もあるという．北東アジアの国境を越えた食料産業クラスターの形成とともに，農業と国内食品産業との提携を軸とするそれぞれの国の双方向での食料供給システムの形成も将来は重要な戦略になるということである．中国沿岸部や香港などでは年率10％近い経済成長の中で，高額所得者の数は相当な勢いで増加しつつあり，質の高い日本の農産物も贈答品などとして消費される可能性は確実に高まっているのである．

なお，北東アジア国民の食の安定供給のためにも，不測の事態にそなえた共通の食料備蓄プログラムの構築も欠かせない．すでにタイと日本が調整国となって取り組まれている東アジア米備蓄システム（EARRS）や，ASEAN食料安全保障情報システム（AFSIS）などとも連携をとった取り組みが必要となろう．

健康で地球環境に配慮した生活への関心が高まる中で，食の安全を求める消費者の動きが世界の潮流となっている．環境規範にもとづく適正農業活動（GAP）や食品安全GAPなどの共通準則を定めるとともに，生産履歴の情報公開や食品の農業・動物用医薬品・飼料添加物等の残留基準のポジティブリストにもとづく相互の監視体制の確立に向けた取り組みも重要である．また，食品においても商標等の模倣被害が発生していることから，それぞれの国が特許，商標，意匠等にかかわる知的所有権保護の国際条約を締結するとともに，それを相互に遵守する努力も必要とされる．

北東アジアの農業政策上の最大課題は，競争力の高い農業経営を育成してそれぞれの国の農業の持続的発展をはかるとともに，適正な農業生産の域内分担による相互の利益の向上の道を探ることである．そのためには，域内における農産物の自由貿易をめざしながらも，当面の取り組みとしては，各国のsensitiveな重要品目については直接支払いの所得補償などを通じた共通政策の枠組みづくりが必要である．日本では2005年の閣議決定にもとづき2007年より水田作農業と畑作農業を対象に経営所得安定対策が導入された．その基本フレームは諸外国とのコスト格差を補填する対策と気象変動や市場変動の影響を緩和する対策，そして生産奨励対策などによって構成されている．韓国でも水田農業直接支払いや米所得補填直接支払いなどの施策がすでに導入されている．しかし，中国では，現在，「三農問題」に直面してこれからどのように自立経

営（viable farm）を育成するかが問われている段階であり，WTOの国際貿易ルールで認められている「緑の政策」としての直接支払いの手法を，北東アジア共通農業政策の長期的ならびに短期的なタイムスパンの中にどのように組み込んでいくかがこれからの検討課題となろう．また中国では都市計画や経済発展計画と整合性のとれた農業地帯のゾーニングや農地利用計画の作成，構造改革の推進による競争力の高い農業経営の育成に向けた国内政策の強化が求められる．

なお，労賃水準などの各国の経済条件の違いを勘案すれば，農産物貿易に適用される関税率等の換算レートについては，EUで発足当初に採用されていた「グリーン・レート」あるいはPPP（購買力平価）を使うなどの工夫も必要とされよう．

アジア・モンスーン地帯に位置する北東アジアの農業は，伝統的には自然循環とうまく適合しながら長年にわたって国民の食料を生産してきた．しかし，農薬や化学肥料等の多投や家畜の過放牧は生態系に大きな環境的負荷を与えるとともに，農用地の疲弊をもたらすことになる．しかも零細分散耕地の広がる北東アジアでは，農地の地域的・面的な広がりの範囲で環境と調和した農業生産に取り組むことによって，はじめて環境保全の効果が発現されるという特徴がある．したがって，EU共通農業政策で推進されてきた環境直接支払いなどの施策も，北東アジアでは地域資源保全の取り組みと連動した取り組みが必要とされることになろう．

貧困で未開発な農村の開発問題とともに，立地条件や気象条件の厳しい条件不利地域対策も北東アジアに共通する大きな課題である．新しい地場産業の育成や農村工業化，さらには地域産業クラスターの形成など，農村経済を活性化させ地域住民の定着条件を確保するための取り組みが各国ともに欠かせない．相互の技術援助や経験の交流などを通じた北東アジア型の条件不利地域対策を新たに構想していく必要があろう．

以上のように，これからの北東アジアの共通農業政策が具備すべき基本フレームについて，WTO体制への対応とEPA／FTA推進下の農産物貿易ルールにかかわる柱，食の安定供給と安全保障，そして食の安全確保と知的所有権保護にかかわる柱，環境保全や地域資源保全にかかわる柱，農村開発と条件不利

地域の活性化にかかわる柱などについて検討してきた．しかしながら，これまで述べてきたように，それぞれの国のベクトルの方向は同じであるとはいえ，直面している農業政策上の課題はそれぞれの国の経済段階を反映して異なっている．したがって，これらの共通課題を5年，10年，20年というタイムスパンを持ったスキームとして具体化していく必要がある．とはいえ，北東アジアの経済統合がかなり早いスピードで進展している状況の中で，農業分野における関係各国の交流と政策協調による相互の利益の向上をはかることが喫緊の課題になっていることも事実である．そのため，関係各国がこのような課題を検討するための常設の協議組織を設置する必要がある．21世紀における北東アジア諸国の食の安定した連携のために，関係各国の学識者，政策担当者，事業関係者等のさらなる交流と協調への努力が必要とされているのである．

注

1) 日韓中3国の2002年のGDP比69.92：21.71：8.37を日韓中の負担比率とした．共通農業政策は，各国のGDP規模に比例した拠出金による全体予算の中から配分されることになるが，ここでは，米の輸入国（日本と韓国）における生産者の損失補塡を，各国のGDP比に応じて負担するという形で，制度の趣旨は損なわれないように単純化して組み込んだ．

2) 日本の負担額の上限として設定する4,000億円の根拠は，現状の負担額が，生産調整関係の3,141.5億円（これは，2002年で，国の生産調整奨励金2,046.5億円に自治体等での1,095億円を加えたもの）と稲作経営安定対策の865億円を合計した4,006.5億円であることに求められる（鈴木2005b）．なお，現状の関税（ないしマーク・アップ）収入を中国産のみについて，おおよその試算をすると240.3億円程度になるので，これを差し引くと，現行費用は3,766.2億円となる．そこで，いずれにせよ，約4,000億円を目安にすることが妥当と考えられる．ここで留意すべき点は，この4,000億円は，現在は農林水産省予算から負担されているが，日韓中FTAにおける共通農業政策の一環として組み込む場合には，GDPにもとづく各国の拠出金が原資となるので，農林水産予算という狭い枠からの支出ではなく，日本全体の負担金であるということである．いわば，日本の自動車，電化製品，部品・素材産業等の利益の一部が農業の損失の一部補塡に充てられるという構図が鮮明になる．

3) ただし，品質も属性もまったく同じ財であっても，不完全競争下では，双方向貿易が発生する点も注意されたい．数値例による試算は鈴木（2005a）「付録1」，より実証的な試算例は，鈴木（2005a）第3章補論参照．

4) 日本農業にとって積極的にFTAを活用できる側面として，知的財産権の保護強化による日本農産物ブランドの確立がある．例えば，福岡のいちごの「あまおう」等，日本で開発されたブランド品種の保護を強化できるという点である．具体的には，現在韓国はUPOV（植物新品種保護国際条約）の完全適用に向けての10年間の移行期間中にあり，日本に比べて保護対象作物の範囲が狭い．例えば，韓国では，いちごは未だ商標登録の対象に含まれていない．FTAを機に韓国のUPOV完全適用を前倒しして，一気に両国のレベルを揃えることを要請できると考えられる．

5) 水産物については資源管理の観点からも IQ（輸入数量割当）が残されており，IQ 制度を前提にして，可能な輸入アクセス改善策を議論するのが現実的な選択肢である．この関連では，韓国ノリの問題がこじれた．韓国産の味付けノリの日本での人気は大きいのは確かで，韓国側は，いきなり枠の廃止は求めないとしつつ，より大胆な枠の拡大を要望してきていた．日本も毎年着実に枠拡大を行う形で努力していたが，消費者にも訴えやすい事案だけに象徴的な問題にならないよう，さらなる配慮と調整が必要だと，筆者もかねてより指摘してきた．残念ながら日本が従来韓国のみに提供していたノリの輸入枠を中国にも開放したため，韓国の WTO 提訴という事態に発展した．養殖ノリは魚類と違って資源管理の必要性が弱いので WTO のパネル裁定で日本の IQ が否定される可能性があった．しかし，韓国にとっても IQ がなくなり中国との競争にさらされるよりは韓国枠を維持できた方が実は得策なため，IQ 枠の拡大で解決できる余地は残っていた．当初，日本側の提示水準と韓国側の要求水準の開きは大きかったが，2006 年 1 月 20 日，2015 年までに枠を 5 倍に拡大することで合意できた．

6) GTAP モデルによる自由化の影響試算で，決定的な影響力を持つのが，当該品目のアーミントン係数であり，GTAP モデルでは，アーミントン係数が比較的小さく設定され，つまり，国産財の「差別化」が進んでいるという想定になっており，自由化の影響は過小に試算されるきらいがある．なお，GTAP モデルでは，関税や輸送費で説明できない内外価格差を「非関税障壁」とし，それを関税率に置き換えて表示し，自由化後にはその「非関税障壁」も消滅すると仮定している．したがって，本来は自由化後も残る「国産プレミアム」部分がなくなる形で，自由化の影響が過大に評価される側面もあることになる．GTAP モデルでは，アーミントン係数に関する批判に対応して，実証分析結果をできるかぎり活用して，その見直しを進めており，最新版では，全般的に農産物の数値が大きくなってはいる．アーミントン係数は，国産品と輸入品（総体）との代替の弾力性を示すシグマ D と，輸入品同士の間での代替の弾力性を示すシグマ M の二段階があり，旧版では，農産物のほとんどが，シグマ D=2.2，シグマ M=4.4 と一律に設定されていた．新版では，水稲についてはシグマ D=5.1，シグマ M=10.1 というように，品目ごとに違う値が設定されている．しかし，シグマ D はシグマ M の半分という設定方法はそのままであるし，国ごとに値が違う可能性は全く考慮されていない．アーミントン係数を変更した場合のシミュレーション結果のセンシティビティについては，結果の相対関係は変化しないとの見解もあるが，国ごとに違う値をとる可能性を考慮すれば，結果のプラス，マイナスの逆転も十分起こりうることに留意する必要がある．

7) なお，これらの試算結果は，これまでは飲用乳は海外からの直接的競争がない下で，加工原料乳への支援策だけで，その分だけ飲用乳価も底上げされるという経済現象を利用して，非常に財政効率的に，北海道のみならず，都府県の飲用乳地帯の酪農家所得向上も実現してきた我が国の酪農制度だが，今後，FTA 等の進展も勘案し，近隣の中国や韓国からの生乳の流入もありうると想定すると，加工原料乳のみへの支払いで全体を守ろうとする現行の制度体系では不十分になってくる可能性を考えておく必要があることを示唆する．

8) LCA の実例を挙げれば，例えば小倉昭男「稲作における投入資材およびエネルギー」農水省農業環境技術研究所編『農業におけるライフサイクルアセスメント』養賢堂，2000 年を指摘できる．それによれば，大型機械体系による稚苗移植栽培（25 ha 規模）のエネルギー使用量と CO_2 排出量（直接投入）は，1 ha 当たりで $2,606 \times 10^3$ kcal，765 kg である．また，その機械装備製造時のエネルギー使用量と CO_2 排出量（間接投入）は，1 年・ha 当たりで $2,800 \times 10^3$ kcal，788 kg である．1 ha 当たり収量を 5,000 kg とすると，玄米 1 kg 当たりのエネルギー使用量と CO_2 排出量（直接投入＋間接投入）は 1,081 kcal，0.31 kg となる．ちなみにガソリン車の走行 1 km 当たり CO_2 排出量は 0.21 kg である．この比

較によれば食料生産の環境負荷も決して小さなものとはいえない．
9） 芝浦工業大学システム工学部中口毅博助教授の推計によれば，農畜産物の生産過程で発生する CO_2 排出量は施設栽培の果樹（ぶどう，みかん），国産牛肉（和牛肉）が大きく，これらは環境面からみると推奨できない食材である．また，施設栽培と露地栽培の環境負荷を輸送中に発生する CO_2 排出量も含めて考えると，輸送手段（トラック，鉄道，船，飛行機）で大きく異なってくる．一例として，東京着を想定して愛知県渥美産（施設トマト，トラック便），沖縄県産（露地トマト，船便），中国広州産（露地トマト，飛行機便）の三者を比較すると，CO_2 排出量は沖縄県産が最も少なく，次いで愛知県渥美産，中国広州産の順であった．
10） 詳しくは Ishida Masaaki, Summary of discussions,『農業経営研究』第 41 巻第 4 号，2004 年 3 月，p. 68 の Nico. de Groot の発言を参照のこと．なお筆者の管見によれば，ヨーロッパ市場では，自然のおいしさを求める消費者の増加により，スペイン・アフリカ産（露地野菜）の市場シェアは上昇し，オランダ産（施設野菜）の市場シェアは下落しているようである．
11） オランダの施設園芸がこの方向を追求していることはいうまでもない．今後の日本もこの方向を追求していくものと思われる．詳しくは Nico. De Groot, A sustainable green sector : fiction or reality?,『農業経営研究』第 41 巻第 4 号，2004 年 3 月を参照のこと．
12） 詳細は http://vips.nfri.affrc.go.jp/ を参照のこと．
13） 詳しくは波夛野豪「環境保全型農業の生産情報公開システムと地域内連携の可能性」『農業・食料経済研究』第 50 巻第 2 号，2004 年 6 月を参照のこと．それによれば，第三者審査とリンクしたシステムは三重 ECODES である．しかし，このシステムは VIPS とは逆に個体識別はできない．
14） 有機農産物の生産の原則は，「農業の自然循環機能の増進を図るため，化学的に合成された肥料および農薬の使用を避けることを基本として，土壌の性質に由来する農地の生産力を発揮させるとともに，農業生産に由来する環境への負荷をできる限り低減した栽培管理方法を採用した圃場において生産されること」という点に置かれている．また，生産の圃場の条件としては，①周辺から肥料，土壌改良資材または農薬（使用禁止資材）が飛来しないように明確に区分されていること，②水田にあっては，その用水に使用禁止資材の混入を防止するために必要な措置が講じられていること，③多年生作物（牧草を除く）を生産する場合にあっては，その最初の収穫前に 3 年以上，それ以外の作物を生産する場合にあっては 2 年以上の間，有機農産物の生産の原則にもとづき農産物の栽培が行われている圃場であること，などが定められている．
15） 2004 年 11 月 18 日の参議院農林水産委員会での中川坦消費・安全局長の答弁による（11 月 19 日付日本農業新聞）．
16） わが国の有機農業は基本的に小規模経営において展開されている（合鴨農法や米ぬか散布による除草）．そのなかでファームサイズが飛び抜けて大きいのは「金沢農業」であり，そこでは河北潟干拓地という地の利を得て，100 ha 規模で米，大豆，小麦，大麦，すいかなどが栽培されている．こうした大規模経営であることと，干拓地かつ農地に団地性があるために，緩衝地帯を設けることが容易であったとされる．「金沢農業」が生産する有機農産物の一部は豆腐，味噌，納豆，醤油，麦茶などに加工され販売されている（ただし，販売は農産工房「金沢大地」による）．詳細は http://www.spacelan.ne.jp/~imura/frame1.html を参照のこと．
17） 第一食品ネットワークの http://japan.foods001.com/server/register.asp による．
18） 本節は，羅永康「日韓における環境保全型農業の政策と発展方向」三重大学大学院生物資源学研究科修士論文，2003 年 9 月に負うところが大きい．

19) もちろんそこには，中・東欧10ヵ国新規加盟にともなうEU財政とりわけ共通農業政策予算の緊縮問題も大きくのしかかる．
20) 韓国農林部（2003）による．
21) 李（2005）は韓国稲作の構造調整問題の遅延要因としてこの高地代に注目する．
22) 韓国の直接支払制度に関しては李（2005）を参照．
23) 韓国農林部（2002）による．
24) 韓国農村経済研究院（KREI）と東京農工大21世紀COEグループとの共同研究会（2004年10月）におけるChung（Ki-Whan）農村発展研究センター長，Song（Mi-Ryung）研究員らからのサジェスチョン等による．
25) 朴（2004）による．
26) 集落の農地規模の小さな中山間地域の場合，複数集落にまたがるものとなろう．
27) こうした見解は欧州委員会農業総局（DG VI）によって，ポスト構造問題段階にある西欧農業に関しても指摘されてきた．例えばEuropean Commission（DG VI）（1997）を参照されたい．
28) Low, P., H. Buller and N. Ward（2002）を参照．
29) 土地経営事業（LMIs）に関しては柏（2004）を参照．

参考文献

1節

経済産業省（2004）『通商白書2004』．
生源寺眞一（2004）『農業と貿易協定——食の分業，アジアで拡大』日本経済新聞・経済教室，2004年12月17日，p. 27.
鈴木宣弘（2005a）『FTAと食料－評価の論理と分析枠組』筑波書房．
鈴木宣弘（2005b）『食料の海外依存と環境負荷と循環農業』筑波書房．
図師直樹（2004）『牛乳の商品特性に対する消費者評価分析』九州大学卒業論文．

3節

European Commission (DG VI) (1997), *Rural Developments*, CAP 2000 Working Document.
Low, P., H. Buller and N. Ward (2002), "Setting the next agenda? British and French approaches to the second pillar of the Common Agricultural Policy", *Journal of Rural Studies*, 18, 1-17.
柏雅之（2004）「EUの農村地域開発政策」，村田武編『再編下の世界農業市場』筑波書房．
韓国農林部（2002）『2003年予算概要』．
韓国農林部（2003）『農林業主要統計』．
倉持和雄（1994）『現代韓国農業構造の変動』御茶の水書房．
倉持和雄（2003）『90年代韓国農業構造の研究（韓国経済システム研究シリーズNo. 1）』環日本海経済研究所（ERINA）．
朴相賢（2004）「直接支払い制度の韓・日比較」，『農業経営研究』第42巻第1号．
深川博史（2002）『市場開放下の韓国農業——農地問題と環境農業への取組み——』

九州大学出版会.

李哉汯 (2005)「韓国における直接支払制度の活用と問題」,『農業の活性化に向けた新たな農政手法のあり方に関する調査報告書』日本農業研究所.

4節

谷口信和 (2006)「FTAと日本農業の構造的問題」, 平塚大祐編『東アジアの挑戦』アジア経済研究所.

執筆者一覧 （執筆順／所属は執筆時／執筆分担）

八木宏典	（やぎひろのり）	東京農業大学国際食料情報学部教授・東京大学名誉教授（編者）　1章1, 2, 5章4
朴珍道	（ぱくじんどう）	忠南大学校経商大学教授　1章3
金洪云	（じんほんうん）	中国人民大学農業与農村発展学院副教授　1章4
甲斐　諭	（かいさとし）	九州大学大学院農学研究院教授　2章1, 3章2, 4
石田正昭	（いしだまさあき）	三重大学大学院生物資源学研究科教授　2章2, 4章1, 5章2
木南　章	（きみなみあきら）	東京大学大学院農学生命科学研究科教授　2章3
聶永有	（にいよんよう）	上海大学国際交商与管理学院副教授　2章4
斎藤　修	（さいとうおさむ）	千葉大学大学院園芸学研究科教授　2章5
藤島廣二	（ふじしまひろじ）	東京農業大学国際食料情報学部教授　3章1
李哉泫	（いじぇひょん）	鹿児島大学農学部准教授　3章3, 4章4
黄仁錫	（ふぁんいんそく）	韓国国立農産物品質管理院　3章4
曽寅初	（つぉんいんちゅ）	中国人民大学農業与農村発展学院教授　3章5
蔣憲国	（じゃんしぇんぐぉ）	中興大学生物産業推廣経営学系教授　3章6
木下幸雄	（きのしたゆきお）	岩手大学農学部准教授　4章2
木南莉莉	（きみなみりり）	新潟大学大学院自然科学研究科准教授　4章2, 4章5
高福男	（こぼくなむ）	韓国農村振興庁研究員　4章2, 4章3
内山智裕	（うちやまともひろ）	三重大学大学院生物資源学研究科助教　4章4
村山貴規	（むらやまたかのり）	天童市経済部農林課　4章5
鈴木宣弘	（すずきのぶひろ）	東京大学大学院農学生命科学研究科教授　5章1
柏　雅之	（かしわぎまさゆき）	早稲田大学人間科学学術院教授　5章3

編者略歴

1944 年　群馬県に生れる．
1967 年　東京大学農学部農業経済学科卒業．
同　年　農林省農事試験場研究員．
1983 年　農林水産省農林水産技術会議事務局研究調査官．
1985 年　東京大学農学部助教授．
1995 年　東京大学農学部教授，2006 年 3 月退官．
現　在　東京農業大学教授，東京大学名誉教授，農学博
　　　　士（東京大学）

主要著書

『カリフォルニアの米産業』東京大学出版会，1992.
『現代日本の農業ビジネス』農林統計協会，2004.
『新時代農業への視線』農林統計協会，2006.
『農業経営の持続的成長と地域農業』（編著）養賢堂，2006
　他．

経済の相互依存と北東アジア農業
地域経済圏形成下の競争と協調

2008 年 1 月 18 日　初　版

［検印廃止］

編　者　八木宏典（やぎ ひろのり）

発行所　財団法人　東京大学出版会
　　　　代 表 者　岡本和夫
　　　　113-8654　東京都文京区本郷 7-3-1 東大構内
　　　　電話 03-3811-8814　FAX 03-3812-6958
　　　　振替 00160-6-59964

印刷所　大日本法令印刷株式会社
製本所　矢嶋製本株式会社

Ⓒ 2008 Hironori Yagi et al.
ISBN 978-4-13-076027-0 Printed in Japan

Ⓡ〈日本複写権センター委託出版物〉

本書の全部または一部を無断で複写複製（コピー）することは，著作権法上での例外を除き，禁じられています．本書からの複写を希望される場合は，日本複写権センター（03-3401-2382）にご連絡ください．

八木宏典著	カリフォルニアの米産業	A5判・3800円
和田照男編	大規模水田経営の成長と管理	A5判・8000円
生源寺真一他著	農業経済学	A5判・3000円
生源寺真一著	現代日本の農政改革	A5判・5000円
泉田洋一著	農村開発金融論	A5判・6200円
佐伯尚美著	農業経済学講義	A5判・2800円
佐伯尚美著	ガットと日本農業	A5判・3200円
遠藤正寛著	地域貿易協定の経済分析	A5判・5400円
金沢夏樹著	変貌するアジアの農業と農民	A5判・5400円
加納啓良編	中部ジャワ農村の経済変容	B5判・25000円
髙橋昭雄著	現代ミャンマーの農村経済	A5判・9400円
小宮隆太郎 奥村正寛編 鈴村興太郎	日本の産業政策	A5判・4500円

ここに表示された価格はすべて本体価格です．御購入
の際には消費税が加算されますので御了承下さい．